ISBN 978-3-540-04115-3 ISBN 978-3-540-35815-2 (eBook)
DOI 10.1007/978-3-540-35815-2

Fortschritte der chemischen Forschung 10. Band, 4. Heft

In kritischen Übersichten werden in dieser Reihe Stand und Entwicklung aktueller chemischer Forschungsgebiete beschrieben. Sie wendet sich an alle Chemiker in Forschung und Industrie, die am Fortschritt ihrer Wissenschaft teilhaben wollen.

In der Regel werden nur Beiträge veröffentlicht, die ausdrücklich angefordert worden sind. Schriftleitung und Herausgeber sind aber für ergänzende Anregungen und Hinweise jederzeit dankbar. Manuskripte können in den ,,Fortschritten der chemischen Forschung" in Deutsch oder Englisch veröffentlicht werden.

Jedes Heft der Reihe ist auch einzeln käuflich.

This series presents critical reviews of the present position and future trends in modern chemical research. It is addressed to all research and industrial chemists who wish to keep abreast of advances in their subject.

As a rule, contributions are specially commissioned. The editors and publishers will, however, always be pleased to receive suggestions and supplementary information. Papers are accepted for ,,Fortschritte der chemischen Forschung" in either German or English.

Single issues may be purchased separately.

Geschmolzene Metalle und Legierungen, Struktur und Eigenschaften

Dr. S. Steeb

Max-Planck-Institut für Metallforschung, Institut für Sondermetalle, Stuttgart

Inhalt

A. Einleitung

Die physikalischen Eigenschaften von Schmelzen können nur dann vollständig verstanden werden, wenn man über den atomaren Aufbau dieser Schmelzen Bescheid weiß, d. h., auch bei den Schmelzen bildet die Kenntnis der atomaren Struktur die Grundlage zum Verständnis ihrer Eigenschaften. Im folgenden wird daher vor allem auf die Erforschung der Schmelzstruktur mit Hilfe von Beugungsexperimenten näher eingegangen.

Die erste Röntgenbeugungsuntersuchung an einer Flüssigkeit wurde von *Debye* und *Menke* (*97*) an Quecksilber durchgeführt. Vor nunmehr 32 Jahren erschien die erste zusammenfassende größere Arbeit (*93*) über die Streuung von Röntgenstrahlen an Flüssigkeiten. Mit 137 Seiten und 62 Literaturangaben wurden damals von *Danilov* die Theorie der Streuung, die experimentellen Anordnungen und auch verschiedene Untersuchungen an geschmolzenen Metallen, an Wasser, organischen Flüssigkeiten, Gasen unter hohen Drucken sowie an organischen Flüssigkeiten und Mischungen beschrieben. Von der Röntgenbeugung her findet sich eine gute Darstellung eines Teiles der theoretischen Grundlagen in *James* (*277*). Weitere Zusammenfassungen wurden gegeben von *Fournet* (*162*), *Furukawa* (*167, 169*), *Gamertsfelder* (*171*), *Gingrich* (*189, 190*), *Glocker* (*204*), *Kruh* (*331*), *Latin* (*351*) und *Vineyard* (*568*)[1], wobei in der Arbeit (*190*) die experimentellen Daten hauptsächlich von Elementschmelzen kritisch ausgewählt wurden und in der Arbeit (*204*) auch vor allem die amorphen Stoffe Berücksichtigung fanden, während in (*331*) die Legierungen ziemlich viel Raum einnehmen. Von *F. Sauerwald* und Mitarbeitern wurden einige Zusammenstellungen (*24, 352, 480, 481*) publiziert, welche speziell die Einteilung von geschmolzenen Legierungen nach deren verschiedenen Eigenschaften zum Gegenstand hatten. *Mott* (*384*) gab eine Klassifizierung geschmolzener Zweistoffsysteme auf Grund der Elektronegativitäten der beteiligten Komponenten. Die Struktur von Übergangsmetallen im geschmolzenen Zustand wird von *Grigorovich* in (*221*) behandelt. Eine besondere, meist direkt aus den Intensitätskurven mittels spezieller Methoden sich ableitende Betrachtungsweise über die Struktur metallischer Elementschmelzen findet sich bei *Richter* (*54, 55, 444, 446, 447, 448*). Neben den Büchern von *Baikowa* (*15*), *Hughes* (*267*), *Randall* (*438a*), *Samarin* (*476*) und *Vineyard* (*569*), die häufig Symposiumsberichte darstellen und den Arbeiten von *Furukawa* (*169*), *Scheil* (*484*) und *Steeb* (*523, 524*) ist als neuere und wohl umfangreichste Arbeit diejenige von *Wilson* (*587*) zu nennen, die speziell den Metallen und Legierungen gewidmet ist, und in der neben der Struktur auch die thermodynamischen, Transport-, elektrischen und Oberflächeneigenschaften sowie die Dichte, der Schmelzvorgang, die Erstarrung und die Unterkühlung behandelt werden.

Insbesondere in Anbetracht dieses Werkes erscheint die Frage nach dem Sinn einer abermaligen Zusammenfassung nicht ganz unberechtigt. Jedoch zeigt sich, daß die Entwicklung, besonders was die Aufklärung der Struktur von Legierungsschmelzen angeht, so rasch voranschreitet, daß die *Wilson*sche Arbeit schon jetzt ergänzungsbedürftig geworden ist. In der vorliegenden Arbeit sollen vorwiegend *die Untersuchungsverfahren zur Aufklärung der Struktur von Legierungsschmelzen* herausgestellt werden. Die übrigen Abschnitte über die Eigenschaften der Schmelzen sind im wesentlichen als Ergänzung bzw. Modernisierung der *Wilson*schen Arbeit anzusehen und haben mehr bibliographischen Charakter.

Dringend notwendig erscheint es, schon in der Einleitung einige Begriffe präzise zu formulieren. Bei der Struktur von Legierungsschmelzen interessiert man sich in erster Linie dafür, *welcher Atomsorte die nächsten*

[1] Wegen weiterer Zusammenfassungen siehe die Zitate (*38, 39, 88, 100, 165, 202, 218, 298, 317, 397, 411, 435, 436, 471, 478, 479, 482, 483, 501, 508, 571*).

Nachbarn angehören. Bei dieser Art der Nahordnung steht also nicht so sehr die geometrische Anordnung der Atome im Vordergrund, wie es z.B. der Fall ist, wenn wir bei Elementschmelzen von Nahordnung sprechen, sondern es interessiert zunächst nur die gegenseitige *Verteilung der Atome der verschiedenen Sorten umeinander.* Diese Nahordnung wird, wie in Abschnitt B VI 3 näher ausgeführt, charakterisiert durch den Nahordnungsparameter α.

Weiterhin sei erwähnt, daß bei Legierungen sich gelegentlich bevorzugt ungleichnamige Atome in der Schmelze zusammenfinden. Man spricht dann vom *Überwiegen der Fremdkoordination* oder von *Verbindungsbildung* (V). Liegen beide Atomsorten in statistischer Verteilung vor, dann handelt es sich um ein *Lösungsverhalten* (L). Liegen bevorzugt gleichartige Atome beieinander, dann überwiegt die *Eigenkoordination* und es besteht *Mikroentmischung* (E) bzw. *Clusterbildung.* Alle anderen Fälle sollen in eine *Zwischengruppe* (Z) eingeordnet werden. Diese Einteilung geht zurück auf *Sauerwald.* Weiterhin kann vom strukturellen Standpunkt her noch von *eutektischen Anordnungen* (Eu) gesprochen werden, nämlich dann, wenn die ein Eutektikum bildenden Phasen auch noch in der Schmelze nebeneinander nachgewiesen werden können (*Dutchak* und *Klym* (*110*)) (vgl. hierzu B I 2 c).

B. Strukturuntersuchungen an Schmelzen

Es muß vorangestellt werden, daß die Ausführungen durchweg auch für amorphe Stoffe gültig sind. Die Untersuchung der Struktur von Schmelzen ist möglich mittels Beugung von Röntgen-, Elektronen- und Neutronenstrahlen. Dabei wird hier ausschließlich die Weitwinkelstreuung behandelt[2]. Im folgenden sollen die jedem der drei Beugungsverfahren zu Grunde liegenden Beziehungen und Besonderheiten aufgeführt werden. Bei der Zusammenstellung in Kapitel B V werden alle Ergebnisse, unabhängig von der zu ihrer Ableitung verwendeten Strahlenart, besprochen.

I. Röntgenbeugungsuntersuchungen an Schmelzen

Zunächst sei unterschieden zwischen den Untersuchungen an unlegierten Elementen und den Untersuchungen an Schmelzen, die aus Atomen mehrerer Sorten bestehen.

---

[2] Wegen Kleinwinkelstreuung an Schmelzen siehe z.B. *Egelstaff* et al. (*131*).

1. Untersuchung von Elementschmelzen

a) *Theoretische Grundlagen*

Nach *Zernike* und *Prins* (*595*) sowie *Debye* und *Menke* (*97, 98*) erhält man die sogenannte radiale Atomverteilung aus der Beziehung

$$4 \pi r^2 \varrho(r) = 4 \pi r^2 \varrho_0 + \frac{2 r}{\pi} \int_0^{\infty} s \cdot i(s) \sin(s r)\, d s. \tag{1}$$

Dabei gilt

r = Abstand eines beliebigen Atoms vom Ausgangsatom in Å
$\varrho(r)$ = Atomdichte [Atomzahl/Å^3] im Abstand r
ϱ_0 = Atomdichte bei gleichmäßiger Massenverteilung
$= L \cdot D \cdot 10^{-24}/A \left[\frac{\text{Atomzahl}}{\text{Å}^3}\right]$
L = Loschmidtsche Zahl $= 6 \cdot 10^{23}$ [Mol^{-1}]
D = Makroskopische Dichte [g/cm^3]
A = Atomgewicht
$s = 4 \pi \frac{\sin \theta}{\lambda}$
θ = Halber Winkel zwischen abgebeugtem und Primärstrahl
λ = Wellenlänge der benutzten Strahlung.

Für die Größe von $i(s)$ gilt dabei folgende Beziehung:

$$i(s) = \frac{I^x_{\text{koh}}(s)}{\frac{N (f^x)^2 I^x_0 e^4}{R^2 m^2 c^4}\left(1 + \frac{\cos^2 2\theta}{2}\right)} - 1 = \frac{I^x_{\text{koh}} - N \psi^2(s)}{N \psi^2(s)}, \tag{2}$$

wobei

$$\psi^2(s) = \frac{(f^x)^2 \cdot I^x_0 e^4}{R^2 m^2 c^4}\left(\frac{1 + \cos^2 2\theta}{2}\right) \tag{3}$$

gesetzt ist.

Dabei bedeuten

$$I^x_{\text{koh}}(s) = N \psi^2(s) \left\{1 + 4\pi \int_0^{\infty} r^2 (\varrho(r) - \varrho_0) \frac{\sin s r}{s r}\, dr\right\} \tag{4}$$

die Streuintensität und weiterhin:

N = Zahl der Streuatome
(f^x) = Atomformfaktor für Röntgenstrahlen (*87, 273, 382*)
I^x_0 = Intensität der primär eingestrahlten Röntgenstrahlen

e = Elementarladung
R = Abstand zwischen der streuenden Schmelze und dem Punkt, in dem die Intensität I_{koh}^{x} gemessen wird
m = Masse eines Elektrons
c = Lichtgeschwindigkeit im Vakuum.

Zu betonen ist, daß Gl. (1) nur gilt, wenn die Atomverteilung Kugelsymmetrie aufweist.

Demnach kann aus einer gemessenen Intensitätskurve, die durch entsprechende Korrektur und Normierung (s.u.) in die Kurve $I_{\text{koh}}^{x}(s)$ umgewandelt wird, unter Verwendung von Gl. (1) eine sog. Atomverteilungskurve (*154, 243*) bestimmt werden.

Auf das Aussehen und die Interpretation sowohl von Intensitäts- als auch von Atomverteilungskurven wird in einem späteren Abschnitt V eingegangen werden. An dieser Stelle bleibt noch zu erwähnen, daß die Auftragung der Atomverteilungskurve als Funktion von r für das Studium der Struktur von Schmelzen den Vorteil hat, daß einer derartigen Kurve direkt Atomabstände und Koordinationszahlen entnommen werden können.

Daneben wird, besonders für die Verknüpfung von Röntgendaten mit physikalischen Eigenschaften von Schmelzen auch häufig die Funktion $\varrho(r)/\varrho_0$ über r aufgetragen. Diese Kurven wurden früher als Wahrscheinlichkeitskurven bezeichnet, neuerdings jedoch als „Paarkorrelationsfunktion". Daneben wird häufig für dieselben Zwecke auch noch die mit der Paarkorrelationsfunktion eng verknüpfte Funktion $G(r) = 4\pi r \varrho_0 (\varrho/\varrho_0 - 1)$, d.h. $G(r) = 4\pi r (\varrho - \varrho_0)$ benützt.

b) *Experimentelle Einzelheiten*

Abb. 1 zeigt, daß zur Ermittlung der experimentellen Intensitätskurve entweder in *Reflexion* oder in *Transmission* gearbeitet werden kann. Bei den Reflexionsverfahren ist zu unterscheiden zwischen solchen, bei denen die freie Schmelzoberfläche horizontal liegt und solchen mit vertikaler Schmelzoberfläche (die dann allerdings von einer durchstrahlbaren Deckplatte begrenzt sein muß, damit die Schmelze nicht wegfließt). Im erstgenannten Fall wird die Fokussierungsbedingung durch ein etwas aufwendiges sog. Θ—Θ-Diffraktometer aufrechterhalten, in dem sowohl die Richtung von der Schmelze zum Zählrohr als auch zur Röntgenstrahlquelle denselben Winkel zur Normalen auf der Schmelzoberfläche bilden. (*Kaplow* und *Averbach* (*285*)). Bei der zweiten Anordnung mit senkrechter Schmelzoberfläche muß sich das Präparat mit der halben Winkelgeschwindigkeit wie das Zählrohr drehen. Um überhaupt brauchbare Intensitätskurven zu erhalten, ist die Verwendung von monochroma-

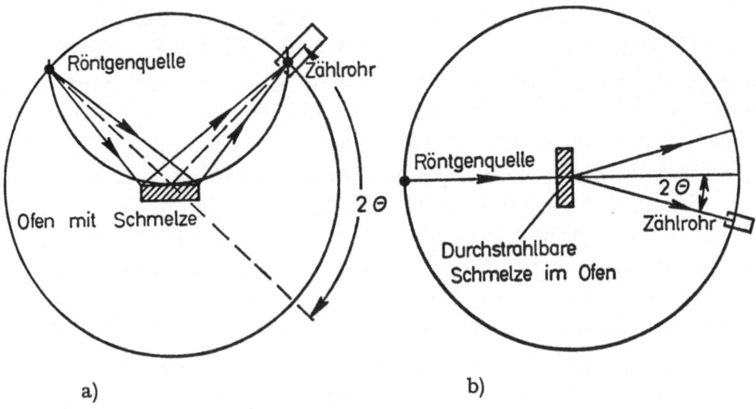

Abb. 1a u. b. Experimenteller Aufbau zur Strukturanalyse geschmolzener Stoffe
a) Reflexion b) Transmission

tischer Strahlung notwendig. Während früher hauptsächlich Filmaufnahmemethoden (*Mendel* (*375*)) Verwendung fanden, wird heute fast ausschließlich das Zählrohrgoniometer benutzt. Die Zählrohrimpulse gelangen nach Diskriminierung und Verstärkung über einen Mittelwertmesser auf einen Schreiber und werden in Abhängigkeit vom Winkel 2 Θ registriert.

Außer der schon erwähnten monochromatischen Strahlung liegen dem Röntgenbeugungsverfahren nach *Gingrich* (*190*) noch zugrunde: scharfe Strahlbündelung und exakte Erfassung der Streustrahlung mit dem Zählrohr über einen möglichst großen Winkelbereich.

Sehr bewährt hat sich die in einer Reihe neuerer Arbeiten (*526, 528, 529, 590*) wieder aufgegriffene *Durchstrahlungsanordnung*, und zwar deswegen, weil diese den großen Vorteil hat, daß die Schmelze sich dabei in einer abgeschlossenen Küvette befindet und so dem Einfluß des Schutzgases und dessen Verunreinigungen nicht unmittelbar ausgesetzt ist. Die Schmelzen sollten für derartige Versuche jedoch keine allzu große Absorption aufweisen, damit die gestreute Strahlung noch genügend Intensität besitzt, und außerdem darf die Schmelze nicht mit dem Küvettenmaterial, das z.B. aus Beryllium bestehen kann, reagieren. Es empfiehlt sich, die Dicke der Schmelze optimal $\left(=\frac{1}{\mu}\right)$ zu wählen. Tabellen für den Massenschwächungskoeffizienten $\left(\frac{\mu}{D}\right)$ finden sich z.B. bei *Sagel* (*475*). Zu erwähnen ist noch, daß besonders bei kleineren Streuwinkeln die Durchstrahlungsanordnung aus geometrischen Gründen dem Reflexionsverfahren überlegen ist. Als Beispiel der zahlreichen verwendeten Ofenkonstruktionen seien die von *Joshi* (*283*) und *Zarzycki* (*594*) beschriebenen genannt. Spezielle Fragen, die beim Studium hochschmelzender Metalle auftreten, werden von *Khokhlov* und *Spektor* (*299*) behandelt.

Die Schreiberaufzeichnung muß zunächst auf den Nulleffekt korrigiert werden, anschließend wird die Polarisationskorrektur (*van der Grinten* (*223*)) sowie die Absorptionskorrektur (*Sagel* (*475*)), die beide von Anordnung zu Anordnung verschieden sind, angebracht. Eventuell entstandene Fluoreszenzstrahlung wird mittels eines Diskriminators eliminiert, was natürlich die Verwendung von Proportional- bzw. Szintillationszählern voraussetzt. Die erhaltene Kurve $I^x_{\text{korr}}(s)$ ist noch durch Angleichung an die $(f^{x2}+ZS)$-Kurve (vgl. Gl. 6) im absoluten Maßstab der Atomstreuung darzustellen, wobei die Werte des Atomformfaktors f^x und der inkohärenten Streuung ZS den Tabellen (*37, 273*) zu entnehmen sind. Von der so korrigierten und angeglichenen (normierten) Streuintensität $I^x_{\text{korr}}(s)$ wird die inkohärente Streuintensität I^x_{ink} subtrahiert, wodurch die gesuchte Kurve $I^x_{\text{koh}}(s)$ erhalten wird. Es sei noch erwähnt, daß eine u. U. anzubringende Korrektur mit einem modifizierten Lorentz-Faktor nach *Hosemann* und *Bagchi* (*263*) am besten unterbleibt, weil dadurch mehr Fehler eingeschleppt als herauskorrigiert werden. Die Hauptschwierigkeit bei der Auswertung besteht in der Angleichung, für die vier verschiedene Wege — α, β, γ oder δ — beschritten werden können:

α) Die Funktion $I^x_{\text{korr}}(s)$ hat die Form

$$I^x_{\text{korr}}(s) = I^x_{\text{koh}}(s) + I^x_{\text{ink}}. \tag{5}$$

Für große Werte von s erhält man mit Gl. (4)

$$I^x_{\text{korr}} = a^x\,[(f^x)^2 + ZS], \tag{6}$$

wobei a^x der gesuchte Angleichungsfaktor ist. In vereinzelten Fällen, insbesondere dann, wenn die Eigenstrahlung nicht vollständig weggefiltert wurde, muß auf der rechten Seite der Gl. (6) noch ein konstanter Beitrag c hinzugefügt werden, um zu einem brauchbaren Ergebnis zu gelangen. Für dieses Angleichungsverfahren werden somit nur die Intensitätswerte bei großem s benötigt.

β) Ein exakteres *Normierungsverfahren* wurde von *Hultgren, Gingrich* und *Warren* (*267a*) angegeben. Dabei wird davon ausgegangen, daß bei großen Streuwinkeln die gemessene kohärente und die berechnete inkohärente Streuung nur ungenau bekannt sind und daß deshalb das unter

α) angegebene Verfahren keine genauen Ergebnisse liefert. Aus Gl. (4), (5) und (6) erhält man nach (*267a*) die Beziehung

$$\begin{aligned}&\int_0^{s_0} I^x_{\text{korr}}(s)\, s\, ds - a^x \int_0^{s_0} [(f^x)^2 + ZS]\, s\, ds \\ &= 4\pi\, a^x \int_0^{\infty}\int_0^{s_0} (f^x)^2\, r\, (\varrho(r) - \varrho_0) \sin sr \cdot ds\, dr = a^x\, k.\end{aligned} \tag{7}$$

In dieser Beziehung bedeutet s_0 den experimentell erreichten Maximalwert von s, und es folgt aus Gl. (7) für den Angleichungsfaktor unter Berücksichtigung der Tatsache, daß k in erster Näherung gleich Null ist:

$$a^x = \frac{\int_0^{s_0} I^x_{\text{korr}} \cdot s \cdot ds}{\int_0^{s_0} [(f^x)^2 + ZS]\, s\, ds}. \tag{8}$$

Nach Auswertung der beiden Integrale kann damit der Angleichungsfaktor a^x erhalten werden.

γ) Auf die Arbeit von *Krogh Moe* (*330*) geht ein weiteres Angleichungsverfahren zurück, daß schließlich zur folgenden Beziehung führt:

$$a^x = \frac{\int_0^{s_0} I^x_{\text{korr}}\, s^2\, ds}{\int_0^{s_0} [(f^x)^2 + ZS]\, s^2\, ds - 2\pi^2 Z\, \varrho_0^{\text{El}}}; \tag{9}$$

darin bedeutet ϱ_0^{El} die mittlere Elektronendichte.

δ) Ein elegantes *Angleichungsverfahren* wird von *Ruppersberg* und *Seemann* (*474*) angegeben. In dieser Arbeit wurden gesinterte Aluminiumproben, die pro Aluminium-Atom p Al_2O_3-Moleküle enthielten, untersucht und dann die gemessene, auf Absorption und Polarisation korrigierte Intensitätskurve $I^x_{\text{korr}}(s)$ angeglichen an die Kurve

$$\mathrm{Y}(s) = [(f^x_{\mathrm{Al}})^2 + \mathrm{C}_{\mathrm{Al}}] + \mathrm{p}[(f^x_{\mathrm{Al_2O_3}})^2 + \mathrm{C}_{\mathrm{Al_2O_3}}]\,.$$

Dabei bedeutet das C jeweils die Compton-Streuung. Nun muß, wenn das Experiment einwandfrei durchgeführt worden ist, das Verhältnis

$$x(s) = \frac{I^x_{\text{korr}}(s)}{\mathrm{Y}(s)}$$

um einen Mittelwert x_m oszillieren. Aus diesem Mittelwert ergibt sich dann $i(s)$ zu:

$$i(s) = \frac{Y}{(f_{\mathrm{Al}}^x)^2} \cdot \frac{1}{x_m}(x - x_m) .$$

Bei den Verfahren β) und γ) sollte die Intensität besonders auch bei kleinen Streuwinkeln exakt bekannt sein.

Die mit der Intensitätskurve I_{korr}^x nach Gl. (1) durchzuführende Integration gelingt am einfachsten mittels elektronischer Rechenmaschinen (*Ocken 401*). Wegen der experimentellen Begrenzung auf endliche Winkel tritt dabei der sog. Abbrucheffekt auf, der im folgenden Abschnitt B I 1c behandelt wird und der durch Multiplikation der Intensitätskurve mit einem Temperaturfaktor gedämpft werden kann (*Glaubermann 196*). Eine Zusammenstellung der bei der Auswertung möglichen Fehler wird gegeben in (*286*).

c) *Abbrucheffekt*

Über den Einfluß von s_0 auf die Atomverteilungskurve, d. h. den Abbrucheffekt, ist folgendes zu bemerken: Das erste Maximum der Atomverteilungskurve hat eine durch den Abbrucheffekt beeinflußte Breite, die sich nach (*Herre 255*) zu

$$\Delta = \frac{2\pi}{s_0}$$

ergibt.

Hierbei ist Δ der Abstand der auf die Abszissenachse projizierten Schnittpunkte zwischen der $4\pi r^2\,\varrho(r)$- und der $4\pi r^2\,\varrho_0$-Kurve.

Ist die Integrationslänge s_0 zu klein, so zeigt die Atomverteilungskurve einen praktisch monotonen Verlauf; die Auflösung ist also zu gering. Eine zu große Integrationslänge s_0 hingegen liefert eine stark oszillierende Atomverteilungskurve. Es treten dann sog. Nebenoszillationen, die keine physikalische Bedeutung haben, auf, so daß eine Deutung der Kurven schwierig wird.

Die Abstände der ersten Nebenmaxima vom zugehörigen Hauptmaximum betragen nach *Waser* und *Schomaker* (*585*)

$$\Delta' = \frac{2{,}5\pi}{s_0}$$

und von den benachbarten Nebenmaxima

$$\Delta'' = \frac{2\pi}{s_0} ;$$

sie sind also ebenfalls von s_0 abhängig. Dadurch ergibt sich ein einfaches Verfahren zur Erkennung der Nebenmaxima: Man wertet dieselbe $s.i(s)$-Kurve mit verschiedenen Integrationslängen s_0 aus und erkennt dann in den verschobenen Maxima die Nebenoszillationen. (Das Auftreten der Nebenmaxima könnte auch durch Multiplikation der $s.i(s)$-Kurve mit einem Temperaturfaktor unterdrückt werden, (vgl. *585*), wobei jedoch die Gefahr besteht, daß ein Teil des Informationsgehaltes der Int.-Kurve verloren geht). Eine falsche Angleichung beeinflußt die Lage der Maxima in der Atomverteilungskurve kaum, es wird dadurch lediglich die Koordinationszahl verändert.

Die Atomzahl für die erste Koordination wird weitgehend richtig vom ersten Maximum geliefert, dagegen überlagern sich die folgenden Maxima meist so stark, daß eine Aussage über die Atomzahlen der höheren Koordinationen nicht möglich ist. Mehr von der theoretischen Seite her wird der Abbrucheffekt behandelt von *Hosemann, Lemm* und *Krebs* (*265*).

2. Untersuchung von Legierungsschmelzen

Die experimentelle Technik der Untersuchung von Legierungsschmelzen ist genau dieselbe wie bei den vorhin besprochenen unlegierten Schmelzen, lediglich zur Interpretation der Intensitätskurven ist eine Einteilung der Schmelzen in zwei Gruppen je nach der gegenseitigen Stellung der entsprechenden Komponenten im periodischen System, d.h. je nach der Größe der Differenz zwischen ihren Ordnungszahlen erforderlich.

a) *Schmelzen mit geringem Unterschied in der Ordnungszahl der beteiligten Atomsorten*

Da die Streuintensität verschiedener Atomsorten gegenüber Röntgenstrahlung mit dem Quadrat der Ordnungszahl zunimmt, können Atome annähernd gleicher Ordnungszahl nach entsprechender Mittelung ihrer Eigenschaften wie einer gemittelten Atomsorte zugehörig behandelt werden. Die Mittelung der Atomformfaktorwerte erfolgt dabei entsprechend den vorliegenden Atomkonzentrationen; bei der Mittelung der Dichte ist zu beachten, daß diese entsprechend den vorliegenden Volumenkonzentrationen zu mitteln ist, d.h., nach folgender Beziehung:

$$\bar{D} = v_1 D_1 + v_2 D_2 = \frac{D_1 D_2 (a_1 A_1 + a_2 A_2)}{a_1 A_1 D_2 + a_2 A_2 D_1}\,; \qquad (10)$$

dabei bedeuten:

$\bar{D}$ = gemittelte makroskopische Dichte
v_1, v_2 = Volumenkonzentration der 1. bzw. 2. Komponente ($v_1 + v_2 = 1$)

D_1, D_2 = Makroskopische Dichte der 1. bzw. 2. Komponente
a_1, a_2 = Atomkonzentration der 1. bzw. 2. Komponente ($a_1 + a_2 = 1$)
A_1, A_2 = Atomgewicht der 1. bzw. 2. Komponente

Wie sich aus Gl. (10) leicht ergibt, ist beim Auftragen der Dichte über der Atomkonzentration kein linearer Zusammenhang zu erwarten (vgl. dazu *587*).

Bei mehrkomponentigen Schmelzen mit kleiner Ordnungszahlendifferenz kann also schließlich nach entsprechender Mittelung Gl. (1) angewendet werden. Die Unterscheidung zwischen den in der Einleitung angegebenen drei Arten der Anordnung der Atome verschiedener Sorten wird in diesem Fall am besten mit Hilfe des Abstandes r^I nächster Nachbarn vorgenommen (vgl. *527*). In Abb. 2 ist der Abstandswert r^I

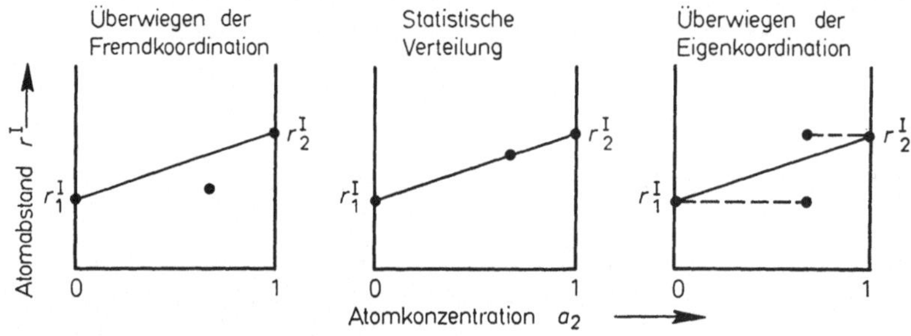

Abb. 2. Zur Auswertung der Atomverteilungskurven von Legierungen mit kleinem Unterschied zwischen den Ordnungszahlen der beiden Komponenten anhand des Radius der ersten Koordinationssphäre r^I

über der atomaren Konzentration für jeden der drei Fälle eingetragen. Hier erhält man durch Verbinden der Werte r_1^I und r_2^I der reinen Komponenten die Gerade für die statistische Verteilung. Bestehen in der Schmelze starke Bindungskräfte zwischen den Atomen der beiden Sorten, dann wird der Abstand r^I zwischen zwei benachbarten Atomen kleiner sein, als dem statistischen Mittelwert entspricht (vgl. Abb. 2; linkes Teilbild). Im rechten Teilbild von Abb. 2 ist schließlich das Verhalten beim Vorliegen von Nahentmischung angedeutet. Hier ist nur dann eine sichere Aussage möglich, wenn eine Aufspaltung im ersten Maximum der Atomverteilungskurve vorliegt. Auf weitere Einzelheiten bezüglich der Auswertung bei Schmelzen mit kleinem Unterschied in den Ordnungszahlen der beteiligten Atomsorten sei auf eine frühere Arbeit (*529*) verwiesen.

Selbstverständlich ist, wie auch aus Tabelle 1 hervorgeht, dieses Verfahren nur anwendbar, wenn die Unterschiede in den *Atomradien* der beteiligten Komponenten genügend groß sind; andernfalls muß das Verfahren der Neutronenbeugung (s.u.) herangezogen werden.

b) *Schmelzen mit großem Unterschied in der Ordnungszahl der beteiligten Atomsorten*

Für diesen Fall wurde in (*527*) eine Auswertemethode angegeben, auf die bei den folgenden Ausführungen im wesentlichen zurückgegriffen wird. Wichtig ist dabei, daß zunächst die Elektronenverteilung und nicht, wie oben, die Atomverteilung betrachtet wird.

α) Die Elektronenverteilungsfunktion für mehrkomponentige Schmelzen. — Von *Warren* und *Gingrich* (*583*) sowie *Warren, Krutter* und *Morningstar* (*584*) wurde erstmals eine Beziehung angegeben, mit der bei Vorliegen von Atomen verschiedener Sorten eine Fourier-Transformation durchgeführt werden kann. Wichtig ist, daß diese Beziehung auf eine Elektronenverteilung und nicht, wie oben, auf eine Atomverteilung führt:

$$4\pi r^2 \sum_m a_m K_m \varrho_m^{\mathrm{El}}(r) = 4\pi r^2 \sum_m a_m K_m \varrho_o^{\mathrm{El}} + \frac{2r}{\pi}\int_0^\infty s \cdot i(s) \cdot \sin(s r)\, ds \qquad (11)$$

mit

r = Abstand eines beliebigen Atoms vom Ausgangsatom in Å;
m = Bezeichnung der Atomsorte;
a_m = Atomkonzentration;
K_m $= f_m^x/f_e =$ effektive Elektronenzahl eines Atoms der Sorte m;
f_e $= \sum_m a_m f_m^x / \sum_m a_m Z_m =$ Streuvermögen eines Elektrons bezüglich Röntgenstrahlung;
f_m^x = Atomformfaktor für die Atomsorte m bezüglich Röntgenstrahlung;
Z_m = Ordnungszahl der Atomsorte m;
$\varrho_m^{\mathrm{El}}(r)$ = Elektronendichte um ein Atom der Sorte m $\left(= \frac{\text{Streuelektronenzahl}}{\text{Volumen}}\ [\text{Å}^{-3}]\right)$;
ϱ_0^{El} = mittlere Elektronendichte $= \frac{L}{M} \cdot D \cdot 10^{-24} \sum_m a_m Z_m$;
L = Loschmidtsche Zahl [Mol^{-1}];
M = Molekulargewicht;
D = makroskopische Dichte [$\mathrm{g/cm^3}$];
s $= (4\pi \sin\theta)/\lambda$;
2θ = Winkel zwischen ungebeugtem und abgebeugtem Strahl;
λ = Wellenlänge [Å];
$i(s)$ $= \dfrac{I_{\mathrm{korr}}^x(s)/N - \sum_m a_m (f_m^x)^2}{f_e^2}$;

$I^{x}_{\text{korr}}(s)$ = experimentelle, korrigierte und auf das Streuvermögen eines Einzelatoms bezogene Röntgen-Streuintensität ;
N = Zahl der streuenden Atome.

Mit der Anwendung und Weiterentwicklung von Gl. (11) befaßten sich u.a. *Filipovich* (*153*), *Lashko* (*343*), *Geisenfelder* und *Zimmermann* (*182*) sowie *Kora* (*317*).

Es soll hier erwähnt werden, daß die durch Gl. (11) festgelegte Elektronenverteilung aus der experimentellen Streuintensität eindeutig berechnet werden kann. Die Elektronenverteilungskurve wird durch Auftragen von

$$4\pi r^2 \sum_m a_m K_m \varrho_m^{\text{El}}(r)$$

über dem Abstand r erhalten. Eine derartige Kurve hat allgemein die in Abb. 3 wiedergegebene Form. Die wesentlichen Bestimmungsstücke

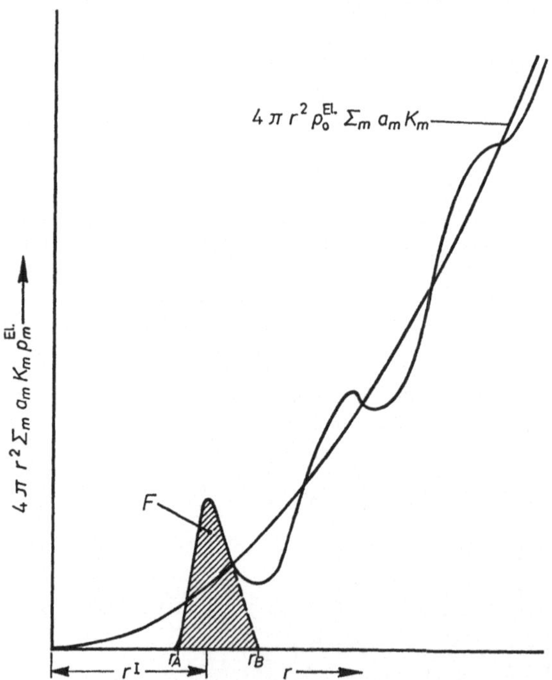

Abb. 3. Beispiel einer Elektronenverteilungskurve

dieser Kurve sind die Lage r^I des ersten Maximums und die von diesem mit der Abszissenachse eingeschlossene Fläche F. Zur Interpretation der Elektronenverteilungskurve anhand der Fläche F unter deren erstem Maximum greifen wir im wesentlichen auf die Arbeit (*527*) zurück.

Zusammenhang zwischen der Fläche F und den Atomdichten

In diesem Abschnitt soll gezeigt werden, wie mit der experimentell zu gewinnenden Fläche F eine Entscheidung zwischen den drei für eine Legierungsschmelze prinzipiell denkbaren Atomanordnungen möglich ist. Beim Übergang von Elektronen- zu Atomdichten ist zu beachten, daß insgesamt vier verschiedene, mit $\varrho_1(1)$, $\varrho_2(2)$, $\varrho_1(2)$ und $\varrho_2(1)$ bezeichnete Atomdichten berücksichtigt werden müssen (*Lashko* und *Romanova* (*350*)). Dabei bedeutet z.B. $\varrho_1(2)$ die Dichte der Atome der Sorte 1 um ein Atom der Sorte 2.

In einem beliebigen Volumelement um ein herausgegriffenes Atom der Sorte 1 befinden sich Atome der Sorte 1 und 2, und es ergibt sich für die Elektronendichte ϱ_1^{El} um das Bezugsatom 1 die Beziehung

$$\varrho_1^{\mathrm{El}}(r) = K_1\, \varrho_1^{\mathrm{At}}(1) + K_2\, \varrho_2^{\mathrm{At}}(1). \tag{12}$$

Entsprechend gilt für ein Bezugsatom der Sorte 2

$$\varrho_2^{\mathrm{El}}(r) = K_2\, \varrho_2^{\mathrm{At}}(2) + K_1\, \varrho_1^{\mathrm{At}}(2). \tag{13}$$

Die linke Seite von Gl. (11) kann somit aufgespalten werden:

$$\begin{aligned} 4\pi r^2 \sum_m a_m K_m \varrho_m^{\mathrm{El}}(r) &= 4\pi r^2 [a_1 K_1^2 \varrho_1^{\mathrm{At}}(1) + a_2 K_2^2 \varrho_2^{\mathrm{At}}(2) + \\ &\quad + a_1 K_1 K_2 \varrho_2^{\mathrm{At}}(1) + a_2 K_2 K_1 \varrho_1^{\mathrm{At}}(2)] \end{aligned} \tag{14}$$

$$= 4\pi r^2 \sum_m \sum_n a_m K_m K_n \varrho_n^{\mathrm{At}}(m). \tag{14a}$$

Durch Integration über die Breite eines Maximums der Elektronenverteilungskurve erhält man aus Gl. (14) die von diesem Maximum mit der r-Achse eingeschlossene Fläche F:

$$\begin{aligned} F &= \int 4\pi r^2 \sum_m a_m K_m \varrho_m^{\mathrm{El}}(r)\, dr \\ &= a_1 K_1^2 \int 4\pi r^2 \varrho_1^{\mathrm{At}}(1)\, dr + a_2 K_2^2 \int 4\pi r^2 \varrho_2^{\mathrm{At}}(2)\, dr \\ &\quad + a_1 K_1 K_2 \int 4\pi r^2 \varrho_2^{\mathrm{At}}(1)\, dr + a_2 K_2 K_1 \\ &\quad \cdot \int 4\pi r^2 \varrho_1^{\mathrm{At}}(2)\, dr. \end{aligned} \tag{15}$$

Beziehungen zwischen der Fläche F und den Atomkoordinationszahlen

Allgemeiner Fall

Nach Einführung von Abkürzungen für die einzelnen Integrale in Gl. (15) ergibt sich folgende Endformel für die Fläche F unter einem Maximum der Elektronenverteilungskurve:

$$F = a_1 K_1^2 x_1 + a_2 K_2^2 x_2 + a_1 K_1 K_2 y_2 + a_2 K_2 K_1 y_1. \tag{16}$$

Dabei haben die Abkürzungen folgende Bedeutung:

x_1 = Zahl der 1-Atome um ein 1-Atom, entsprechend $\varrho_1(1) \cdot$ Volumelement

x_2 = Zahl der 2-Atome um ein 2-Atom, entsprechend $\varrho_2(2) \cdot$ Volumelement

y_1 = Zahl der 1-Atome um ein 2-Atom, entsprechend $\varrho_1(2) \cdot$ Volumelement

y_2 = Zahl der 2-Atome um ein 1-Atom, entsprechend $\varrho_2(1) \cdot$ Volumelement.

Für das weitere soll an die den Gl. (1) und (11) zugrundeliegende Voraussetzung der Kugelsymmetrie erinnert werden, aus der indirekt folgt, daß die Gesamtzahl z der Atome, gleich welcher Art, in der ersten Koordinationssphäre um ein beliebig herausgegriffenes Bezugsatom überall in einer bestimmten Schmelze konstant ist. z wird als mittlere Koordinationszahl bezeichnet, und es gilt somit

$$\left.\begin{aligned} x_1 + y_2 = z \\ x_2 + y_1 = z \end{aligned}\right\}. \tag{17}$$

Wegen einer allgemeineren Behandlung der Frage, ob diese Annahme berechtigt ist, s. Abschnitt B IV.

Zur Ableitung einer weiteren Bedingung betrachtet man die Zahl der 1-2-Paare, wobei der Abstand zwischen den Atomen 1 und 2 gleich dem Radius r^I der ersten Koordinationssphäre sein soll. Die Zahl dieser Paare ist, ausgehend von 1-Atomen, um so größer, je mehr 1-Atome vorliegen und je mehr 2-Atome um jedes 1-Atom angeordnet sind, d.h. also proportional $a_1 y_2$. Von einem 2-Atom ausgehend, gilt entsprechend

$a_2 y_1$. Da in beiden Fällen die Zahl der 1-2-Paare gleich sein muß, ist zu setzen:

$$a_1 y_2 = a_2 y_1. \tag{18}$$

Die Gl. (16), (17) und (18) gestatten es, die vier Unbekannten x_1, x_2, y_1 und y_2 zu berechnen. So gilt z.B.

$$y_2 = \frac{z\,(a_1 K_1^2 + a_2 K_2^2) - F}{a_1\,(K_1 - K_2)^2}. \tag{19}$$

Die hiernach zur Bestimmung von y_2 benötigte Größe F wird dem Experiment entnommen. Als Wert für z nimmt man den nach Atomprozenten gemittelten Betrag der in den Schmelzen der reinen Komponenten 1 und 2 vorliegenden Koordinationszahlen der ersten Koordinationssphäre.

Fall der Nahordnung

Überwiegt die Fremdkoordination, d.h. liegt in der Schmelze Nahordnung vor, dann muß der nach Gl. (19) sich ergebende Wert für y_2 in jedem Fall größer sein als die Fremdkoordination y_2^s bei Vorliegen statistischer Atomverteilung. Die zu diesem Vergleich benötigte Fremdkoordinationszahl für den statistischen Fall wird im folgenden Abschnitt behandelt.

Fall der statistischen Atomverteilung

Liegt eine statistische Verteilung der verschiedenartigen Atome vor, d.h. sind die beiden Atomsorten ohne jegliche Regelmäßigkeit verteilt, dann ist die Zahl von Atomen einer bestimmten Sorte, beispielsweise 1, in der ersten Koordinationssphäre um ein beliebiges Bezugsatom proportional der Konzentration dieser bestimmten Sorte 1 in der Schmelze. Somit gilt:

$$x_1^s = z\,a_1 \qquad x_2^s = z\,a_2$$
$$y_1^s = z\,a_1 \qquad y_2^s = z\,a_2. \tag{20}$$

Zur Entscheidung, ob der Fall der statistischen Verteilung vorliegt, kann man die Größe z aus den Gl. (16) und (20) berechnen. Dabei folgt:

$$z = \frac{F^s}{(a_1 K_1 + a_2 K_2)^2}. \tag{21}$$

F^s bedeutet dabei die von einer Schmelze mit *statistischer Verteilung der Atome* verschiedener Sorten erhaltene Fläche. Ergibt sich nach Einsetzen der experimentellen Daten ein für die betreffende Legierungszusammensetzung wahrscheinlicher Wert für z, der im allgemeinen etwa zehn beträgt, dann kann auf das Vorliegen von statistischer Atomverteilung geschlossen werden.

Mit Hilfe des aus Gl. (21) ermittelten Wertes für z ist man in der Lage, die Größe y_2^s für den Fall der statistischen Verteilung zu berechnen.

Fall der Nahentmischung

Im Fall der Nahentmischung („Clusterbildung") können die Fremdkoordinationsglieder y_1 bzw. y_2 vernachlässigt werden, wodurch Gl. (16) folgende Form annimmt:

$$F^E = a_1 K_1^2 x_1^E + a_2 K_2^2 x_2^E. \tag{22}$$

Für die Eigenkoordinationszahlen x_1^E bzw. x_2^E werden die von den reinen flüssigen Elementen her bekannten Koordinationszahlen eingesetzt. Somit läßt sich die Fläche F^E exakt berechnen. Stimmt dieser Wert F^E mit dem aus dem Experiment erhaltenen überein, so liegt Nahentmischung vor.

Ableitung eines graphischen Verfahrens zur Unterscheidung zwischen den drei möglichen Atomanordnungen bei Schmelzen mit großer Differenz in den Ordnungszahlen der beiden beteiligten Atomsorten.

Vorangestellt sei zunächst die Bemerkung, daß F bei zweikomponentigen Systemen der Anzahl der Atome in der ersten Koordinationssphäre multipliziert mit dem Quadrat der effektiven Elektronenzahl proportional ist (vgl. Gl. (16)). Durch Division von F mit der nach Atomkonzentrationen gemittelten Elektronenzahl ($\sum_m a_m K_m$) pro Atom in der Schmelze erhält man die Gesamtzahl der Streuelektronen in der ersten Koordinationssphäre. Für den Fall der statistischen Atomverteilung sei nun die Konzentrationsabhängigkeit dieser Zahl betrachtet. Die Gl. (21) kann dazu auf die Form

$$\frac{F^s}{a_1 K_1 + a_2 K_2} = z\,(K_1 - K_2)\, a_1 + z\, K_2 \tag{21}$$

gebracht werden.

Unter Vernachlässigung der geringen Konzentrationsabhängigkeit der Größe $(K_1 - K_2)$ ergibt somit die Elektronenzahl über der Konzentration aufgetragen im statistischen Fall eine Gerade.

Um für eine bestimmte Legierungszusammensetzung die Abweichung der Größe der Elektronenzahl für die Fälle der Entmischung und der

Nahordnung gegenüber dem Fall der statistischen Verteilung berechnen zu können, wird der Ansatz

$$\frac{F}{\sum_m a_m K_m} = \frac{F^s}{\sum_m a_m K_m} + \Delta n \tag{23}$$

gemacht. Hieraus folgt nach Einsetzen von Gl. (16) und (21):

$$\Delta n = \frac{1}{(a_1 K_1 + a_2 K_2)} \cdot [a_1 K_1^2 x_1 + a_2 K_2^2 x_2 + a_1 K_1 K_2 y_2 + \\ + a_2 K_1 K_2 y_1 - z (a_1 K_1 + a_2 K_2)^2]. \tag{24}$$

Die einzelnen Fälle müssen jetzt nach Einführung spezieller Annahmen getrennt betrachtet werden:

a) Fall der Entmischung. Mit den Bedingungen $y_1 = y_2 = 0$ und $z \approx x_1 \approx x_2$ folgt aus Gl. (24):

$$\Delta n = \frac{z a_1 a_2 (K_1 - K_2)^2}{(a_1 K_1 + a_2 K_2)}. \tag{25}$$

Wie ersichtlich, ist Δn stets positiv, und es ergibt sich daraus, daß die Elektronenzahl im Fall der Entmischung stets größer ist als im Fall der statistischen Verteilung. Zudem ist die Differenz Δn um so größer, je mehr sich die beteiligten Atomsorten in ihrer Ordnungszahl unterscheiden, d.h. je größer $(K_1 - K_2)^2$ ist.

b) Fall der Nahordnung. Hier folgt mit den Bedingungen

$$y_1 = y_1^s + \Delta y_1 = z a_1 + \Delta y_1$$

und

$$y_2 = y_2^s + \Delta y_2 = z a_2 + \Delta y_2$$

zusammen mit Gl. (17) und (18) aus Gl. (24):

$$\Delta n = \frac{-(K_1 - K_2)^2 a_2 \Delta y_1}{(a_1 K_1 + a_2 K_2)}. \tag{26}$$

Das heißt, Δn ist für Nahordnung stets negativ, und es ergibt sich hieraus, daß die Elektronenzahl im Fall der Nahordnung stets kleiner ist als im Fall der statistischen Verteilung. Auch hier ist die Differenz um so größer, je mehr sich die beteiligten Atomsorten in ihrer Ordnungszahl unterscheiden, d.h. je größer $(K_1 - K_2)^2$ ist.

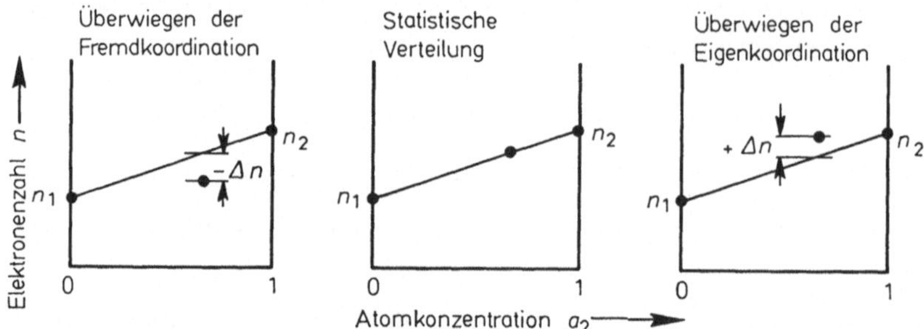

Abb. 4. Zur Auswertung der Elektronenverteilungskurven von Legierungen mit großem Unterschied zwischen den Ordnungszahlen der beiden Komponenten anhand der Elektronenzahl in der ersten Koordinationssphäre

In Abb. 4 sei der Sachverhalt für die drei möglichen Fälle der Atomverteilung graphisch dargestellt. Aufgetragen ist jeweils die aus dem Experiment zu entnehmende Größe

$$n = \frac{F}{\sum\limits_m a_m K_m}, \tag{27}$$

d.h. die Elektronenzahl in der ersten Koordinationssphäre über der atomaren Konzentration.

In jedem der drei Teilbilder ist die sich aus Gl. (21) für die statistische Verteilung ergebende Gerade eingezeichnet, die bei der praktischen Auswertung einfach durch Verbinden der Punkte n_1 und n_2 erhalten wird. n_1 und n_2 bedeuten dabei die Zahl der Elektronen in der ersten Koordinationssphäre der geschmolzenen reinen Komponenten. Punkte oberhalb der Geraden deuten auf Entmischung hin, solche auf der Geraden zeigen eine statistische Verteilung der Atome an, und die unterhalb der Geraden liegenden Meßwerte lassen auf das Vorliegen einer gewissen Nahordnung in der Schmelze schließen. Als Beispiel für den letztgenannten Fall sei auf das System Silber–Magnesium verwiesen (*528*).

Um den in Abb. 4 festgelegten Sachverhalt verständlich zu machen, diene folgendes Zahlenbeispiel, das in Abb. 5 dargestellt werden soll. Dabei wird für jeden der drei Fälle V, L und E eine aus fünf 1- und fünf 2-Atomen bestehende Modellschmelze aufgezeichnet, wobei jeweils ein 1- und ein 2-Atom als Bezugspunkt dient und nur die erste Koordinationssphäre berücksichtigt wird. Mit $K_1 = 5$; $K_2 = 20$; $a_1 = a_2 = 0{,}5$ folgen so für die Flächen unter dem ersten Maximum der Elektronenverteilungskurve nach Gl. (16) die in Abb. 5 angegebenen Zahlenwerte, wobei tatsächlich gilt: $F_E > F_L > F_V$, wie nach Abb. 4 zu fordern ist. Aus den Gl. (25) und (26) kann ersehen werden, daß die Auswertemethode für

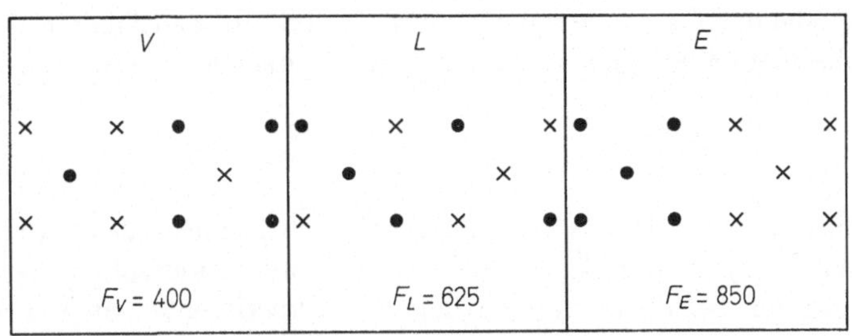

Abb. 5. Atomanordnung in einer Modellschmelze vom *V*-, *L*- bzw. *E*-Typ. • = 1-Atom; × = 2-Atom

kleine Unterschiede in der Ordnungszahl versagt. In diesen Fällen muß eine Betrachtungsweise angewendet werden, wie sie im Abschnitt B I 2a behandelt wurde. Abschließend sei anhand der Tabelle 1 eine Übersicht über die Auswertungsmöglichkeiten von Röntgenbeugungsdiagrammen zweikomponentiger Schmelzen gegeben, wobei die Einteilung dieser Schmelzen nach der Differenz der Ordnungszahlen (ΔZ) bzw. der Atomradien (ΔR) der beteiligten Komponenten vorgenommen wurde. Für eutektische Schmelzen gelingt die Identifizierung bei großem Unterschied in der Ordnungszahl nach folgendem Abschnitt B I 2c, bei kleinem Unterschied in der Ordnungszahl dann, wenn der Unterschied in der Lage des ersten Maximums der Atomverteilungskurve der beiden das Eutektikum bildenden Bestandteile groß ist.

Tabelle 1. *Zusammenstellung der Auswerteverfahren*

ΔZ	ΔR	Auswerteverfahren
groß	groß klein	Über Elektronenverteilungskurve nach Abb. 4
klein	groß	Über Atomverteilungskurve nach Abb. 2
	klein	Bei Überwiegen der Fremdkoordination über Atomverteilungskurve nach Abb. 2 Entscheidung zwischen statistischer Verteilung und Nahentmischung nicht möglich (evtl. Neutronenbeugung!)

c) *Eutektische Schmelzen*

Am Beispiel des Eutektikums α-In + In_2Bi wird von *Dutchak* und *Klym* (*110*) angegeben, wie das Vorliegen eines eutektischen Gemisches mit Beugungsmethoden nachgewiesen werden kann. Dazu wird die experimentell ermittelte Fläche unter dem ersten Maximum der Elektronenverteilungskurve F_{exp} verglichen mit derjenigen berechneten Fläche F_{ber}^{eut}, die beim Vorliegen des eutektischen Gemenges zu erwarten wäre:

$$F_{ber}^{eut} = a_{In} K_{In}^2 x_{In} + a_{In_2Bi} K_{In_2Bi}^2 x_{In_2Bi}. \tag{27a}$$

Würde In neben Bi vorliegen, dann müßte sich eine große Abweichung zwischen F_{exp} und F_{ber}^{eut} ergeben. Die Koordinationszahlen x_{In} und x_{In_2Bi} werden bei dieser Auswertung den Experimenten an reinem In bzw. reinem In_2Bi entnommen, für die Konzentrationswerte a gilt $a_{In} + a_{In_2Bi} = 1$ und für die effektiven Elektronenzahlen werden formal berechnete Werte (s. Erläuterung zu Gl. (11)) eingesetzt. Nach dieser Methode kann auch gezeigt werden, daß z.B. im System Mg–Sn (*526*) Mg neben Mg_2Sn und Mg_2Sn neben Sn vorliegen.

d) *Weitere Interpretationsmethoden*

Eine Anzahl von Wegen wurde bisher beschritten, um aus Beugungsdaten bei Legierungsschmelzen zu Aussagen zu gelangen. So wurde z.B. für das System Al–Sn ($\Delta Z = 37$) von *Bublik* und *Buntar* (*64*) festgestellt, daß die Atomverteilungskurve eine Überlagerung derjenigen von reinem Al und derjenigen von reinem Sn ist, d.h., es liegt demnach in diesem System Entmischung vor.

Aus der Tatsache, daß die Intensitätskurve eine Überlagerung derjenigen der beiden Komponenten ist, wird häufig auf Entmischung geschlossen. Bei höherer Temperatur geht die Atomanordnung in der Schmelze meist in statistische Verteilung über.

Bei der Deutung aufgespaltener Maxima in der Intensitätskurve ist Vorsicht am Platze, da z.B. von den beiden Teilmaxima in der Intensitätskurve von Au–Sn nach *Hendus* (*248*) das eine dem Au bzw. dem Mittelwert aus Au und Sn und das andere der intermetallischen Verbindung AuSn zugeordnet werden kann, so daß auf diese Art auch auf Verbindungsbildung zu schließen ist.

Von *Richter* (*445*) z.B. wurde für das System Bi–Pb beobachtet, daß sich das erste Maximum der Intensitätskurve nach der Vegardschen Regel verschiebt, woraus man auf Zugehörigkeit dieses Systems zum *E*- oder *L*-Typ schließen, d.h. also, *V* mit großer Wahrscheinlichkeit ausschließen kann. Dasselbe wurde auch im System Bi–Sn von *Alekseev* et al. (*7*) beobachtet, jedoch wurde dann ähnlich wie in Kapitel B I 2b aus der Koordinationszahl die Tendenz zur Nahentmischung quantitativ hergeleitet. Im System Pb–Sn (*445*) erfolgt ebenfalls die genannte Verschiebung, woraus dann auf die Zugehörigkeit zum *L*-Typ geschlossen wurde. Bezüglich der Arbeit von *Glocker* und *Richter* (*206*) ist herauszustellen, daß es sich dabei um eine der ersten Arbeiten handelt, in der

Beugungsexperimente an Legierungsschmelzen interpretiert wurden (das erste Maximum der Intensitätskurve verschob sich dort ebenfalls nach der Vegardschen Regel).

Von *Krebs, Haucke* und *Weyand* (*329*) wurde in die an In–Sb-Legierungen erhaltenen Verteilungskurven Maxima entsprechend einem B 1-Gitter (NaCl-Typ) eingezeichnet und dann darauf geschlossen, daß diese Legierungen in der Schmelze ein verwackeltes B 1-Gitter aufweisen. Dazu muß erwähnt werden, daß bei Legierungen mit großem Unterschied in der Ordnungszahl ΔZ zwischen statistischer Verteilung und dem B 1-Typ ($y_1 = y_2 = 6$, $x_1 = x_2 = 0$) gut unterschieden werden kann. Im vorliegenden Fall des InSb beträgt der Unterschied jedoch nur $\Delta Z = 3$ und man ist deshalb nach Kapitel B I 2a auf die Abstände nächster Nachbarn angewiesen, die ja bei Vorliegen einer B 1-Typ-ähnlichen Anordnung eine gewisse Kontraktion zeigen müßten, was jedoch im vorliegenden Fall des In–Sb nicht mit Sicherheit gesagt werden kann, weshalb das System in Tabelle 5 unter *L*-Typ eingeordnet wurde.

Ganz allgemein ist noch nach *Glazov* et al. (*202*) zu erwähnen, daß Schmelzen, welche die in Kapitel B V 1b beschriebenen Halbmetalle Ge oder Se enthalten, ihre Struktur beim Aufschmelzen stark ändern, da ja auch schon bei diesen Elementen selbst starke Veränderungen beim Aufschmelzen festzustellen sind.

II. Elektronenbeugungsuntersuchungen an Schmelzen

Im folgenden sei die Auswertung von Durchstrahlungselektronenbeugungsaufnahmen in Anlehnung an eine frühere Arbeit (*Steeb* (*525*)) beschrieben. Bezüglich der Auswertung von experimentell schwieriger zu erhaltenden Reflexions-Elektronenbeugungsaufnahmen an Schmelzen sei auf *Takagi* (*538*) verwiesen.

Die Benutzung von Elektronenstrahlen bei der Untersuchung von Schmelzen hat gewisse *Vorteile.* Erwähnt sei die ausgesprochen monochromatische Strahlung, welche in der Atomverteilungskurve sehr scharfe Maxima liefert, oder die zu den Aufnahmen benötigten kurzen Belichtungszeiten, die es erlauben, Experimente bei sehr hohen oder sehr tiefen Temperaturen durchzuführen. Im Gegensatz zum Röntgenexperiment wird bei der Elektronenbeugung meistens nach der Filmaufnahme-Methode gearbeitet und das sehr dünne Präparat durchstrahlt.

1. Elementschmelzen

Für die mit Elektronenstrahlen an einer Schmelze experimentell erhaltene Intensität gilt:

$$I_{\exp A} = I_A + (I_{UA} + c_A) = a f^2 \cdot i(s) + (a f^2 + I_{UA} + c_A) \qquad (28)$$

mit

$I_{\mathrm{exp\,A}}$ = an einem amorphen Stoff (bzw. Schmelze) mit einem Elektronenstrahl experimentell erhaltene Streuintensität;
I_{A} = an einer Schmelze einfach kohärent gestreute Intensität;
I_{UA} = an einer Schmelze nicht einfach kohärent gestreute Intensität (winkelabhängiger Untergrund (*525*));
c_{A} = winkelunabhängiger Untergrund (z. B. Schleier der Aufnahme);
a = Angleichungskonstante;
f = Atomformfaktor für Elektronenstrahlen;
$i(s) = 4\pi \int_0^\infty r^2 \left[\varrho(r) - \varrho_0\right] \frac{\sin s r}{s r}\, dr.$

Der Atomformfaktor für Elektronenstrahlen f kann entweder nach

$$f^2 = \frac{(Z - f^x)^2\, e^4\, m^2\, \lambda^4}{4 h^4 \sin^4 \Theta}$$

aus dem Atomformfaktor f^x für Röntgenstrahlen berechnet oder aber besser direkt aus Tabellen (*273*) entnommen werden. (Z bedeutet die Ordnungszahl).

Der für die weitere Auswertung benötigten kohärenten Einfachstreuung I_{A} überlagert sich nach Gl. (28) eine rechnerisch nicht erfaßbare Untergrundstreuung I_{UA}. Letztere kann, wie Abb. 6d zeigt, auch graphisch nicht von der experimentell gemessenen Intensitätskurve abgetrennt werden. Jedoch kann, wie in Abb. 6b gezeichnet, aus der Intensitätskurve eines kristallinen Präparates einfach durch Verbinden der Minima die Untergrundstreuung $(I_{\mathrm{UK}} + c_{\mathrm{K}})$ erhalten werden.

Im kristallinen Falle gilt:

$$\begin{aligned} I_{\mathrm{exp\,K}} &= I_{\mathrm{K}} + (I_{\mathrm{UK}} + c_{\mathrm{K}}) \\ &= a' \cdot |S|^2 \cdot G^2 + (I_{\mathrm{UK}} + c_{\mathrm{K}}) \end{aligned} \qquad (29)$$

mit

$I_{\mathrm{exp\,K}}$ = an kristallinem Material mit einem Elektronenstrahl experimentell erhaltene Streuintensität;
I_{K} = an kristallinem Material einfach kohärent gestreute Intensität;
I_{UK} = winkelabhängiger Untergrund bei Streuung an kristallinem Material;
c_{K} = winkelunabhängiger Untergrund;
a' = Angleichungskonstante;
$|S|^2$ = Strukturfaktor;
G^2 = Gitterfaktor.

Zur Auswertung wird in Anlehnung an (*538*) angenommen, daß die Winkelabhängigkeit des Streuuntergrundes einer amorphen Probe proportional der des Untergrundes einer zugehörigen kristallinen Probe sei, d. h. es soll gelten:

$$(I_{\mathrm{UA}} + c_{\mathrm{A}}) = b\,(I_{\mathrm{UK}} + c_{\mathrm{K}}). \qquad (30)$$

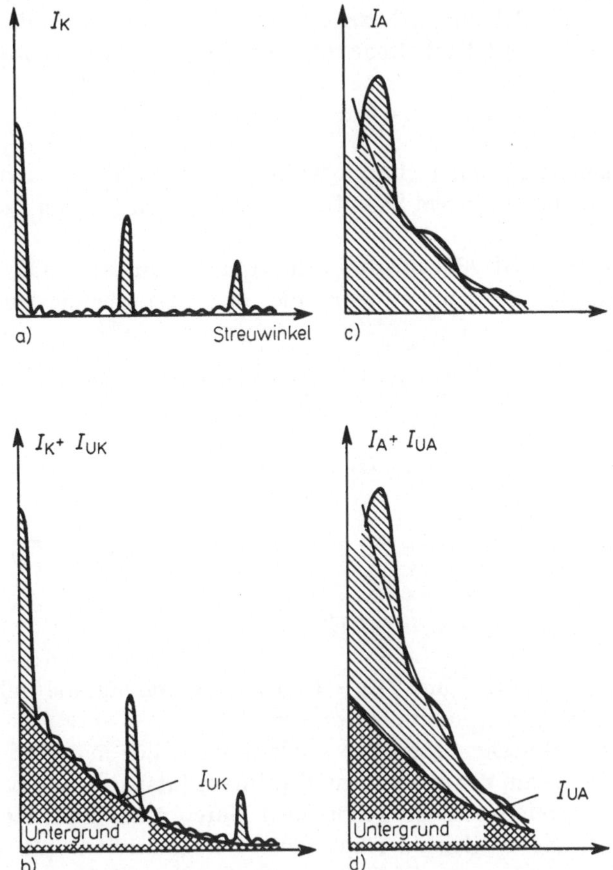

Abb. 6a—d. Intensitätsverlauf in Elektronenbeugungsaufnahmen von
a, b) kristallinen Stoffen
c, d) Schmelzen bzw. festen amorphen Stoffen

Die für die Auswertung benötigte Funktion s. $i(s)$ erhält man nun aus der experimentellen Kurve durch folgende Operation:

$$s \cdot i(s) = s \cdot \frac{I_{\exp A.} - I_{\text{ang}}}{a f^2} \tag{31}$$

wobei

$$I_{\text{ang}}(s) = a f^2(s) + b\, I_{\text{UK}}(s) + c \tag{32}$$

und

$$c = \mathrm{b} \cdot c_{\mathrm{K}} = c_{\mathrm{A}}$$

gesetzt ist.

Bei der Angleichung ist wichtig, daß für große s-Werte $i(s) = 0$ wird.

Wie an Gl. (28) und (32) zu erkennen ist, geht damit die an der Schmelze experimentell erhaltene Intensität für große Werte von s über in

$$I_{\exp A} = a f^2 + b I_{UK} + c = I_{ang}. \tag{33}$$

Diese Beziehung gilt nun nicht nur für große Werte von s, sondern selbstverständlich auch in jedem Schnittpunkt der beiden Kurven $I_{\exp A}$ und I_{ang}.

Schreibt man Gl. (33) für drei Schnittpunkte auf, so erhält man als Lösung dieses Gleichungssystems die drei Angleichungskonstanten a, b und c zu

$$a = \frac{U_1(I_1 - I_3) + U_2(I_3 - I_1) + U_3(I_1 - I_2)}{\text{Nenner}} \tag{34}$$

$$b = \frac{-[F_1(I_2 - I_3) + F_2(I_3 - I_1) + F_3(I_1 - I_2)]}{\text{Nenner}} \tag{35}$$

$$\text{Nenner} = U_1(F_2 - F_3) + U_2(F_3 - F_1) + U_3(F_1 - F_2) \tag{36}$$

und

$$c = I_1 - a F_1 - b U_1, \tag{37}$$

wobei $I_{\exp A} = I$, $f^2 = F$ und $I_{UK} = U$ gesetzt wurde und die Indizes die Nummern der Schnittpunkte bezeichnen.

Für die praktische Arbeit der Angleichung wählt man drei günstig gelegene Punkte auf der experimentellen Intensitätskurve und berechnet mit den zu deren Abszissen gehörenden Untergrund- und Atomformfaktorwerten die Angleichungskonstanten nach den Gl. (34 bis 37). Schließlich ergibt sich aus Gl. (33) punktweise die gesuchte Kurve I_{ang}, aus der die zur weiteren Rechnung benötigte $s.i(s)$-Kurve leicht nach Gl. (31) berechnet werden kann.

Das hier geschilderte Angleichungsverfahren hat gegenüber dem bei Röntgenuntersuchungen üblichen, wo ja die Intensitätskurve erst noch auf verschiedene Störeinflüsse korrigiert werden muß, den Vorteil beträchtlicher Zeitersparnis und, durch die Wahl von drei Konstanten bedingt, größerer Anpassungsfähigkeit der anzugleichenden an die experimentelle Kurve.

Ein abgeändertes Verfahren zur Auswertung von Elektronenbeugungsaufnahmen wurde von *Komnik* (*313*) angegeben.

Die Atomverteilungskurve $4\pi r^2 \varrho(r)$ wird aus der nach Gl. (31) bestimmten $s.i(s)$-Kurve durch folgende Beziehung erhalten:

$$4\pi r^2 \varrho(r) = 4\pi r^2 \varrho_0 + \frac{2r}{\pi} \int_0^\infty s.i(s).\ \sin(sr).\ ds\,. \tag{38}$$

Beim Integrieren stehen nur experimentelle Werte bis zu einem endlichen Wert s_0, der Integrationslänge, zur Verfügung, wodurch der schon in Abschnitt BI 1c näher behandelte Abbrucheffekt auftritt.

2. Präparations- und Aufnahmetechnik

Wie bei der Elektronenbeugung üblich, werden die Durchstrahlungspräparate durch Aufdampfen des betreffenden Metalls auf Steinsalzkristalle im Hochvakuum, anschließendes Ablösen in Wasser und Auffangen auf geeignete Trägernetze hergestellt. Das Aufheizen der Objekte im Diffraktograph erfolgt in einem Ofen, der so konstruiert ist, daß das Beugungsbild während des Aufschmelzvorganges beobachtet werden kann. Um die durch Fotometrieren erhaltenen Schwärzungswerte in Intensitäten übertragen zu können, müssen im Diffraktographen Schwärzungstreppen hergestellt werden. Wie oben gezeigt, muß, um ein Schmelzdiagramm auswerten zu können, jeweils auch die zugehörige kristalline Aufnahme angefertigt werden. Für Legierungsschmelzen werden spezielle Aufdampfverfahren zur konzentrationsgerechten Herstellung der dünnen Schichten angewendet. Erwähnenswert ist das „Sandwich"-Verfahren (7). Dabei wird die zu untersuchende Schicht zwischen zwei Quarz- oder Glimmerplättchen gebracht und dann auf einem Tantalband erhitzt.

3. Legierungsschmelzen

Bei der Untersuchung von Legierungsschmelzen mit Elektronenstrahlen gilt sinngemäß das unter B I 2 für Röntgenstrahlen angeführte. Insbesondere ist auch in diesem Fall Gl. (11) anzuwenden.

III. Neutronenbeugungsuntersuchungen an Schmelzen

Bei Untersuchungen mit Neutronen ist zu unterscheiden zwischen der Beugung von *thermischen* Neutronen, die vergleichbar mit der Röntgen- bzw. Elektronenbeugung ist, und der Durchstrahlung mit sog. *kalten* Neutronen, bei welcher ein Energieverlust bzw. -gewinn der durch die Probe gegangenen Neutronen gemessen wird. Die Untersuchungen mit kalten Neutronen werden in BIX 6 beschrieben werden.

1. Untersuchung mit thermischen Neutronen

Thermische Neutronen haben eine Wellenlänge von 0,5 bis 3,0 Å. Die charakteristischen Unterscheidungsmerkmale zwischen der Beugung von Röntgen-, Elektronen- und Neutronenstrahlen bestehen darin (vgl.

z. B. *Vainshtein* (*559*)), daß im ersten Fall die Beugung an der Elektronenhülle, im zweiten am elektrischen Potential zwischen Atomkern und Elektronenhülle und im dritten Fall schließlich am Kernfeld selbst erfolgt. Die Neutronen können gelegentlich auch durch Wechselwirkung des magnetischen Moments des Neutrons mit dem resultierenden magnetischen Moment der untersuchten Atome gestreut werden. Die Atome der verschiedenen Elemente weisen gegenüber thermischen Neutronen eine winkelunabhängige Streuamplitude auf, so daß jeweils nach Auftragen der Intensität über $\frac{\sin \Theta}{\lambda}$ an eine horizontal verlaufende Linie anzugleichen ist. Dadurch bestehen bei der Neutronenbeugung auch bei hohen Ablenkwinkeln noch günstige Intensitätsverhältnisse.

Bei der Neutronenbeugung ist weiterhin noch hervorzuheben, daß die Ordnungszahl des untersuchten Elements nicht direkt mit der Streuintensität zusammenhängt, daß jedoch andererseits mittels Neutronenbeugung die Isotope eines Elements aufgrund ihres verschiedenen Streuvermögens gegenüber thermischen Neutronen unterschieden werden können. Auch bei der Untersuchung von Schmelzen mit Neutronen muß ein gewisser inkohärent gestreuter Anteil berücksichtigt werden, ebenso wie der Anteil der vielfach gestreuten Neutronen. Weiterhin ergibt sich ein winkelabhängiger Streuanteil durch den Rückstoß der Kerne, der sich besonders bei großen $\frac{\sin \Theta}{\lambda}$ Werten und bei leichten Kernen bemerkbar macht und nach *Ringo* (*453*) zu korrigieren ist. Bei der Neutronenbeugung wird als Kapselmaterial bevorzugt Vanadiumblech verwendet. Die Intensitätskurve muß auf die Absorption — herrührend von Probe und Kapselmaterial — korrigiert werden. Zur Zählung der Neutronen werden BF_3-Zähler verwendet. Das Beispiel einer Probenheizvorrichtung findet sich in (*2*). Werte der Streu- und Absorptionsquerschnitte für die verschiedenen Elemente sind in (*14*, *96*, *273*) zusammengestellt.

a) *Elemente*

Zahlreiche Elemente, insbesondere Edelgase und Alkalimetalle, wurden mittels thermischer Neutronen untersucht. Wegen weiterer technischer bzw. experimenteller Einzelheiten muß auf das zusammenfassende Werk von *Gingrich* (*189*) oder Einzelpublikationen (z. B. (*12*, *191*)) verwiesen werden. Auf die Bedeutung von Zählfehlern wird besonders in (*487*) hingewiesen.

b) *Legierungen*

Bei der Auswertung einer von einer Legierung oder einem Element erhaltenen Intensitätskurve wird z. B. nach *Henninger* et al. (*252*) die Streu-

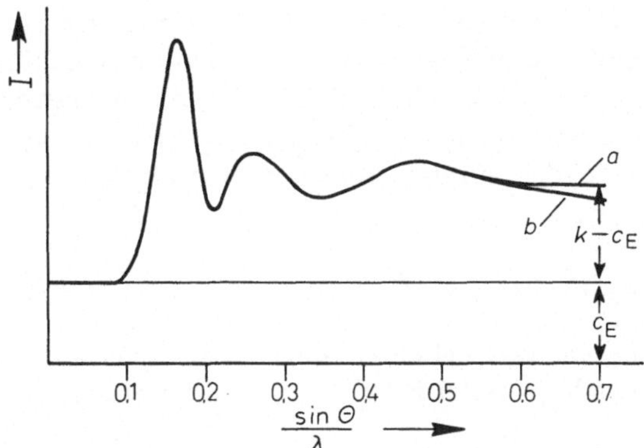

Abb. 7. Schematische Skizze zur Auswertung einer mit thermischen Neutronen erhaltenen Intensitätskurve (nach (*252*))
Kurve a: korrigiert für Untergrund und Rückstoß
Kurve b: korrigiert für Untergrund

intensität bei kleinen $\frac{\sin\Theta}{\lambda}$-Werten gleich der Summe von inkohärenter und Vielfachstreuung gesetzt und mit c_E bezeichnet (vgl. Abb. 7). Aus der schematischen Darstellung der Abb. 7 geht auch hervor, wie sich die schon oben erwähnte, nach *Ringo* (*453*) durchgeführte Korrektur der Rückstoßwirkung bei großen $\frac{\sin\Theta}{\lambda}$-Werten auswirkt. Die Differenz zwischen der Geraden $I = c_E$ und der auf Untergrund und Rückstoß korrigierten Kurve wird mit $(k - c_E)$ bezeichnet und zur Angleichung gleich $(f^N)^2$ gesetzt. So angeglichen, kann die Intensitätskurve nach Gl. (1) transformiert werden. Da die Atomformfaktorwerte (f^N) für Neutronen unabhängig von s sind, kann für Legierungen in Analogie zur Gleichungskombination Gl. (11) mit (14a) unmittelbar angeschrieben werden:

$$4\pi r^2 \sum_m \sum_n a_m f_m^N f_n^N \varrho_n^{\mathrm{At}}(m) = 4\pi r^2 \sum_m \sum_n a_m f_m^N f_n^N \varrho_o^{\mathrm{At}} + \frac{2r}{\pi} \int_0^\infty s.\overset{N}{i}(s) \sin(rs)\, ds \tag{39}$$

mit

$$\overset{N}{i}(s) = \frac{\overset{N}{I}(s)}{N} - \sum_i a_i (f_i^N)^2 ,$$

wobei wieder die a_m die atomaren Konzentrationen und $\varrho_n^{\mathrm{At}}(m)$ die Zahl der n-Atome um ein m-Atom pro Volumeinheit bedeuten. Bei derartigen Gleichungen ist zu beachten, daß sich N als Hochzahl einfach auf die

Neutronenbeugung bezieht, während N als normales Formelzeichen die Anzahl streuender Atome bedeutet. $I^N(s)$ folgt aus Gl. (49).

Wie aus Gl. (39) ersichtlich, ergibt ein Neutronenbeugungsexperiment unmittelbar die Atomdichten, und es gilt wieder in Analogie zu Gl. (16) für die Fläche F der mit Neutronenstrahlen abgeleiteten Atomverteilungskurve:

$$F^N = a_1 (f_1^N)^2 x_1 + a_2 (f_2^N)^2 x_2 + a_1 f_1^N f_2^N y_2 + a_2 f_2^N f_1^N y_1. \quad (40)$$

Die Gl. (17) bis (27) gelten entsprechend, wobei auch noch auf Gl. (17a) und folgende (Kapitel B IV) hingewiesen werden muß.

IV. Kombination von Experimenten mit verschiedenen Strahlenarten

Wie in Abschnitt B I 2b gezeigt, bestehen zunächst die fünf Parameter z, x_1, x_2, y_1 und y_2 zur Beschreibung der Verteilung der Atome verschiedener Sorten umeinander. Wird angenommen, daß in der Schmelze um die Atome aller Sorten nicht dieselbe mittlere Koordinationszahl z besteht, dann muß diese ersetzt werden durch die Koordinationszahlen z_1 und z_2 und es gelten statt Gl. (17) die Gl. (17a):

$$\begin{aligned} x_1 + y_2 &= z_1 \\ x_2 + y_1 &= z_2 . \end{aligned} \quad (17a)$$

Zusammen mit z_1 und z_2 sind nunmehr sechs Unbekannte zu bestimmen. Die Zahl der zur Lösung des Problemes notwendigen Gleichungen beträgt drei, da ja den drei Gl. (17a) und (18) allgemeine Gültigkeit zukommt. Das heißt, daß im allgemeinen Falle *drei unabhängige Intensitätskurven* experimentell ermittelt werden müssen, um über die gegenseitige Anordnung der Atome der verschiedenen Sorten völlige Klarheit zu erhalten.

In Abschnitt B I 2b wurde ferner gezeigt, wie man auch mit einer Intensitätskurve auskommen kann. Dazu muß einmal die in Gl. (17) formulierte Annahme gemacht werden, daß eine mittlere Koordinationszahl z existiert und zum anderen, daß deren Größe aus der Koordinationszahl der Randkomponenten durch Mittelung mittels der atomaren Konzentration berechnet werden kann. Das unter diesen Annahmen erhaltene Ergebnis wird von der Wirklichkeit nie stark abweichen, doch soll im folgenden trotzdem auf die sog. kombinierten Verfahren eingegangen werden, wobei zuvor noch darauf hinzuweisen ist, daß zur Bestimmung der entsprechenden Intensitätskurven neben den Röntgen-,

Elektronen- und Neutronenstrahlen auch noch die Neutronenbeugung an verschiedenen Isotopen desselben Elementes herangezogen werden kann.

1. Verfahren zur Bestimmung der verschiedenen Koordinationszahlen

a) *Verfahren nach Keating*

Keating (*295*) geht aus von drei analogen Beziehungen, die der Gl. (4) entsprechen und für jede Strahlenart mit einem anderen Index zu versehen sind. Durch Fourier-Transformation ergeben sich dann hieraus die Ausdrücke für die Atomverteilungskurven, jedoch sind diese, wenn man noch die Winkelabhängigkeit der Atomformfaktoren (bei Röntgen- und Elektronenbeugung) in Betracht zieht, in der von *Keating* gegebenen Form für die praktische Arbeit zu unhandlich und somit ist diese Methode als praktisches Auswerteverfahren nur schwer einsetzbar.

b) *Verfahren nach Henninger et al.*

In der Arbeit (*252*) werden die beiden Ausdrücke für die Atomverteilung, welche mit Röntgenstrahlen durch Kombination der Gl. (11) und (14a) erhalten wird und für diejenige, welche mit Neutronenstrahlen (Gl. (39)) gewonnen wird, durcheinander dividiert. Der so erhaltene Quotient

$$Q = \frac{\sum\limits_m \sum\limits_n a_m K_m K_n \varrho_n^{\mathrm{At}}(m)}{\sum\limits_m \sum\limits_n a_m f_m^N f_n^N \varrho_n^{\mathrm{At}}(m)} \tag{41}$$

läßt sich folgendermaßen interpretieren: Liegen nur 1–1 Paare vor, dann beträgt das Verhältnis

$$\frac{K_1^2}{(f_1^N)^2} \approx \frac{Z_1^2}{(f_1^N)^2},$$

für 2–2 Paare entsprechend

$$\frac{K_2^2}{(f_2^N)^2} \approx \frac{Z_2^2}{(f_2^N)^2}.$$

Für den Fall der statistischen Verteilung, wo also

$$a_1 z_1 = a_1 \varrho_2(1) = a_2 \varrho_1(2) = a_2 z_2 \tag{42}$$

ist, gilt für das Verhältnis der asymptotische Wert

$$(K_1^2 + K_2^2 + 2K_1 K_2)/[(f_1^N)^2 + (f_2^N)^2 + 2f_1^N f_2^N].$$

Als Beispiel wird der Arbeit (*252*) das Verhältnis für eine 50%ige NaK-Legierung entnommen und in Abb. 8 wiedergegeben. Dieses Verfahren hat den Vorteil, in Abhängigkeit vom Radius r etwas auszusagen, jedoch den Nachteil, daß die z.B. in Abb. 8 gezeigten Wellungen auch durch eine ungünstige Kombination der Abbrucheffekte der beiden dividierten Kurven hervorgerufen worden sein könnten.

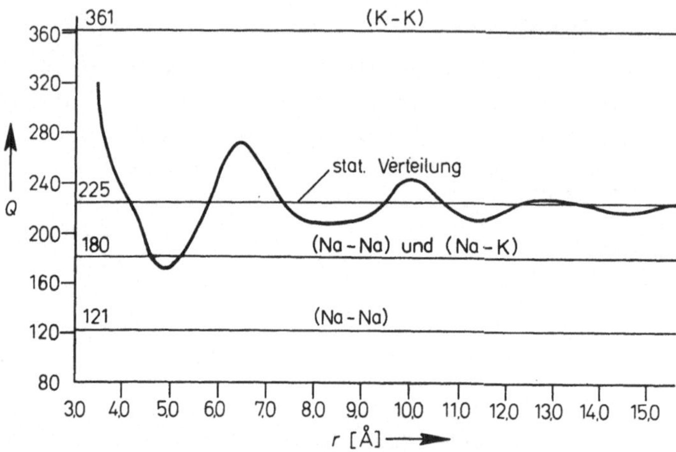

Abb. 8. Verhältnis der Verteilungsfunktionen von Röntgen- und Neutronenbeugungsdaten für die intermetallische Verbindung NaK (nach (*252*))

c) *Weiteres Verfahren*

Ein weiteres, wenig Mühe bereitendes Verfahren sei im folgenden vorgeschlagen. Dazu muß die Fläche unter dem ersten Maximum einer mit Röntgenstrahlen erhaltenen Atomverteilungskurve und einer mit Neutronenstrahlen erhaltenen Kurve betrachtet werden, d.h. also Gl. (16) und Gl. (40). Außerdem wird wie bei *Keating* die Gültigkeit der Gl. (17) vorausgesetzt, so daß nun z exakt berechnet werden kann und zwar frei vom Abbrucheffekt. Für z und die anderen Größen x_1, x_2, y_1 und y_2 erhält man so die Beziehungen:

$$x_1 = \{F^x[a_1(f_2^N)^2 - 2a_1 f_1^N f_2^N - a_2(f_2^N)^2] + F^N[a_2 K_2^2 + 2a_1 K_1 K_2 - a_1 K_2^2]\} \cdot \frac{a_2}{D} \tag{43}$$

$$x_2 = \{F^x[a_2(f_1^N)^2 - 2a_2 f_1^N f_2^N - a_1(f_1^N)^2] + F^N[a_1 K_1^2 + 2a_2 K_1 K_2 - a_2 K_1^2]\} \cdot \frac{a_1}{D} \tag{44}$$

$$y_1 = \{F^x[a_1(f_1^N)^2 + a_2(f_2^N)^2] - F^N(a_1 K_1^2 + a_2 K_2^2)\} \frac{a_1}{D} \tag{45}$$

$$y_2 = \{F^x[a_1(f_1^N)^2 + a_2(f_2^N)^2] - F^N(a_1\,K_1^2 + a_2\,K_2^2)\}\,\frac{a_2}{D} \tag{46}$$

$$z = [F^x(f_1^N - f_2^N)^2 - F^N(K_1 - K_2)^2]\,\frac{a_1\,a_2}{D} \tag{47}$$

$$\begin{aligned} D = a_1\,a_2\,\{&K_1^2 f_2^N(a_1 f_2^N - 2a_1 f_1^N - a_2 f_2^N) + \\ &+ K_2^2 f_1(a_2 f_1^N - 2a_2 f_2^N - a_1 f_1^N) + \\ &+ 2K_1\,K_2[a_1(f_1^N)^2 + a_2(f_2^N)^2]\}. \end{aligned} \tag{48}$$

Mit Hilfe der Gl. (43) bis (48) können nicht nur ein Röntgen- und ein Neutronenbeugungsexperiment recht einfach miteinander verkoppelt werden, sondern auch z.B. zwei Neutronenbeugungsexperimente, die an zwei verschiedenen Isotopen derselben Atomsorte durchgeführt wurden. Dazu sind lediglich K_1 und K_2 durch die Atomformfaktorwerte für Neutronenstrahlenbeugung an der zweiten Isotopensorte zu ersetzen.

2. Verfahren zur Bestimmung partieller Strukturfaktoren

a) *Bestimmung „partieller Strukturfaktoren" nach Enderby et al. (137) aus drei Neutronenbeugungsexperimenten*

Bei der Berechnung z.B. des elektrischen Widerstandes, der Thermokraft und der Knightverschiebung (vgl. Kapitel C IV 3) aus Beugungsdaten spielt die Kenntnis der „*Strukturfaktoren*" eine Rolle. Dabei hat dieser Ausdruck nicht den sonst in der Röntgentechnik üblichen Sinn, weshalb dieser Begriff im folgenden etwas näher erläutert werden soll. Der Strukturfaktor S im vorliegenden Zusammenhang entspricht nämlich der in Gl. (2) eingeführten Größe $i(s)+1$, welche dann als „*totaler Strukturfaktor*" bezeichnet wird. Bei der Untersuchung eines Zweistoffsystemes treten noch die drei sog. partiellen Strukturfaktoren S_{AA}, S_{BB} und S_{AB} auf. Die winkelabhängige Streuintensität I (s) bei der Beugung thermischer Neutronen ergibt sich nach (*137*) zu

$$\begin{aligned} I^N(s) = \{&a_A^2\,(f_A^N)^2\,(S_{AA} + a_B^2\,(f_B^N)^2\,S_{BB} + 2a_A a_B f_A^N f_B^N\,S_{AB} - \\ &- (a_A f_A^N + a_B f_B^N)^2 + a_A(f_A^N)^2 + a_B(f_B^N)^2\}\,N. \end{aligned} \tag{49}$$

Diese Intensitätsfunktion wird nun für dieselbe Legierungszusammensetzung dreimal bestimmt, dabei jedoch von einer der Komponenten m jedesmal ein anderes Isotop benutzt, wodurch sich der zugehörige f_m^N-Wert ändert. Aus diesen drei Kurven können dann die drei Größen S_{AA}, S_{AB} und S_{BB} berechnet werden. Dieses wurde in (*137*) für die Legierung

Cu_6Sn_5 durchgeführt, wobei allerdings auf die beträchtlichen experimentellen Schwierigkeiten ausdrücklich hingewiesen wurde. Das Ergebnis ist dann je eine $S(s)$-Kurve, herrührend von der Streuung an Cu–Cu bzw. Sn–Sn- oder Cu–Sn-Paaren. Vgl. zu diesem Abschnitt auch die Arbeit (*12*).

b) *Bestimmung partieller Strukturfaktoren nach Halder und Wagner* (*241*) *aus einer Röntgenbeugungsaufnahme*

In (*241*) wurden die im vorigen Abschnitt eingeführten partiellen Strukturfaktoren S_{AA}, S_{AB} und S_{BB} im System Ag–Sn bestimmt und aus diesen dann die partiellen radialen Verteilungskurven $4\pi r^2 \varrho_{ij}(r)$ berechnet. Weiterhin wurde mit den partiellen Strukturfaktoren unter Benützung der Pseudo-Potentialwerte[1] von *Animalu* und *Heine* (*10*) für das System Ag–Sn der elektrische Widerstand berechnet. Wichtig ist, daß es in diesem Falle möglich war, die partiellen Größen aus Röntgenbeugungsexperimenten an Proben verschiedener Konzentration zu erhalten. Es stellte sich nämlich heraus, daß in dem betrachteten System Ag–Sn die partiellen Strukturfaktoren unabhängig von der Konzentration sind, so daß der totale Faktor eben bei drei verschiedenen Konzentrationen bestimmt werden mußte, um die partiellen Größen berechnen zu können.

Abschließend sollte noch darauf hingewiesen werden, daß bei statistischer Verteilung der Atome verschiedener Sorten umeinander die partiellen Strukturfaktoren einander gleich werden.

V. Ergebnisse der Strukturuntersuchungen

1. Elementschmelzen

In diesem Abschnitt ist es sinnvoll, in zwei Gruppen zu unterteilen, nämlich in die Metalle auf der einen Seite und die Halbmetalle auf der anderen Seite.

a) *Metalle*

Wie in den Abschnitten I bis III des Kapitels B erwähnt wurde, liefert das Beugungsexperiment zunächst Intensitätskurven. In Abb. 9 wird als Beispiel für die Intensitätskurven unlegierter Metallschmelzen die mit der Durchstrahlungsmethode erhaltene Kurve von geschmolzenem Magnesium (*590*) angegeben. Hier ist als Ordinate aufgetragen die korrigierte und normierte Intensität, während als Abszissenmaßstab die

[1] Pseudo-Potentiale sind angenäherte Ionen-Ionen-Wechselwirkungspotentiale, wobei praktisch nur der Einfluß der Leitungselektronen Berücksichtigung findet.

Größe $s = 4\pi \frac{\sin\theta}{\lambda}$, also eine Funktion des Streuwinkels θ gewählt wurde. Die Kurve ist bereits korrigiert und auf das Streuvermögen des freien Magnesium-Atomes normiert. Alle Streukurven geschmolzener Metalle, unabhängig davon, ob es sich um unlegierte oder legierte Schmelzen handelt, besitzen ähnliches Aussehen, d.h. sie bestehen aus mehreren breiten Maxima, deren Intensität mit steigendem Streuwinkel rasch abnimmt. Die Streukurven von Schmelzen stehen somit im Aussehen in der Mitte zwischen den von Festkörpern erhaltenen Beugungsbildern mit deren scharfen Maxima und der in Abb. 9 als f^2-Kurve eingezeichneten,

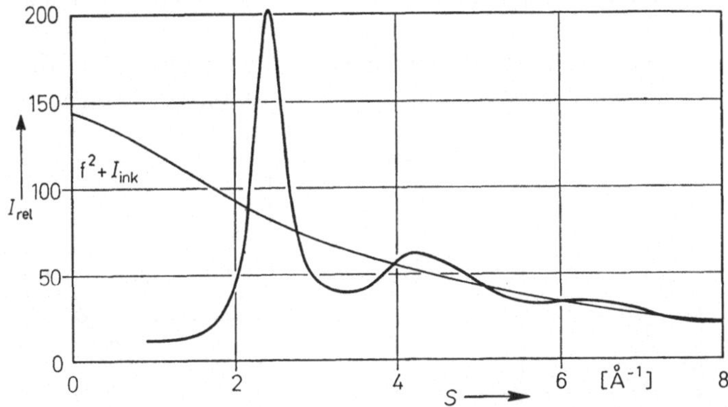

Abb. 9. Experimentell ermittelte Intensitätskurve von geschmolzenem Magnesium

monoton abfallenden Streukurve, wie sie von den freien Atomen, d.h. einem einatomigen Gase, erhalten wird.

Zu beachten ist, daß bei den Intensitätskurven mancher Atomsorten (z.B. Hg oder Sn) ein Zusatzmaximum beobachtet wird. Nach der in Kapitel B VI 1 näher beschriebenen Differenzmethode wurde aus diesem für Hg von *Rivlin* et al. (*454*) abgeleitet, daß dieses einem zweiten Grundabstand in der Schmelze entspricht, der neben der statistischen Atomverteilung, die man in Metallen vorfindet, bestehen soll. Im Fall des Quecksilbers konnte festgestellt werden (*454*), daß der dominierende Abstand 3,07 Å, der zweite Abstand dagegen 2,85 Å beträgt (evtl. herrührend von Oxydverunreinigungen?). Vergleicht man die Werte für die kürzesten Abstände im festen Zustand, nämlich 3,005 Å für die α- und 2,82 Å für die β-Modifikation, so liegt die Vermutung nahe, daß die Atompaare einmal den kürzesten Abstand für die eine, daß andere Mal für die andere Modifikation annehmen. Dagegen spricht die praktische, in der Gibbsschen Phasenregel niedergelegte Erfahrung, daß bei Vorliegen einer Komponente sich auch nur eine Phase ausbilden kann. Auf diesen Punkt kommen wir weiter unten nochmals zurück (Kapitel B VII 5).

Wie aus Kapitel VI 1 zu entnehmen ist, erübrigt es sich, die bisher gemessenen Intensitätskurven geschmolzener Elemente hier zusammenzustellen. Es genügt vielmehr, die charakteristischen Eigenschaften der Atomverteilungskurven anzuführen und zu interpretieren. Im übrigen sind bei jedem in den Tab. 2 und 3 angeführten Element die entsprechen den Originalarbeiten zitiert, so daß dort die $\frac{\sin\theta}{\lambda}$-Werte der Maxima bzw. Minima der Intensitätskurven entnommen werden können. In diesem Zusammenhang sei auch auf die Arbeiten (*190*) und (*331*) verwiesen.

Als Beispiel einer Atomverteilungskurve wird in Abb. 10 die Atomverteilungskurve von geschmolzenem Magnesium (*590*) angegeben. Die

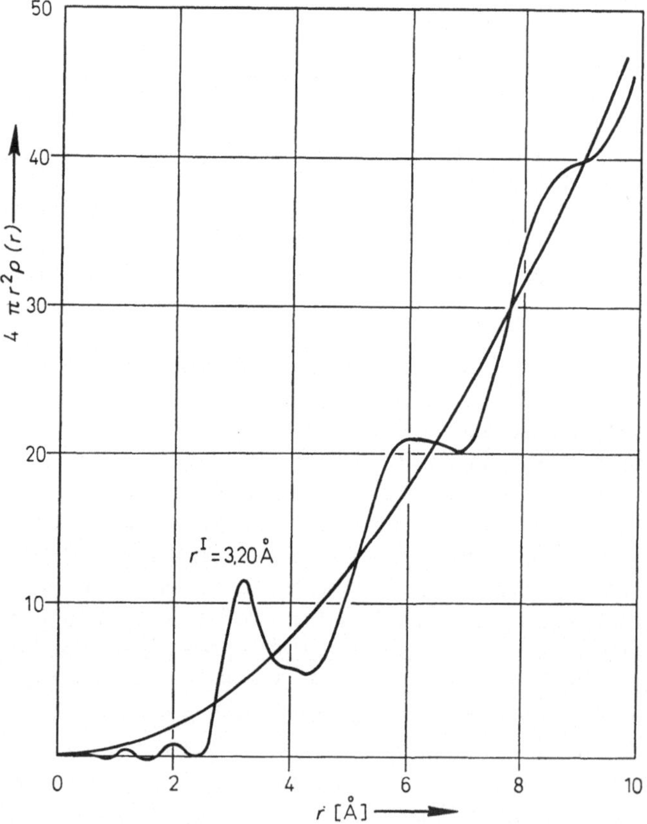

Abb. 10. Atomverteilungskurve von geschmolzenem Magnesium

gezeigte Kurve ist nach dem obigen die Fourier-Transformierte der in Abb. 9 abgebildeten Intensitätskurve. Auf der Ordinate ist $4\pi r^2 \varrho$ aufgetragen, als Abszisse der Abstand r. Das Maximum bei $r^I = 3{,}20$ Å besagt, daß in diesem Abstand von einem beliebig herausgegriffenen Bezugsatom im zeitlichen und räumlichen Mittel eine Häufungsstelle nächster Nachbarn sich befindet. Die Darstellung ist so eingerichtet, daß die Fläche unter dem ersten Maximum gleichzeitig die Zahl nächster Nachbarn angibt, welche im vorliegenden Fall zehn beträgt.

Wichtig ist noch, daß in derartigen Kurven weitere Häufungsstellen auftreten, die am besten bezüglich ihrer relativen Lage zum ersten Maximum beschrieben werden können. Es ist jedoch nicht so, daß die zweite Häufungsstelle gerade beim doppelten Wert der ersten liegt. Meist liegt sie näher am ersten Maximum (s. u.). Es gibt somit folgende Bestimmungsstücke für eine Atomverteilungskurve:

a) Abstand nächster Nachbarn r^I,
b) Zahl nächster Nachbarn N^I,
c) Verhältnis der Maximalagen r^{II}/r^I, r^{III}/r^I usw.

Die Betrachtung dieser Bestimmungsstücke der Atomverteilungskurven von unlegierten Schmelzen wird durchgeführt anhand der Tabelle 2 sowie der Abb. 11 und erlaubt folgende Aussagen:

a) Wie aus Tabelle 2 ersichtlich, stimmt der Abstand r^I nächster Nachbarn häufig mit dem von *Goldschmidt* (*269*) für Zwölferkoordination angegebenen Atomdurchmesser überein. Die experimentell erhaltenen Werte müssen zu diesem Vergleich noch auf die entsprechende Temperatur reduziert werden. Außerdem ist mit Hilfe von Tabelle 3 jeweils die gemessene Koordinationszahl zu berücksichtigen.

Für die Betrachtung der Punkte b) und c) diene Abb. 11, in der alle bisher im schmelzflüssigen Zustand untersuchten Elemente mit Ausnahme der Halbmetalle Se und Ge sowie einiger Molekülschmelzen, die im nächsten Abschnitt behandelt werden sollen, eingetragen sind. Im rechten Teil der Abb. ist für jedes Element die Koordinationszahl N^I für den festen Zustand mit einem Punkt großen Durchmessers, für den geschmolzenen Zustand mit einem Punkt kleinen Durchmessers gekennzeichnet, und es ist diesem Teil der Abb. zu entnehmen, daß die in der Schmelze vorliegende Koordinationszahl dann kleiner ist als im kristallinen Zustand, wenn dieser schon dichtest gepackt war. Dies erklärt sich dadurch, daß beim Schmelzen Fehlstellen in den Kristall eingeführt werden, wodurch die gemittelte Koordinationszahl verringert wird (*Samoilov* (*479*)). Die im festen Zustand nicht dichtest gepackten Kristalle, also z. B. die kubisch raumzentrierten Alkalimetalle mit Koordinationszahl acht werden dagegen beim Aufschmelzen offenbar etwas dichter gepackt.

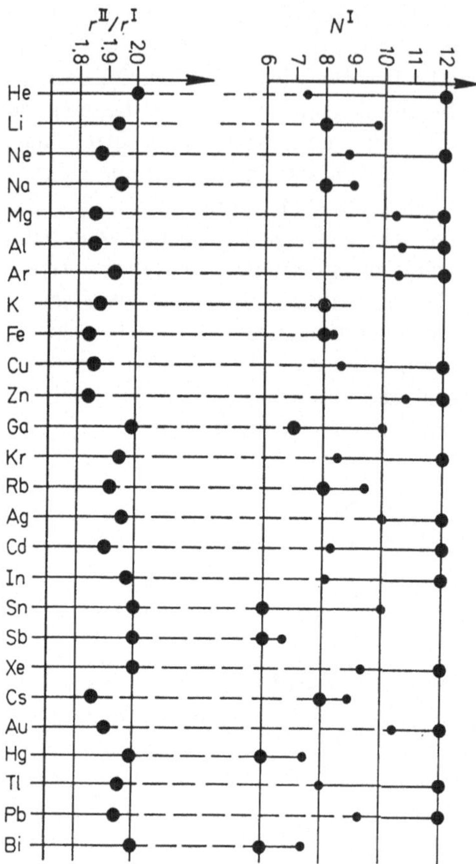

Abb. 11. Verhältnis r^{II}/r^{I} und Zahl nächster Nachbarn N^{I} bei unlegierten Metallschmelzen. Bezüglich Sb und Bi ist zu bemerken, daß die Angabe der Koordinationszahl 6 sich folgendermaßen ergibt: Sb hat je 3 Atome bei 2,87 und 3,37 Å, Bi bei 3,10 und 3,47 Å.

Von *Dutchak* (*106*) wurde als Maßzahl für die Gitterähnlichkeit einer Schmelze das Verhältnis der Koordinationszahl der Schmelze zu der des Kristalles angegeben. Wegen der relativ großen Ungenauigkeit bei der Bestimmung von Koordinationszahlen hat sich dieser Ansatz jedoch nicht bewährt. Eine direkte Methode zur Interpretation von Atomverteilungskurven ist beschrieben in (*293*).

Im linken Teil von Abb. 11 ist für jedes Element das Abstandsverhältnis r^{II}/r^{I} aufgetragen. Man erkennt z. B. das oben erwähnte Magnesium (*590*) oder auch Kupfer bzw. Eisen, von denen ebenfalls erst seit kurzer Zeit die experimentellen Daten vorliegen (*470, 473*). Zu erwähnen ist noch, daß Quecksilber das erste Element war, das jemals im

Tabelle 2. *Experimentell bestimmter Atomradius r^I (= Abstand nächster Nachbarn) bei unlegierten Metallschmelzen verglichen mit dem Atomdurchmesser für Zwölferkoordination nach Goldschmidt (269) und gemessene Koordinationszahlen*
Die Zahlenwerte wurden immer jeweils den mit Sternchen versehenen Zitaten entnommen.

Element	N^I_{exp}	Atom-durchmesser Å (*269*) für $N^I = 12$	Gemessen r^I Å	Temp. °C	Lit.
2 He	7,4	2,44	3,70	−271	(*270*)
3 Li	9,5	3,12	3,15	180	(*191*)
	9,8	—	3,24	200	(*171**, *503*)
10 Ne	8,8	—	3,17	—	(*253*)
11 Na	9,5	3,83	3,83	100	(*551*)
	9,0	—	3,82	100	(*191*)
	9,5	—	3,90	400	(*406*, *409*, *503**, *551**, *578*)
12 Mg	10,4	3,20	3,20	—	(*590*)
13 Al	10,6	2,82	2,96	700	(*171*)
	8,3	—	2,84	über Schmelzpkt.	(*40*, *62*, *63*, *105*, *115*, *116*, *117*, *474**)
18 Ar	7,0	3,84	3,79	−181; 1,8 at.	(*133*)
	10,5	—	3,78	−189; 0,71 at.	(*193**, *505*)
19 K	—	4,76	4,7	100	(*342*)
	—	—	>4,7	300	(*342*)
	8,0	—	4,64	65	(*191*, *194*, *542*)
	8,0	—	4,76	395	(*409*, *503*, *542**)
26 Fe	8,2	2,54	2,52	über Schmelzpkt.	(*473*)
28 Ni	—	2,49	—	1480	(*299*) (nur Int. Kurve)
29 Cu	8,4	2,55	2,51	1100	(*470*, *472*, *473*)
	11,5	—	2,57	1090	(*170**, *283* (nur Int. Kurve) *577*)
30 Zn	10,8	2,75	2,94	460	(*171*)
31 Ga	11,0	2,70	2,77	20	(*248*)
	9,0	—	2,79	30	(*451*, *468*)
	8,4/10,7	—	2,80	30	(*42*, *117*, *455**, *494*)
36 Kr	8,5/4,0	—	4,02—4,20	−156÷−63	(*82*) (*82* wird in *297* mit theor. Berechnung verglichen)
37 Rb	9,5	5,13	4,97	40	(*191**, *503*)
47 Ag	10,0	2,88	2,86	1000	(*416*)
	10,0	—	2,80	1000	(*417**, *577*)
48 Cd	8,3	3,04	3,06	350	(*171*)
49 In	10,7	3,14	3,32	170	(*465*)
	8,0	—	3,17	165	(*63*, *205*)

Tabelle 2 (Fortsetzung)

Element	N^I_{exp}	Atom-durchmesser Å (*269*) für $N^I = 12$	Gemessen r^I Å	Temp. °C	Lit.
	8,5	—	3,30	140	(*171*)
	8,0	—	3,17	145	(*248*)
	7,4	—	3,20	160	(*44, 403, 410, 468*, 494*)
50 Sn	7,6/7,4	3,16	3,27	232÷495	(*63, 170**)
	10,0	—	3,20	280	(*248*)
	8,5	—	3,18	335	(*44*)
	10,9	—	3,38	250	(*56, 60, 171*, 287, 449, 525*, 577*)
51 Sb	6,0	3,23	3,12	630	(*389*)
	6,8	—	2,85	640	(*107*, 117, 250* (nur Int. Kurve) *271, 539*)
54 Xe	9,4	4,4 (*270*)	4,43	—110; 1 at.	(*74*)
55 Cs	9,0	5,41	5,31	30	(*191*, 406* (nur Int. Kurve), *503*)
79 Au	8,5	2,88	2,85	1100	(*54, 416, 417*)
	11,0	—	2,86	1100	(*248*)
80 Hg	8,0	3,10	3,12	—	(*512*)
	7,5	—	3,05	20	(*416, 417*)
	6,0	—	3,00	18	(*249*)
	7,5	—	3,03	—36÷+26	(*332*)
	10,0	—	3,04	28	(*40*, 54, 286, 327, 454* (ausführl. Zusammenstg.), *482, 494, 513, 572*)
81 Tl	8,0	3,42	3,30	375	(*205, 240* (Temp. ab.), *248, 482*)
82 Pb	12,1	3,49	3,39	311	(*495*)
	11,7	—	3,38	330	(*495*)
	9,4	—	3,40	350	(*496*)
	8,0	—	3,40	375	(*80, 106, 115, 116, 117, 205*, 248, 286, 333, 482*)
83 Bi	7,5	3,64	3,32	340	(*248, 525*)
	7,6	—	3,35	285	(*495*)
	7,8	—	3,36	300	(*495*)

Tabelle 2 (Fortsetzung)

Element	N^I_{exp}	Atom-durchmesser Å (*269*) für $N^I = 12$	Gemessen r^I Å	Temp. °C	Lit.
	7,7	—	3,35	300	(*62, 63, 80, 106, 108, 115, 116, 117, 329, 406* (nur Int. Kurve), *443* (Zusammenfassung der exp. Daten) *496*, 538*)

Tabelle 3. *Berechnung der Atomradien r_N für verschiedene Koordinationszahlen N aus dem Atomradius $r_{zwölf}$ für Zwölferkoordination*

N	12	11	10	9	8	7	6	5	4	3
$r_N = r_{zwölf} \times$	1	0,996	0,99	0,985	0,978	0,966	0,95	0,925	0,88	0,81

Schmelzzustand untersucht wurde und außerdem noch, daß neuerdings praktisch alle Edelgase im flüssigen Zustand untersucht sind. Allen diesen Untersuchungen ist nach Abb. 11 das wichtige Ergebnis gemeinsam, daß das Verhältnis r^{II}/r^I 1,80 bis 2,00 beträgt.

Gegenwärtig ist man bemüht, diejenigen Elemente experimentell zu erfassen, die entweder infolge ihrer Reaktivität Schwierigkeiten bereiten oder (und) hohe Schmelzpunkte besitzen.

b) *Halbmetalle*

Von den unter a) besprochenen Metallen weichen die Halbmetalle und Molekülschmelzen (z.B. O_2, Cl_2, P_4) im Aufbau der Atomverteilungskurven und somit in der Atomverteilung der Schmelze selbst ab. Hauptsächlich macht sich dieses im Verhältnis r^{II}/r^I bemerkbar, wodurch sich z.B. Ge und Se nicht in den Bereich von 1,8 bis 2,0 für r^{II}/r^I in Abb. 11 einfügen. Aus diesem Grunde sind in einer Tabelle 4 die aus den Atomverteilungskurven von Ge und Se sich ergebenden Werte zusammengestellt. Darüber hinaus sind in dieser Tabelle auch noch die entsprechenden Werte von Molekülschmelzen, wie N_2, O_2, P, S und Cl, angegeben. Zur Interpretation derartiger Kurven, die jeweils eine spezielle Betrachtungsweise erfordern, sei auf die in Tabelle 4 angegebene Literatur und den folgenden Abschnitt c) verwiesen.

Tabelle 4. *Experimentell bestimmter Atomradius r^I, Abstandsverhältnisse und Koordinationszahlen von Molekülschmelzen und Halbmetallen*

Ordnungs-zahl/Symbol	r^{II}/r^I	r^{III}/r^I	r^I [Å]	N^I	Temp. °C	Lit.	Bemerkungen
7 N_2	3,08	—	1,3	1,03	−184	(*190*)	
				1,08	−209	(*190*)	
8 O_2	2,61	—	1,3	1,08	−184	(*190*)	
				1,18	−209	(*190*)	
15 P	1,73	2,67	2,25	3,0	48	(*190*)	Daraus folgt, daß im flüssigen gelben Phosphor P_4-Moleküle vorliegen
	1,73	2,67	2,25	3,0	326	(*190*)	
16 S	1,56	—	2,07	1,7	124 bis 340	(*80, 190, 429*)	
17 Cl	2	—	2,01	0,97	25; 7,7 atm	(*190*)	Daraus folgt, daß im flüssigen Chlor Cl_2-Moleküle vorliegen
32 Ge	2,17	3,05	2,79	8,0	1050	(*248*)	
34 Se	1,65	2,14	2,35	—	420	(*190, 450*)	
52 Te	1,28	1,48	2,9	2	465	*R. Buschert* et al. Phys. Rev. *98*, 1157 (1955)	

c) *Zusammenhang zwischen kristalliner, amorpher und geschmolzener Phase*

Amorphe Festkörper können nach den für Schmelzen angegebenen Methoden untersucht werden, und es scheint lohnenswert, auf verschiedene Zusammenhänge zwischen dem kristallinen, amorphen und geschmolzenen Zustand hinzuweisen.

α) Die geschmolzene und die amorphe Phase können dieselbe, jedoch von der Atomverteilung der kristallinen Phase abweichende Struktur besitzen. Beispiele dafür sind Bi und Ga (*Richter* und *Steeb* (*451*, *525*)), wo die amorphe Phase bei 4° K dieselbe Atomverteilung wie im geschmolzenen Zustand besitzt, obwohl in Abhängigkeit von der Temperatur zwischen diesen beiden Zuständen der völlig andere kristalline Zustand auftritt.

β) Die geschmolzene und amorphe Phase haben nicht dieselbe Atomverteilung, sondern die amorphe Phase ist mehr gitterähnlich. Dies gilt für Si, Ge, As, Sb, S, Se, J, B_2O_3, SiO_2 u.a. (Literaturangaben in *203a*, *451*). Diese Tatsache geht auch schon zum Teil aus den Koordinationszahlen hervor, die im kristallinen, amorphen und geschmolzenen Zustand für Ge 4; 4; 8, für Sb (*107*) 3; 3; 6,8 und für Se schließlich 2; 2; 2 betragen. Nach *Glocker* (*203a*) ist z.B. in amorphem Germanium der Tetraeder des Germaniumgitters erhalten geblieben, ähnliches gilt auch für das amorphe Arsen.

d) *Allgemeinere Bemerkungen; Temperaturabhängigkeit*

Einige Bemerkungen zum Schmelzvorgang *bei halbleitenden Substanzen* (z.B. Sb, Ge, aber auch InSb, CdO) sind enthalten in (*315*). Nach (*473*) bzw. (*286*) kann die Breite des symmetrischen ersten Maximums in der Atomverteilungskurve der Metall- und Edelgasschmelzen vollständig durch die thermischen Schwankungen des Abstandes nächster Nachbarn erklärt werden. Das mittlere Schwankungsquadrat ist danach z.B. in festem Kupfer (*472*) und in festem Aluminium (*471*, *474*) praktisch gleich groß wie in der entsprechenden Schmelze. Weiter ist zu erwähnen eine Reihe von Arbeiten mit speziellen Betrachtungsweisen; so wird z.B. von *Spektor* und *Khokhlov* in (*517*) aus der Aufspaltung des 3. Maximums der Intensitätskurve geschlossen, daß eine Sn-Schmelze Bezirke mit geordneter Struktur (60 Atome, >20 Å) enthalte. In (*430*) wurden die Schwankungen der Koordinationszahl des ersten Maximums für K (70 und 395°C) und Na (100°C) berechnet. Daraus wird geschlossen, daß die Struktur der Schmelze qualitativ von der der zugehörigen Kristalle verschieden ist. Über die theoretische Berechnung von Atomverteilungskurven siehe *Evseev* (*146*).

Im Zusammenhang mit der Besprechung der Elementschmelzen muß noch auf einige ungeklärte Besonderheiten hingewiesen werden. Es ist vielen Atomverteilungskurven gemein, daß ein Maximum in der Atomverteilungskurve zwischen dem 1. und 2. Maximum angedeutet ist bzw. stark auftritt. Beispiele hierfür sind das Bi, Hg, Mg, Rb (*191*), Cs (*191*). Auch wurde z. B. in der Intensitätskurve von Al in (*171*) ein Vormaximum gefunden, das jedoch in (*474*) nicht bestätigt werden konnte. Interessant ist weiterhin die beim Bi und Ga zutreffende Beobachtung, daß diese Metalle offenbar noch kurz vor dem Schmelzen eine Strukturumwandlung erfahren (*42, 47, 48*); für Halbleiter werden ähnliche Probleme behandelt in (*197*). Die dynamische Keimbildung wurde studiert in (*79*), eine Theorie des Schmelzens in (*135, 334, 338*), Fragen der Keimbildung und Unterkühlung in (*276, 354, 368, 369, 370, 371, 387, 427, 500*). Wegen des Verhaltens dünner Schichten beim Schmelzen und im geschmolzenen Zustand siehe (*537, 550*). Erwähnenswert ist auch eine Untersuchung über den Zusammenhang zwischen der Nahordnung im geschmolzenen Zustand und der zugehörigen kristallinen Struktur. Schließlich wurde auch die Paarkorrelation, (d. h. die Funktion ϱ/ϱ_0) z. B. für Al am Schmelzpunkt im festen und flüssigen Zustand gemessen und gute Übereinstimmung gefunden (*152*). Für die Berechnung der Paarkorrelation ϱ/ϱ_0 wird in (*356*) eine Methode angegeben.

Bezüglich der Temperaturabhängigkeit der Schmelzstruktur soll folgendes erwähnt werden: Nach *Ocken* et al. (*402*) nehmen bei höherer Temperatur in den Schmelzen von In und Tl die r^I- und N^I-Werte entsprechend der excess oder free volume theory of liquids ab. Interessant ist, daß *Alekseev* (*8*) eine Vergrößerung von r^I für In_2Bi bei höherer Temperatur gefunden hat. Nach (*348*) soll die Koordinationszahl in Schmelzen bei Temperaturerhöhung etwas abnehmen. Nach (*63, 479*) nimmt bei Metallen mit 12er Koordination bei steigender Temperatur die Koordinationszahl ab, bei solchen mit kleinerer Koordinationszahl jedoch zu. In (*115, 116*) wird gezeigt, daß die Koordinationszahl für Al und Pb sich bei Temperaturerhöhung erniedrigt, bei Bi sich dagegen zunächst bis 300° erhöht, um dann wieder abzunehmen. Bezüglich der Temperaturabhängigkeit von geschmolzenem Sn siehe (*56, 57*), für Hg (*49*).

2. Legierungsschmelzen

Die bisher untersuchten Legierungen sind, geordnet nach *V*-, *L*- und *E*-Typ, in der Tabelle 5 zusammengestellt. In Ergänzung zu dieser Tabelle ist noch folgendes zu bemerken: Intensitätskurven wurden an Sb–Sn gemessen, jedoch wurden keine weiteren Daten mitgeteilt (*Krebs* et al. (*329*)). Nach *Kruh* (*331*) soll auch eine Untersuchung im System Pb–Zn vorliegen, jedoch war das entsprechende Zitat nicht zu erfahren, nach (*587*) ist Cd–Sb und Cu–Sn gerade in Bearbeitung. In (*25*) werden die

Tabelle 5. *Einordnung der bisher mit Beugungsverfahren untersuchten Legierungssysteme mit Literaturangaben*

Überwieg. Fremdkoordination (V)	Statist. Verteilg. (L)		Überwieg. Eigenkoordination (E)
Ag—Al (*346, 348, 349, 350*)	Al—Mg (*529*) Au—Sn (*349*) ($T > 400$°C)	Hg—Pb (*482*)	Al—In (*63*)
Ag—Mg (*528*)	Bi—In (*8, 110, 111, 112, 114, 117, 466*) ($T > 320$°C)	Hg—Zn (*291*)	Al—Sn (*63, 64*) (Knapp über Schmelzpunkt E, darüber L)
Ag—Sn (*241, 284*)	Bi—Sn (*7, 63, 65, 109, 117, 206, 346, 348, 350*)	In—Pb (*467*)	Bi—Cd (*120*)
Al—Fe (*41*)	Cd—Hg (290)	In—Sb (70, 314, 329)	Bi—In (*8, 110, 114, 117, 466*) ($T < 320$°C)
Au—Sn (*248, 287, 344, 346, 348, 349, 350, 494, 509, 510, 511*) ($T < 400$°C)	Cs—Na (*245*)	In—Sn (*467*)	Bi—Pb (*95, 348, 445, 494, 495, 509, 510*)
Hg—K (*482, 490*)	Ga—Sn (*117*)	K—Na (*20, 192, 252, 409*)	Bi—Sn (*7, 65, 94, 109, 117, 206, 348, 445, 494*)
Hg—Na (*490*)	Hg—In (*300, 494*) (ev. auch V bei niederen Temp. nach (*587*))	Pb—Sn (*349, 350, 445, 507, 509* ($T > 400$°C)	Cd—Sn (*6, 117*)
Hg—Tl (*239, 482, 513*)			Pb—Sn (*349, 445, 507, 509*) ($T < 400$°C)
Mg—Sn (*526*)			Sn—Zn (*94, 345, 346, 348*)

ersten Beugungsexperimente in schmelzflüssigen Dreistoffsystemen mitgeteilt (Al–Cd, Al–Pb und Al–Bi, jeweils mit Er). Bezüglich des Systems Al–Fe ist erwähnenswert, daß in (*41*) bei sehr geringen Fe-Konzentrationen gemessen und kein Hinweis auf Verbindungsbildung gefunden wurde. Die Eingruppierung in vorliegende Tabelle **5** erfolgte daher auf Grund der übrigen in diesem System bekannt gewordenen Daten. Dieses System muß mit Beugungsverfahren noch weiter untersucht werden.

Auf die Deutung der mit Beugungsverfahren erhaltenen Intensitäts- bzw. Atom- oder Elektronenverteilungskurven wird nunmehr anhand spezieller Beispiele näher eingegangen:

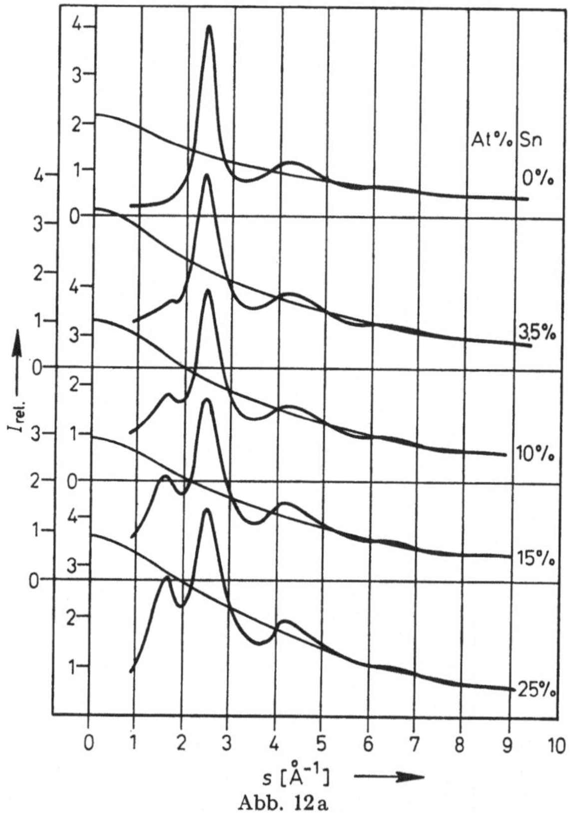

Abb. 12a

Abb. 12a u. b. Intensitätskurven geschmolzener Magnesium-Zinn-Legierungen

Im System Silber–Zinn (*Joshi* und *Wagner* (*284*)), wo die Differenz in den Ordnungszahlen **3** beträgt, überwiegt die Fremdkoordination, im System Al–Mg (*529*) dagegen die statistische Verteilung der Atome verschiedener Sorten umeinander.

Für die Legierungen, bei denen der Unterschied in den Ordnungszahlen der beteiligten Komponenten groß ist, sei das System Ag–Mg ($\Delta Z = 35$) (*527*) als Beispiel erwähnt. Näher behandelt wird im folgenden das System Magnesium–Zinn (*526*). In Abb. 12 sind die an Proben mit zehn verschiedenen Konzentrationen aufgenommenen Intensitätskurven wiedergegeben. Die in Abb. 12 oben links dargestellte Intensitätskurve von geschmolzenem Magnesium zeigt den bei Metallschmelzen üblichen Verlauf. Die an Proben mit bis zu 50 At.-% Zinn erhaltenen Intensitätskurven weisen zusätzlich bei kleinen Streuwinkeln ein in der Intensität konzentrationsabhängiges, erstmals im System Silber–Magnesium be-

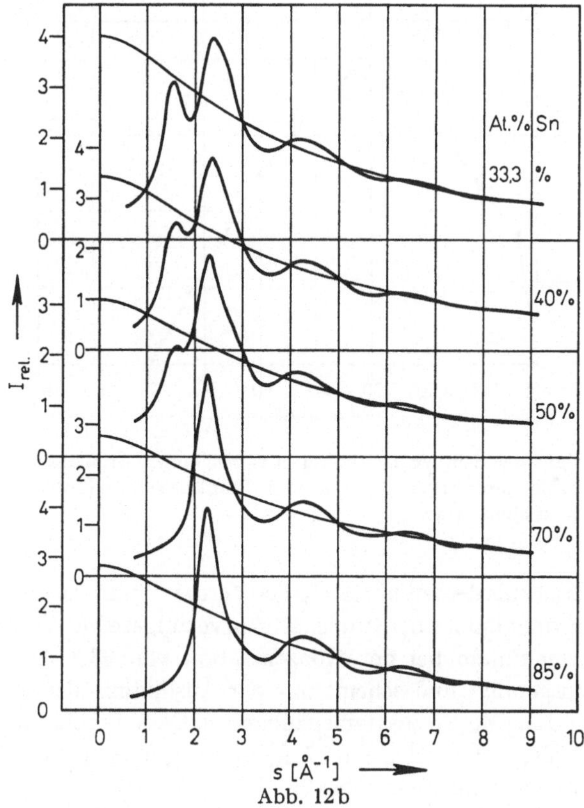

Abb. 12b

obachtetes (*528*) „Vormaximum“ auf, dessen Deutung anschließend gegeben wird. An dieser Stelle sei darauf hingewiesen, daß bei Anwendung der herkömmlichen Reflexionsmethode sich diese Maxima meist der Beobachtung entziehen. Die Aufnahmetemperaturen lagen durchweg etwa 30 °C über der jeweiligen Liquidustemperatur.

Vormaximum in der Intensitätskurve. Nach dem in B VI 1 zu beschreibenden Differenzverfahren wurde der dem Vormaximum einer jeden Intensitätskurve entsprechende Abstandwert r_V bestimmt und in Abb. 13 (oben) über der Konzentration dargestellt. In Abb. 13 (unten)

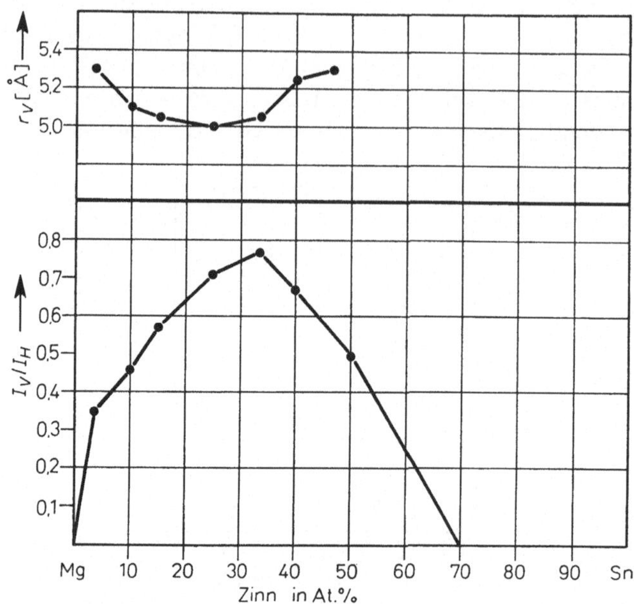

Abb. 13. Verlauf der dem Vormaximum entsprechenden Atomabstände r_v (oben) und Verhältnis der Intensitäten von Vor- und Hauptmaximum (unten) in Abhängigkeit von der Zinnkonzentration

wird das Verhältnis der Intensität I_V des Vormaximums zu der Intensität I_H des Hauptmaximums der Intensitätskurve aufgezeigt. Wie ersichtlich, ist das Vormaximum bei der Konzentration von 33,3 At.-% Sn am stärksten ausgeprägt und scheint mit der Ausbildung der intermetallischen Verbindung Mg_2Sn zusammenzuhängen. Diese Verbindung kristallisiert im *C* 1-Typ (*kfz*) mit $a = 6{,}77$ Å, und es gelten für die kürzesten Atomabstände folgende Daten bei 25° C:

Sn hat 8 Mg-Nachbarn in einem Abstand von 2,93 Å

Mg hat 4 Sn-Nachbarn in einem Abstand von 2,93 Å

Mg hat 6 Mg-Nachbarn in einem Abstand von 3,38 Å

Sn hat 12 Sn-Nachbarn in einem Abstand von 4,78 Å.

Der Abstand Sn–Sn beträgt nach Extrapolation auf die Versuchstemperatur von 800° C etwa 4,95 Å und stimmt somit mit dem Wert für r_V von etwa 5 Å (vgl. Abb. 13 oben) überein. Der für die Verbindung Mg_2Sn charakteristische Abstand bleibt also in der Schmelze erhalten.

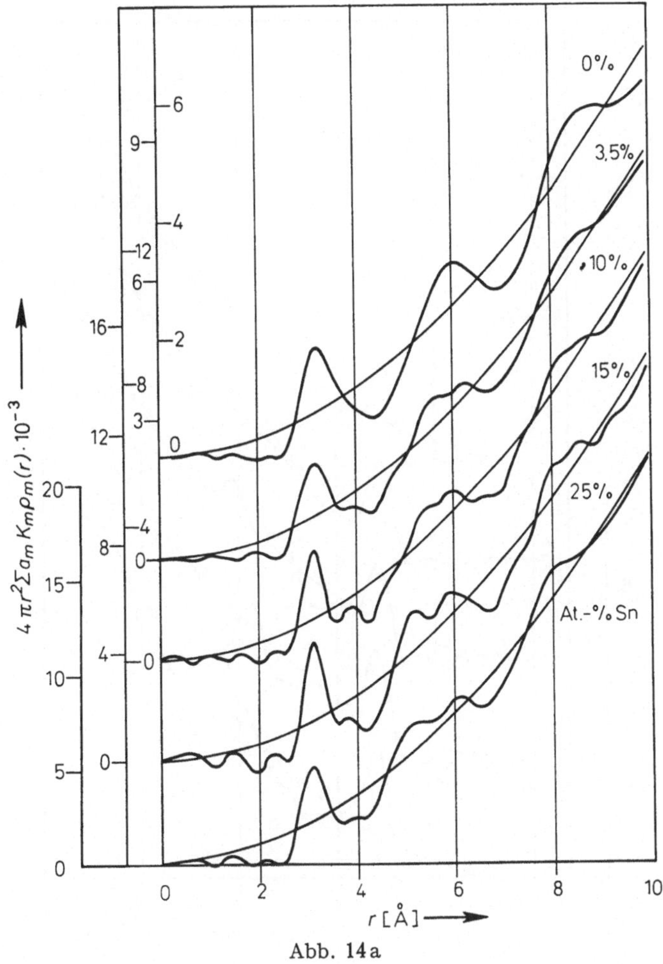

Abb. 14a

Abb. 14a u. b. Elektronenverteilungskurven geschmolzener Magnesium-Zinn-Legierungen. Abb. 14 b siehe nächste Seite.

Ein ähnliches Ergebnis wurde im System Silber–Magnesium gefunden (vgl. (*528*)). Zu bemerken ist, daß die zwischenatomaren Kräfte in der Schmelze noch relativ groß sein müssen, da sich die entsprechenden Abstände bis wenigstens 150° C über den Schmelzpunkt hinaus behaupten.

Die kürzeren und somit in den Bereich des ersten Maximums der Elektronenverteilungskurve fallenden Atomabstände der Phase Mg_2Sn liefern offensichtlich den Beitrag zur Fläche des ersten Maximums der Elektronenverteilungskurve, der zu dem jetzt abzuleitenden Schluß des Über-

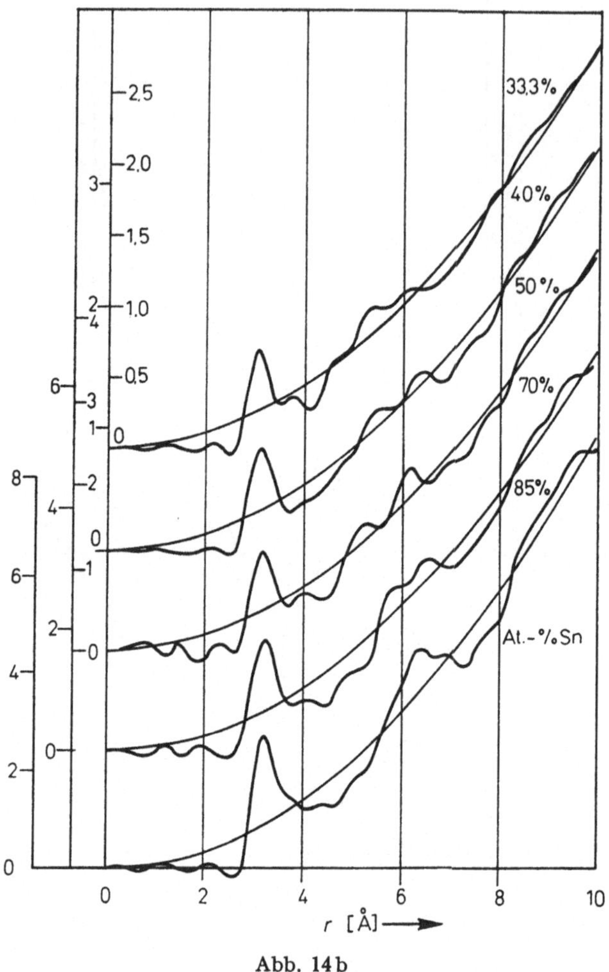

Abb. 14b

wiegens der Fremdkoordination in der Schmelze führt. Die Intensitätskurven wurden nach Gl. (11) in Elektronenverteilungskurven transformiert, wobei die Integrationslängen zwischen $s_0 = 8,5$ und $9,5$ Å^{-1} betrugen. Ein künstlicher Dämpfungsfaktor wurde nicht verwendet. Abb. 14 zeigt die so erhaltenen Verteilungskurven, wobei die Funktion

$4\pi r^2 (a_{Mg} K_{Mg} \varrho_{Mg}{}^{El}(r) + a_{Sn} K_{Sn} \varrho_{Sn}{}^{El}(r))$ über dem Atomabstand r aufgetragen ist.

Diesen Elektronenverteilungskurven wurden zwei Bestimmungsstücke, nämlich die Lage r^I des ersten Maximums und die Fläche F unter demselben entnommen. In Abb. 15 sind oben die Abstandswerte r^I und

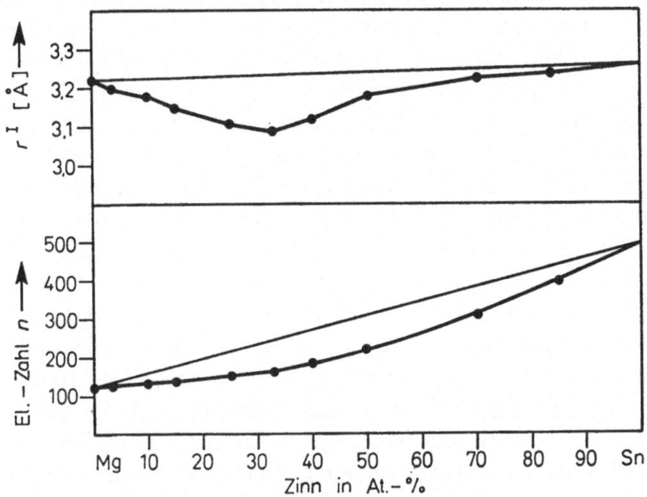

Abb. 15. Abhängigkeit des Radius r^I der ersten Koordinationssphäre (oben) und Elektronenzahl n der ersten Koordinationssphäre (unten) von der Zinnkonzentration im System Mg—Sn

unten die aus der Fläche F nach Gl. (27) berechneten Elektronenzahlen n jeweils über der zugehörigen Konzentration aufgetragen. Die in Abb. 15 oben eingezeichneten r^I-Werte sind alle auf eine Temperatur von 800° C bezogen und mit einem Fehler von etwa 1% behaftet. Der Fehler bei der Bestimmung der Elektronenzahl n beträgt etwa 10%.

Radius r^I der ersten Koordinationssphäre. Der Abb. 15 (oben) ist zu entnehmen, daß über dem gesamten Konzentrationsbereich eine Kontraktion des Abstandes nächster Nachbarn mit einem ausgeprägten Minimum bei 33 At.-% Zinn (Mg_2Sn) vorliegt. Offenbar ist die Tendenz zur gegenseitigen Annäherung der Magnesium- und Zinnatome in den untersuchten Schmelzen so groß, daß sich der in Abb. 15 (oben) gezeigte Kurvenverlauf mit dem ausgeprägten Minimum bei der Konzentration von 33,3 At.-% Sn, entsprechend Mg_2Sn, ergibt. Besonders soll darauf hingewiesen werden, daß der Abstand nächster Nachbarn in der intermetallischen Verbindung Mg_2Sn bei 25° C 2,93 Å beträgt und sich unter Berücksichtigung der Wärmeausdehnung bei 800° C zu etwa 3,00 Å ergeben würde. Der in der Schmelze bei dieser Temperatur gemessene Abstandswert beträgt 3,09 Å. Die Differenz von etwa 0,1 Å könnte auf die Änderung der Koordinationszahl beim Aufschmelzen und das Auftreten von „Leerstellen" in der Schmelze zurückgeführt werden.

Fläche unter dem ersten Maximum der Elektronenverteilungskurve. Die in der ersten Koordinationssphäre um ein Bezugsatom vorhandene mittlere Elektronenzahl $F/(a_{\text{Mg}} K_{\text{Mg}} + a_{\text{Sn}} K_{\text{Sn}})$, welche aus den oben beschriebenen Experimenten bestimmt wurde, ist über der Konzentration in Abb. 15 (unten) aufgetragen. Unter Berücksichtigung der Fehlergrenze von etwa 10% ergibt sich eine gegenüber der statistischen Verteilung (ausgezogene Linie) geringere Elektronenzahl in der ersten Koordinationssphäre. Dies bedeutet nach den in B I 2 b β) abgeleiteten Ergebnissen, daß in den vorliegenden Legierungen die Fremdkoordination überwiegt, d.h., die Zahl der Mg–Sn-Paare mit Abstand r^I ist größer als die der Mg–Mg- und Sn–Sn-Paare. Die Betrachtung der Elektronenzahl n führt also zu demselben Ergebnis wie die obige Diskussion des Abstandswertes r^I. Schließlich soll noch auf das in (*287*) eingehend untersuchte System Au–Sn eingegangen werden, bei dem im Hauptmaximum der Intensitätskurve eine Aufspaltung beobachtet wird. Der Unterschied zu den Systemen Ag–Mg und Mg–Sn besteht darin, daß beim AuSn das vom Au herrührende Maximum mit steigendem Zinngehalt an Intensität abnimmt und dafür das zum Zinn gehörende Maximum immer stärker wird. Hier liegen im gesamten Konzentrationsbereich zwei Hauptmaxima vor, deren Höhen sich kontinuierlich verschieben. In Tabelle 5 wurde auf die Einführung einer Zwischengruppe (Z) und einer Gruppe der eutektischen Systeme (Eu) verzichtet, und zwar auf letztere obwohl in verschiedenen Arbeiten auch für die Schmelze die Existenz der beiden Phasen, die im festen Zustand ein Eutektium bilden, diskutiert wird (*Bartenev* (*21, 22, 23*), *Lashko* (*346, 349*), *Nikonova* (*396*), *Hume-Rothery* (*268*), *Dutchak* (*110*)) (vgl. dazu auch B I 2 c). Eng damit zusammen hängen natürlich Probleme der eutektischen Erstarrung (*78*) sowie die Kinetik der Phasenbildung bei der Entmischung (*43*).

Verschiedene Eigenschaftsänderungen beim Schmelzen von Metallen und Legierungen werden in (*484, 489*) besprochen, der Zusammenhang zwischen dem Schmelzvorgang und der Kristallstruktur in (*553, 554*).

VI. Methoden zur Deutung der experimentellen Ergebnisse

1. Unmittelbare Interpretation der Intensitätskurve

Zur unmittelbaren Interpretation der Intensitätskurve ist folgendes festzustellen:

a) *Ehrenfestsche Gleichung*

Für die Beugung an kristallinen Festkörpern mit einem kürzesten Atomabstand d_K gilt die Braggsche Beziehung

$$\lambda = 2 d_K \sin\theta. \tag{50}$$

Die Auswertung der Intensitätskurve eines zweiatomigen Molekülgases mit dem Abstand d_g zwischen den Atomen eines Moleküls erfolgt nach (*83, 132, 296, 437a*) mit der Beziehung

$$1{,}23\,\lambda = 2 d_g \sin\theta. \qquad (51)^3$$

Der Unterschied zwischen diesen beiden Gleichungen liegt, wie ersichtlich, nur in der Größe des Faktors 1 bzw. 1,23.

Gemäß der erwähnten Stellung der Schmelze zwischen kristallinem und gasförmigem Zustand sollte nun für die Berechnung von Atomabständen in der Schmelze eine Beziehung gelten, bei der ein zwischen 1 und 1,23 liegender Faktor gültig ist, welcher aber nicht genau festgelegt werden kann, weil die Atome in der Schmelze von Ort zu Ort verschiedene Abstände voneinander besitzen.

Auf jeden Fall ist zu erwähnen, daß aus den Intensitätskurven geschmolzener Substanzen mit derartigen Gleichungen Abstände berechnet werden können, wobei natürlich offen bleiben muß, mit welcher Berechtigung einem so erhaltenen Abstand ein physikalischer Tatbestand zugeordnet werden darf. In dem zusammenfassenden Artikel (*435*) von *Radschenko* wird dies z.B. entschieden verneint. Zu bemerken ist, daß an dieser Stelle eine ganze Reihe von Arbeiten anknüpfen, bei denen u.a. geringe Unregelmäßigkeiten im Verlauf der Intensitätskurve dahingehend interpretiert werden, daß sich in der Schmelze zweidimensionale Gitterverbände, sogenannte Flächengitter, befinden (vgl. z.B. (*446*)). Die entsprechenden Auswertemethoden werden in Kapitel B VII 5 dargelegt.

b) *Differenzmethode*

Liegt in der experimentell bestimmten Intensitätskurve ein Maximum vor, dessen Zustandekommen aufgeklärt werden soll, dann ist die mathematisch einwandfreiste und zuverlässigste Methode das sogenannte Differenzverfahren, das anhand des in den Intensitätskurven von Ag–Mg-Legierungen auftretenden Vormaximums (*528*) erläutert werden soll:

---

[3] Gl. (51) gilt auch bei einem Molekülgas nur für das erste Maximum der Intensitätskurve. Für das zweite und dritte Maximum ist statt 1,23 2,34 und 3,24 zu setzen.

Die Kurve *a–b* in Abb. 16 zeigt das Vor- und Hauptmaximum der Intensitätskurve einer Silber–Magnesium-Legierung (82,5 At.-% Mg). Um den Einfluß des Vormaximums auf die Atomverteilungskurve abschätzen zu können, wurde zunächst die Größe von Vor- und Hauptmaximum verändert. Dabei wurden die verschiedenen Maxima jeweils zu einer neuen Intensitätskurve kombiniert, wobei der nicht eingezeichnete Teil für $s > 3{,}5$ Å^{-1} stets der gleiche blieb. Folgende zusammengesetzte Intensitätskurven wurden in Elektronenverteilungskurven transformiert:

1. *a–b*, gemessene Intensitätskurve
2. *c–b*, Vormaximum stark überbetont
3. *c–d*, Hauptmaximum verkleinert, Vormaximum vergrößert
4. *c*, Vormaximum vergrößert, Integration bei $s_0 = 2{,}05$ Å^{-1} abgebrochen.

Auf eine Wiedergabe der berechneten Elektronenverteilungskurven sei hier verzichtet, da sich in keinem der vier Fälle eine Auszeichnung des dem Vormaximum entsprechenden Abstandes feststellen ließ. Lediglich im Fall 3 zeigte sich ein kleines, nicht sehr stark ausgeprägtes Maximum in der Elektronenverteilungskurve. Bemerkenswert ist, daß sich in den Fällen 1 und 2 praktisch die gleichen Verteilungskurven ergaben, was auf die relative Unempfindlichkeit der Elektronenverteilungskurve gegenüber Störungen der Intensitätskurve im Bereich kleiner Streuwinkel hinweist.

In der Festlegung des Verlaufes der Intensitätskurve ohne Vormaximum liegt eine gewisse Willkür, wie in Abb. 16 die Zweige *e* und *f* zeigen. Beide Fälle wurden durchgerechnet und ergaben etwas voneinander abweichende, aber durchaus im Rahmen der erwarteten Genauigkeit liegende Abstandswerte.

Mit der folgenden Methode gelang es schließlich auf einfache Weise, die durch das Vormaximum bedingten Atomabstände eindeutig zu bestimmen: Die Elektronenverteilungskurve wurde einmal mit Vormaximum (Abb. 16a–b) und einmal ohne Vormaximum (Abb. 16e–b) in der Intensitätskurve berechnet. Sodann wurde die Differenz Δ zwischen den Ordinatenwerten der beiden Elektronenverteilungskurven Punkt für Punkt bestimmt. Durch Auftragen von Δ über dem Atomabstand r ergab sich die in Abb. 17 gezeichnete Kurve, in der sich der gesuchte Atomabstand (↑) klar abzeichnet. Die Konzentrationsabhängigkeit des dem Vormaximum entsprechenden Atomabstandes r_V geht aus Abb. 18, obere Kurve, hervor. Das Verhältnis der Intensitäten von Vor- zu Hauptmaximum ist in Prozenten in Abb. 18, untere Kurve, eingetragen.

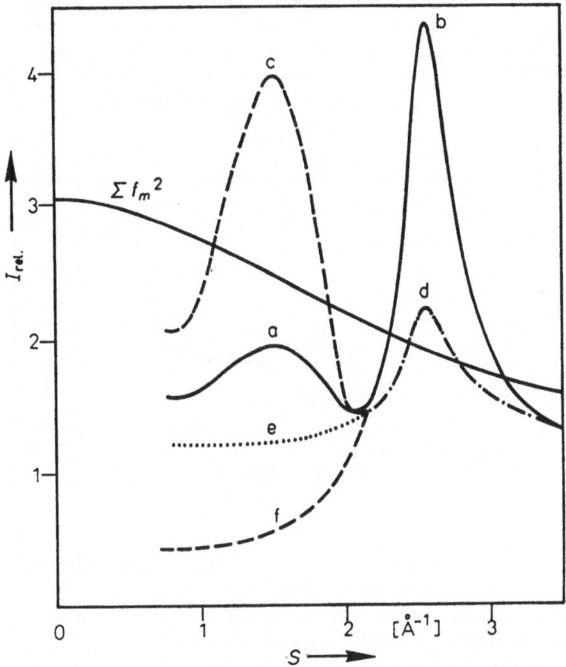

Abb. 16. Zur Erläuterung des Differenzverfahrens (Ag + 82,5% Mg)

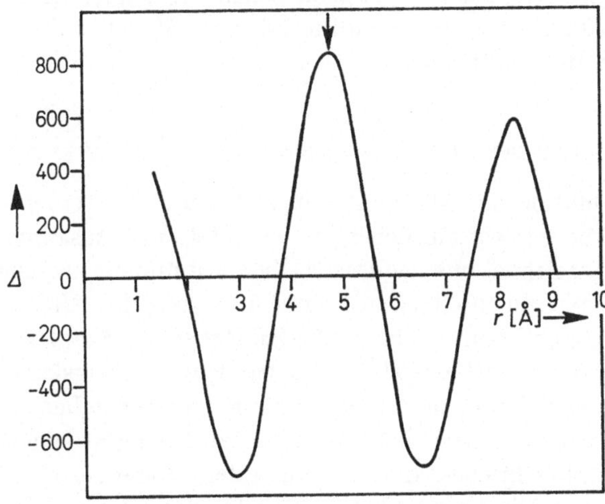

Abb. 17. Differenz Δ zwischen den mit und ohne Vormaximum in der Intensitätskurve der Abb. 16 berechneten Elektronenverteilungskurven über dem Atomabstand r

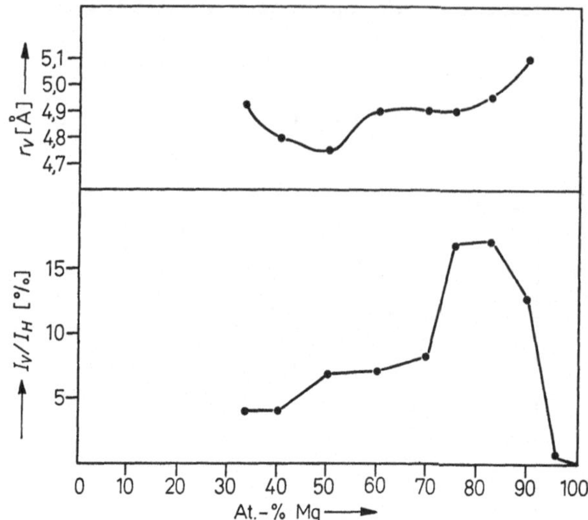

Abb. 18. Obere Kurve: Verlauf der dem Vormaximum entsprechenden Atomabstände r_v über der Magnesiumkonzentration
Untere Kurve: Verhältnis der Intensitäten von Vor- und Hauptmaximum über der Magnesiumkonzentration. (O ist durch Ag zu ersetzen)

c) *Vergleichsmethode*

Eine einfache Interpretation der gemessenen Intensitätskurve ergibt sich dadurch, daß diese verglichen wird mit den aus Modellen (vgl. Kap. VII) berechneten Intensitätskurven.

2. Interpretation der Atom- bzw. Elektronenverteilungskurven

Zur Interpretation der Atomverteilungskurven (*117*) werden die Atomverteilungskurven verschiedener, in Kapitel VII zusammengefaßter Modelle aufgezeichnet und nach einer Übereinstimmung zwischen Modellkurve und experimentell erhaltener Kurve gesucht. Um unpassende Modelle auszuschließen, genügt dabei zunächst der Vergleich der Verhältnisse r^{II}/r^{I} und evtl. r^{III}/r^{I}. Die Elektronenverteilungskurven werden gegenwärtig noch kaum zur Bestimmung der geometrischen Lage einzelner Atome in der Schmelze interpretiert. Man bestimmt lediglich, wie in Kapitel B I 2 beschrieben, die Verteilung der Atome verschiedener Sorten umeinander. Die Verwacklung der Gitter von intermetallischen Verbindungen und der Vergleich dieser verwackelten Gitter mit den gemessenen Elektronenverteilungskurven ist wegen des unterschiedlichen Streuvermögens der Atome verschiedener Sorten wenigstens für Röntgen-

und Elektronenbeugungsuntersuchungen nicht durchführbar. In diesen Fällen müßte man die vom Modell zu erwartende Intensitätskurve berechnen und dann entweder einen Vergleich der Intensitätskurven durchführen, wie das im System Fe–Al schon gemacht wurde (*Black* und *Cundall* (*41*)), oder aber die berechnete Intensitätskurve noch zu einer Elektronenverteilungskurve transformieren und dann vergleichen.

3. Der Nahordnungsparameter

Wie schon in der Einleitung erwähnt, wird der Begriff „Nahordnung" bei der Behandlung von Schmelzen in zwei verschiedenen Bedeutungen gebraucht: Haben bei einer Elementschmelze die beiden ersten Koordinationsschalen eines Modelles gleichen Durchmesser und gleiche Koordinationszahl wie diejenigen der gemessenen Atomverteilungskurve, dann bedeutet dies, daß beide dieselbe Nahordnung haben. Die Nahordnung bei einer Legierung dagegen wird beschrieben durch die Verteilung der Atome verschiedener Sorten umeinander und wurde früher zunächst von *Bethe* (*540*) für feste Mischkristalle festgelegt. Die maßgebliche Größe ist dabei der Nahordnungsparameter α_{Bethe}. Beim Umgang mit dem Betheschen Nahordnungsparameter treten schon bei relativ einfachen intermetallischen Verbindungen Schwierigkeiten auf, weil der Wert von α_{Bethe} schlecht festgelegt werden kann. Deshalb wird fast nur der Nahordnungsparameter nach *Cowley* (*85a*) benutzt, der für die i. Koordinationsschale folgende Form hat:

$$\alpha_{i\ \mathrm{Cowley}} = 1 - \frac{n_i}{a_A \cdot z_i}\,. \tag{52}$$

Diese Form gilt für ein B-Atom als Bezugspunkt, n_i ist der Bruchteil von A-Atomen in der i. Schale und z_i die Gesamtkoordinationszahl in der i. Schale. Der Nahordnungsparameter α_1 für die erste Sphäre, der hier im Zusammenhang mit Schmelzen interessiert, wird eine positive Zahl für das Vorliegen von Entmischung, Null für vollständige Unordnung und negativ für vollständige Ordnung.

Für Schmelzen nimmt der Nahordnungsparameter $\alpha_{1\ \mathrm{Cowley}}$ mit unseren Bezeichnungen (vgl. (*528*)) folgende Form an:

$$\alpha = \frac{x_1 - z\,a_1}{z\,a_2}\,. \tag{53}$$

Wie erwähnt, lassen sich aus einem Beugungsexperiment alle Koordinationszahlen bis auf z bestimmen. Der Wert von z für eine bestimmte Legierung wird im allgemeinen Fall zwischen dem Wert der Koordinationszahlen der reinen Komponenten liegen. Um den Einfluß von z auf die Größe von α zu studieren, wird aus Gl. (53) und den Beziehungen (17) und (19) die Beziehung (54) berechnet:

$$\alpha(z) = \frac{z\, a_2\, a_1 (K_1 - K_2)^2 - z(a_1\, K_1^2 + a_2\, K_2^2) + F}{z\, a_1\, a_2 (K_1 - K_2)^2}. \tag{54}$$

Für ein praktisches Beispiel, nämlich die flüssige intermetallische Verbindung AgMg (*528*) knapp über dem Schmelzpunkt ist $a_1 = a_2 = 0{,}5$; $K_{Ag} = 48{,}2$; $K_{Mg} = 10{,}7$; $F = 7375$, und wir erhalten die Beziehung

$$\alpha_{AgMg} = \frac{20{,}97}{z} - 2{,}47,$$

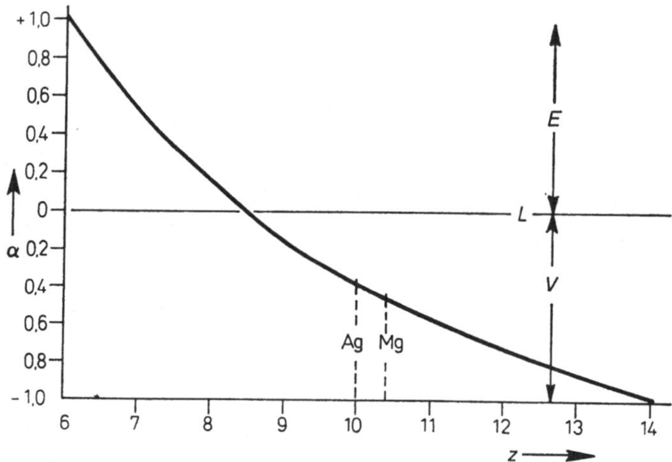

Abb. 19. Der Einfluß der mittleren Koordinationszahl z auf den Nahordnungsparameter, gezeigt am Beispiel AgMg

die in Abb. 19 graphisch dargestellt ist. Aus dieser Abbildung ist zu entnehmen, daß die Nahordnung in der AgMg-Schmelze immer noch 38 bis 48% derjenigen im ideal geordneten festen Zustand (=100%) beträgt. Es ist noch darauf hinzuweisen, daß bei der Untersuchung einer Schmelze mittels Beugungsexperimenten nicht zwischen den verschiedenen Atomsorten als Bezugsatome gewählt werden kann. Somit liegt als Bezugsatom immer ein „gemitteltes" Atom vor. Beim AgMg, wo der zugehörige Festkörper im B2-Typ kristallisiert, sind die A- und B-Atome völlig gleichberechtigt. Im Fall des Mg_2Sn-Gitters, das im CaF_2-Typ kristallisiert, erhält man dagegen im festen Zustand $\alpha_{Mg} = -2$, $\alpha_{Sn} = -0{,}5$ und kann deshalb mit dem Wert aus der Schmelze α_{Schmelze} nicht direkt vergleichen. Für α_{Schmelze} ergibt sich in diesem Fall nach (*526*) mit $K_{\text{Mg}} = 11{,}3$, $K_{\text{Sn}} = 51{,}3$, $F = 3940$ und mit $z = 10$

$$\alpha_{\text{Mg}_2\text{Sn}} = -0{,}61.$$

Um diesen Wert mit den Werten des Festkörpers vergleichen zu können, müßte man gegebenenfalls einen mittleren Nahordnungskoeffizienten $\bar{\alpha}$ für den festen Zustand nach der Beziehung

$$\bar{\alpha} = a_1\,\alpha_1 + a_2\,\alpha_2 \tag{55}$$

definieren, der sich im vorliegenden Beispiel zu $\bar{\alpha}_{\text{Mg}_2\text{Sn}} = -1{,}50$ errechnen würde. Die im Festkörper vorliegende Nahordnung in der ersten Koordinationssphäre von Mg_2Sn wäre danach in der Schmelze noch zu 41% erhalten. Die Temperaturabhängigkeit des Nahordnungskoeffizienten ergibt sich z.B. für $AuCu_3$ nach (*540*) und besonders nach (*582*) wie in Abb. 20 dargestellt. Der Vergleich mit den bei AgMg und Mg_2Sn in der

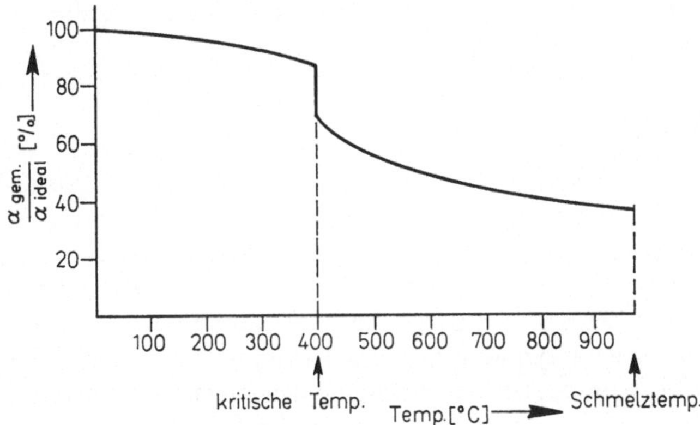

Abb. 20. Temperaturabhängigkeit des Nahordnungskoeffizienten von $AuCu_3$ (nach (*582*))

Schmelze oben abgeleiteten Werten von etwa 33% bzw. 41% mit Abb. 20, die jedoch exakt nur für $AuCu_3$ gilt, zeigt, daß vermutlich bezüglich der Nahordnung, d.h. bezüglich der Anordnung der Atome verschiedener Sorten umeinander, am Schmelzpunkt keine großen Änderungen eintreten. Diese Ansicht wird auch gestützt durch zahlreiche Einzelbeobachtungen anderer Autoren (z.B. (*114*)) für In_2Bi). Vgl. dazu insbesondere auch Kapitel V 1d.

VII. Modelle zur Deutung der Ergebnisse an Elementschmelzen

1. Verwackelte Gitter

Nach B VI 2 werden zur Interpretation von Atomverteilungskurven sogenannte verwackelte Gitter benützt, die am einfachsten so konstruiert werden, daß man Dreiecke an den Stellen der r-Achse zeichnet, wo im festen Zustand sich eine Häufungsstelle von Atomen befindet, wobei die Dreiecksfläche ein Maß für die Atomzahl an der betreffenden Stelle darstellt und die Basis des Dreiecks proportional mit $\sqrt{r}$ größer wird. Üblicherweise werden die durch Verwacklung erhaltenen Atomverteilungen im ersten Maximum an die experimentellen Kurven angeglichen. Die Berechnung der Atomverteilungskurven verschiedener Strukturmodelle wird aufgezeigt in (*256, 347*), ein Vergleich zwischen berechneten und experimentellen Atomverteilungen in C, Se und Bortrioxid in (*255*).

a) *Dichteste Packungen*

Die für die Verwacklung benötigten Zahlenwerte sind dem Werk (*273*) zu entnehmen (s. U.), und zwar für beide Sorten dichtester Packungen, nämlich für die hexagonal dichteste und die kubisch flächenzentrierte. Bei der Aufzeichnung dieser Gitter zeigt sich, daß das Radienverhältnis r^{II}/r^{I} sich etwa zu $\sqrt{3} = 1{,}73$ ergibt.

b) *Andere Gitter*

Öfters wurde schon das versucht, was eigentlich am naheliegendsten ist, nämlich, dasjenige Gitter zu verwackeln, welches die Schmelze im festen Zustand aufweist. In diesen Fällen müssen zuerst aus den kristallographischen Daten des betreffenden Gitters die Werte der Abstände und Koordinationszahlen berechnet werden. Die Angleichung erfolgt dabei ebenfalls immer im ersten Maximum, und das Kriterium für die Gültigkeit eines Modelles ist dann die Übereinstimmung der Lagen der äußeren Maxima. Hier seien noch die auf $r^{I} = 1$ normierten Abstände r und zugehörigen Koordinationszahlen N für das kubisch einfache, -flächenzentrierte, -raumzentrierte und hexagonal dichtest gepackte Gitter angegeben (vgl. (*273*)):

$r =$	1	1,15	1,41	1,63	1,73	1,91	2
$N_{\text{einfach kub}}$	6	—	12	—	8	—	6
N_{kfz}	12	—	6	—	24	—	12
N_{krz}	8	6	—	12	—	24	8
N_{hdg}	12	—	6	2	18	12	6

c) *Parakristalline Deutung*

Mit Hilfe einer mathematischen Operation, die als Faltung (*237*) bezeichnet wird, ist es möglich, z.B. das Problem zu lösen, an welcher Stelle der x-Achse ein übernächster Nachbar eines Ausgangsatomes liegt, wenn alle Atome unabhängig voneinander z.B. thermische Schwingungen um ihre Ruhelagen ausführen. Diese Operation kann im ein-, zwei- und schließlich auch im dreidimensionalen ausgeführt werden. Weiterhin ist sie auch für vorgegebene Häufigkeitsverteilungen durchführbar. *Hosemann* (*263*) postulierte nun, daß es eine dreidimensionale Ansammlung von Punkten geben soll, die aus einer vorgegebenen Häufigkeitsverteilung durch Faltungsoperationen hervorgeht, und zwar in allen drei Koordinatenrichtungen unabhängig voneinander. (Daß dies überhaupt ohne Annahme von Korrelationen möglich ist, wird z.B. von *Guinier* (*237*) bezweifelt). Je nach Art der vorgegebenen Verteilungen ergibt sich eine große Mannigfaltigkeit von Anordnungen, die als Parakristalle bezeichnet werden und mit denen viele nichtkristalline Punktanordnungen (*263*) gedeutet werden können. In neueren Arbeiten (*263, 264, 357*) wurde diese Theorie des Parakristalles von *Hosemann* u. *Lemm* auf die Metallschmelzen Au, Ag, Mg, Hg, Na, K, Rb, Ar, Ne u. Pb angewendet. Abweichend von den unter a) und b) beschriebenen Modelldeutungen wurde dabei die Modellkurve an die experimentelle Kurve bei großen r-Werten angeglichen. Die Ergebnisse der relativ umfangreichen Berechnungen, in die einige innerhalb gewisser Grenzen wählbare Parameter eingehen, zeigen folgendes: Die berechneten Atomverteilungskurven stimmen im Bereich des zweiten Maximums gut mit den experimentellen Werten überein, weichen dagegen im Bereich des ersten Maximums mehr oder weniger stark nach zu großen r-Werten ab, so daß sich das Verhältnis r^{II}/r^{I} häufig etwas zu klein ergibt.

2. Modellversuche

a) *Zweidimensionaler Schüttelversuch*

Als erste versuchten *P. Debye* und *H. Menke* (*98*) in einer zweidimensionalen Anordnung mit Stahlkugeln, d.h. also in einem makroskopischen Experiment, die experimentell gefundene Atomverteilung zu interpretieren. Es wurden dazu viele gleiche Kugeln, von denen zwei besonders markiert waren, in einen Kasten gelegt. Der Kasten wurde geschüttelt, nach jedem Schütteln der Abstand zwischen den beiden markierten Kugeln gemessen und eine Atomverteilungskurve aus diesen Meßwerten aufgezeichnet. Das Ergebnis war $r^{II}/r^{I} \approx 1{,}90$.

b) *Dreidimensionaler Schüttelversuch*

Die nächsten Experimentatoren waren *W. E. Morrell* und *J. H. Hildebrand* (*383*) mit einem dreidimensionalen Experiment. Dabei wurden durchsichtige Gelatinekugeln in einer Lösung gleicher Dichte verwendet. Auch die Auswertung dieser Schüttelexperimente entsprach den an Metallschmelzen erhaltenen Ergebnissen.

3. Numerische Methoden

a) *Monte Carlo-Methode*

Seitdem schnelle elektronische Rechenmaschinen zur Verfügung stehen, kann die Verteilung größerer Ansammlungen von Atomen unter Annahme bestimmter Wechselwirkungen rein rechnerisch erfaßt werden. Erstmals wurde dies im Jahre 1957 nach der sogenannten Monte Carlo-Methode durchgeführt. Dabei ergab sich für r_{II}/r_{I} der Wert 1,80 (*591*).

b) *Statistisch geometrisches Modell nach Bernal*

J. D. Bernal hat diese Probleme recht ausgiebig bearbeitet und erhielt mit seinem statistisch geometrischen Modell den Wert $r^{II}/r^{I} = 1{,}90$. Dabei wurden die Modellatome rechnerisch mit einem thermodynamischen Potential versehen und außerdem die freie Energie der Anordnung minimalisiert. An dieser Stelle muß erwähnt werden, daß es gerade dieses Modell ist, das im Augenblick von der größten Zahl von Fachleuten als das für Metall- und Edelgasschmelzen am meisten zutreffende gehalten wird (*267*). Jedoch kann es aufgrund seines mathematischen Zustandekommens anschaulich nicht näher erläutert werden.

Eine zusammenfassende, umfangreiche Ableitung der Bernalschen Vorstellungen findet sich in (*35*), siehe dazu auch (*32, 33, 34, 36, 168, 492*). Über die Feinstruktur dieser Modellart siehe (*373*), in diesem Zusammenhang ist auch (*493*) zu erwähnen.

4. Modelle, die aus theoretischen Ansätzen hervorgehen und zusammenfassende Betrachtungen

Von theoretischer Seite wurden in den letzten Jahren zahlreiche Modelle des flüssigen Zustandes ausgearbeitet, wobei die einen mehr vom festen, die anderen mehr vom gasförmigen Zustand ausgehen. Im ersten Fall ergaben sich die Zellentheorie bzw. Zellklustertheorie. Auch wurde in manchen Fällen vom Einfluß von Gitterstörungen ausgegangen und so eine Löchertheorie, Korngrenzentheorie usw. des flüssigen Zustandes erarbeitet. Für eine Verwandtschaft der Schmelzen zum Festkörper spricht die Tatsache, daß am Schmelzpunkt eine relativ geringe Dichteänderung auftritt, für eine mehr dem gasförmigen Zustand ähnliche Modellvorstellung ist wichtig, daß eine Schmelze am kritischen Punkt eher dem gasförmigen als dem festen Zustand ähnelt und daß sie außerdem weder Fernordnung noch Scherfestigkeit besitzt. Eine kritische Besprechung der verschiedenen Modellvorstellungen wird gegeben in (*439*, *541*). An Einzelarbeiten scheinen die folgenden erwähnenswert: Eine Flüssigkeitstheorie, die aufgebaut ist auf den Schwankungen in den Koordinationszahlen, wird entwickelt in (*434*) und überprüft an zahlreichen Beispielen. Wegen einer weiteren Modellvorstellung siehe (*355*). Ein auf der Grundlage von Kristallgitterstörungen berechnetes Modell wird beschrieben in (*506*). In (*359*) wird die Born-Greensche Theorie ausgedehnt auf binäre Flüssigkeiten und anhand des Systems Na—K überprüft. Über eine makromolekulare Flüssigkeitstheorie siehe (*310*). Ein Vergleich der aus Integralgleichungen und der Monte Carlo-Methode berechneten Atomverteilungen wird gegeben in (*58*), die Atomverteilung bei Vorliegen weitreichender Kräfte wird berechnet in (*59*). Ein neues Modell für klassische Flüssigkeiten wird angegeben in (*586*), ein Hard Core-Modell in (*515*), eine Gittertheorie in (*499*), die Molekulartheorie in (*442*), die Monte Carlo-Zustandsgleichung von Molekülen mit *LJ*-Potential in (*591*) und schließlich wird die dynamische dreidimensionale Struktur von geschmolzenem Natrium beschrieben in (*413*).

Wegen der *Leerstellentheorie* von Flüssigkeiten siehe (*125*, *147*), über die Molekulartheorie von Flüssigkeiten (*214*, *261*), über die statistische Theorie von Flüssigkeiten (*301*) und über einen direkten experimentellen Test der PY- und CHNC-Integral-Gleichungen (*379*). Eine Berechnung der Atomverteilungskurve für Krypton nach den Integralgleichungen von *Percus-Yevick* und den convolution-hypernetted-chain (CHNC)-Gleichungen wird in (*297*) unter Berücksichtigung eines Lennard-Jones- bzw. eines Guggenheim-McGlashan-(GM)-Potentials gegeben, wobei auch die Berechnungen mit den Experimenten von *Clayton* und *Heaton* (*82*) verglichen werden.

Eine zusammenfassende Darstellung über die Theorie der Flüssigkeiten wird gegeben in (*157*, *247*, *260*, *430*), die Paarverteilung in einer Flüssigkeit nach dem Zellenmodell wird gegeben in (*419*), die Atomverteilung nach *Percus-Yevick* in (*544*) und in (*11*, *91*, *552*) wird das Prinzip des „freien Volumen-Modells" aufgezeigt: In diesen Arbeiten wird das Zellenmodell mit den Bernalschen Anschauungen verbunden, jedoch können aus der so entstandenen Theorie keine experimentell überprüfbaren Atomverteilungskurven gewonnen werden. Nach *Turnbull* (*552*) sollte in einer Theorie die Schmelze aus drei Anteilen aufgebaut werden: Einem Elektronenanteil, der unabhängig von Zusammensetzung und Struktur ist, einem Anteil, der von der Zusammensetzung abhängt und einem reinen Strukturanteil, durch den sich Schmelze und Festkörper voneinander unterscheiden. Die kinetische Theorie der Flüssigkeiten wird gegeben in (*164*). In (*58*) wurde mit Hilfe des Lennard-Jones-6-12-Potentials die Atomverteilung für ein System von Partikeln berechnet nach *Percus-Yevick* (P. Y.); Hypernetted chain (CHNC)-equation; Born Green Young-Gleichung (BGY) und Monte Carlo-Technik (MC). Aus der Atomverteilung folgt dann jeweils Druck, Energie und Kompressibilität. Mit MC stimmt am besten PY, schlechter CHNC, ganz schlecht BGY. Die bezüglich der Struktur erhaltenen Ergebnisse sind in folgender Zusammenstellung enthalten:

Methode	r^{II}/r^{I}	r^{I}	Jahr
MC	1,80	1,04	1957
PY (*415*)	1,89	1,02	1958
CHNC	1,93	0,98	1960

Hieraus folgt, daß mit Beugungsmethoden über die Güte dieser Modelle praktisch nicht entschieden werden kann.

In (*544*) wird die Atomverteilung in binären Flüssigkeiten mit LJ-Potentialen berechnet nach der PY-Gleichung.

In Tabelle 6 sind die soeben erwähnten Modellvorstellungen zusammengestellt und jeweils der entsprechende Wert r^{II}/r^{I} mit angegeben. Ganz oben stehen die verwackelten Gitter, die im allgemeinen einen zu kleinen Wert liefern. Darunter sind die erwähnten Modellversuche und auch die numerischen Methoden zusammen mit dem Bernalschen Modell aufgeführt. Schließlich sind auch noch die Ergebnisse einiger Flüssigkeitstheorien mit aufgenommen.

Tabelle 6. *Zusammenstellung verschiedener Modelle zur Deutung von Atomverteilungskurven und die aus diesen Modellen sich ergebenden Werte von* r^{II}/r^{I}

Modellart	r^{II}/r^{I}	Methode	Lit.
Verwackelte Gitter	1,41	NaCl—(Bl)-Gitter	(*329*)
	1,73	Kubisch oder hexagonal dichtest	(*327*)
	—	Parakristall	(*264*)
Modellversuche	1,90	Zweidimensionaler Schüttelversuch	(*98*)
	1,90	Dreidimensionaler Schüttelversuch	(*383*)
Numerische Methoden	1,80	Monte Carlo-Methode	(*591*)
	1,90	Statistisches geometrisches Modell	(*33*)
Lösung von	1,89	Kollektive Koordinatentechnik	(*415*)
Integralgleichungen	1,93	Hypernetted-chain-Gleichung	(*58*)
	>2,00	Born-Green-Young-Gleichung	(*214*)

5. Modelle mit mehreren Strukturanteilen in Elementschmelzen

Es besteht teilweise die Ansicht, daß die Aussage, die Atomverteilung in einer Schmelze sei statistisch, noch weiter verfeinert werden muß, nämlich dadurch, daß angenommen wird, die Schmelze bestehe aus verschiedenen Strukturanteilen. Deren mittlere Verteilung, entsprechend gemittelt, muß dann wieder mit der vom Experiment gelieferten Aussage übereinstimmen. Diejenigen Forscher (*447*), welche so zu einer Mischung von Kugelmodellstruktur, Atomketten, Flächengittern und Flächengitterstapeln als Schmelzstruktur kommen, haben derartige Analysen bisher an Element-, nicht aber an Legierungsschmelzen durchgeführt, wobei die Frage noch nicht geklärt ist, ob überhaupt in einer einkomponentigen Schmelze im thermodynamischen Gleichgewicht die Atome mit verschiedenen Bindungsverhältnissen unter der Bildung verschiedener Strukturanteile vorliegen können, d.h. ob in diesem Fall nicht der Phasenbegriff und somit die Gibbsche Phasenregel anzuwenden ist.

Trotz dieses Vorbehaltes sollen die zur Anwendung gelangenden drei Verfahren, die ausführlich von *Richter* und *Breitling* (*447*) diskutiert wurden, dargelegt werden.

a) „r_1-*Methode*"

Bei dieser Methode wird vorausgesetzt, daß von jedem „Strukturanteil" nur eine $\frac{\sin s r}{s r}$-Funktion (vgl. Gl. (*4*)), nämlich diejenige, welche dem kürzesten Atomabstand r im betreffenden Strukturanteil entspricht, vorliegt, weil alle anderen $\frac{\sin s r}{s r}$-Funktionen sehr stark gedämpft sind. Ein Vergleich der für einen Strukturanteil in (*447*) abgeleiteten $i(s)$-Funktion mit der bei *James* (*227*) für Molekülgase angegebenen ergibt Übereinstimmung und es kann damit gesagt werden, daß von *Richter* und *Breitling* (*447*) die Schmelze formal als eine Mischung einer Anzahl (je nach Anzahl von Strukturanteilen) von idealen Molekülgasen behandelt wird, wobei die Moleküle alle aus Atomen einer Sorte aufgebaut sind. Trotz dieser relativ groben Vorstellung liegen die nach diesem Modell erhaltenen Abstände in vernünftigen Größenordnungen.

Als Strukturanteile kommen nach *Richter* und *Breitling*, wie schon oben angeführt, in Frage das sogenannte „Kugelmodell" und die „Flächengitter", d.h., ebene Bezirke mit zweidimensional periodischer Anordnung der Atome. Von diesen Flächengittern werden zwei Arten postuliert, einmal, wie soeben erläutert, solche mit streng periodischer Atomanordnung; es handelt sich dann um gitterartige Flächengitter. Die andere Sorte von Flächengittern weist Störungen auf und wird deshalb bezüglich der Beugung wie das „Kugelmodell" behandelt. Nach *Richter* können also in der einkomponentigen Schmelze nebeneinander das Kugelmodell und eine oder zwei Arten von Flächengittern existieren.

Die sogenannte r_1-Methode besteht nun darin, daß nach der Ehrenfestschen Gleichung (s. Kapitel B VI 1) aus jedem Maximum der Intensitätskurve unter Verwendung der entsprechenden Konstanten in Gl. (**51**) Abstandswerte r_1 berechnet und über $s \cdot r$ aufgetragen werden. Dadurch erhält man Kurven mit fallenden Ordinatenwerten, die schließlich in eine Parallele zur Abszisse einmünden und so zu einem Abstandswert r_1 führen. Würden sich zwei Plateaus ergeben (was z.B. bei Ga, Au, Ag und Hg in Abb. **8** in (*447*) nicht der Fall ist), dann wäre der größere Abstand der Kugelmodellstruktur, der kürzere einem der Flächengitter zuzuordnen. Zur Durchführung dieser Methode müssen bei großen Streuwinkeln die Maxima der Intensitätskurve sehr genau festgelegt werden, was wegen der relativ großen Breite der Maxima nur schwierig möglich ist.

Die r_1-Methode stellt somit einen Weg dar, um unter Berücksichtigung der eingangs erwähnten Voraussetzungen und ohne eine Fourier-Analyse durchführen zu müssen, aus den Intensitätskurven von einkomponentigen Schmelzen einen Abstand bzw. mehrere Abstände nächster Nachbarn in guter Näherung berechnen zu können.

b) *Abschnittsweise Fourieranalyse*

Auch hier wird von dem vereinfachten Modell ausgegangen, daß eine Schmelze beugungstheoretisch einem einkomponentigen Gas gleichzusetzen ist, in dem sich zwei Sorten von Molekülen im Gleichgewicht befinden (Phasenregel!). Außerdem wird in der exakten Gl. (1) die untere und obere Integrationsgrenze von 0 bzw. ∞ in die Werte s_1 und s_2 abgeändert. Trotz der angeführten Annahmen ergeben sich Werte für den kürzesten Abstand der Atome, die im Rahmen der Meßgenauigkeit noch zu akzeptieren sind.

c) *Sukzessive Analyse*

Dasselbe Molekülgasmodell wie bei den beiden unter a) und b) erwähnten Methoden wird als Modell angenommen. Für diese Analysenart wird die von jedem Teilgas zu erwartende $i(s)$-Kurve berechnet und nacheinander von der experimentell erhaltenen $i(s)$-Kurve in Abzug gebracht.

Es bleibt entgegen der Erwartung eine „Restkurve" als Differenz, die jedoch nur unter der Annahme, daß von einem Strukturanteil zwei Abstände bestehen, was ja der dem Verfahren zugrundeliegenden Voraussetzung widerspricht, gedeutet werden kann. Dieses Verfahren scheidet als praktisches Auswerteverfahren aus, weil zu seiner Anwendung das erwartete Ergebnis schon vorweggenommen und in den Rechengang eingeführt werden muß.

Im Zusammenhang mit den erwähnten Verfahren ist noch die Arbeit (*447 a*) anzuführen.

VIII. Zusammenfassende Betrachtung der Struktur von Schmelzen und Anwendungen

1. Elementschmelzen

Wie aus Abschnitt B V 1 hervorgeht, gibt es zwei Kategorien von Elementschmelzen: a) Schmelzen, in denen keine permanenten Aggregate von Ionen, Atomen oder Molekülen vorliegen (Edelgase, Metalle wie Mg, Ag, Pb, Cu, Al usw.) und b) Schmelzen bzw. Flüssigkeiten von O_2, N_2, Ge, Se usw., in denen Moleküle oder komplexe Ionenaggregate vorliegen.

Zu a): Bei den reinen Metallschmelzen handelt es sich um Ansammlungen von statistisch angeordneten Atomen, die wie ein Haufen starrer Kugeln geschüttet sind und ihre Lage durch thermische Bewegung häufig wechseln. Dabei sind so viele Fehlstellen in diese Anordnung eingebaut, daß die mittlere Koordinationszahl zehn beträgt. Die Atome haben etwa den Durchmesser, welcher nach *Goldschmidt* für ein Atom mit Zwölferumgebung zu erwarten wäre.

Es ist vielleicht noch nützlich, zu erwähnen, daß die Röntgenstreuintensität nur deshalb Maxima aufweist, weil die statistisch verteilten Atome der Schmelze nicht wie im idealen Gase unendlich weit voneinander entfernt sind, sondern sich praktisch berühren und sich so aus geometrischen Gründen um jeden Punkt der Schmelze praktisch dieselbe Atomverteilung ausbildet. Das einzige, was in diesen Schmelzen noch an den festen Zustand erinnert, ist der Atomdurchmesser r^I. Dichtest gepackte Festkörper werden beim Schmelzen aufgelockert, weniger dicht gepackte haben im Schmelzzustand eine größere Koordinationszahl. Fernordnung existiert überhaupt keine mehr, die Anordnung nächster und übernächster Nachbarn hat mit der im festen Zustand vorliegenden nichts mehr gemein und ist am ehesten mit dem statistisch geometrischen Modell von *J. D. Bernal* zu verstehen, d.h. also, sie stimmt mit der eines Systems statistisch verteilter harter Kugeln (s.o.) überein. Die gelegentlich postulierte Ähnlichkeit zwischen fester und flüssiger Struktur bei den Elementen ist somit bei Betrachtung der gesamten Atomverteilungskurve mit den seither durchgeführten Beugungsexperimenten nicht zu vereinbaren. So kommt z.B. auch *Kruh* in seinem Übersichtsartikel (*331*) zu dem Schluß, daß das Äußerste, was über den Aufbau einer

Elementschmelze gesagt werden kann, ist, daß ihre Atomverteilung mit einer besonderen statistischen Verteilung verträglich ist.

Zu b): Wie schon unter B V 1 b ausgeführt, kann in dieser Kategorie der sogenannten Halbmetallschmelzen auf das Vorliegen von Agglomeraten, die z.T. gitterähnlich sein können, geschlossen werden. Dabei ist von Fall zu Fall eine spezielle Betrachtungsweise erforderlich, ein allgemein gültiges Grundmodell gibt es in diesen Fällen nicht.

2. Legierungsschmelzen

Hier besteht die Schwierigkeit im geometrischen Aufbau der Schmelzen darin, daß diese sowohl den Anteil 1 a) als auch 1 b) enthalten können. Wie sich aus Tabelle **5** ergibt, wurden bisher etwa 40 binäre Systeme untersucht, was zunächst sehr viel zu sein scheint. Jedoch sind zum Teil aus einem System nur ein oder zwei verschiedene Legierungen untersucht worden. Andere Messungen erscheinen überprüfungsbedürftig.

Das Vorliegen von Verbindungsbildung konnte an einigen Systemen (Ag–Sn, Mg–Sn, Ag–Mg) überzeugend dargelegt werden. Auch ist es möglich, auf rein deduktivem Weg die aus dem Experiment berechneten Verteilungskurven so zu interpretieren, daß zwischen der statistischen Verteilung der Atome verschiedener Sorten, dem Überwiegen von Fremd- bzw. dem Überwiegen von Eigenkoordination und dem Vorliegen eutektischer Gemenge in praktisch allen Fällen entschieden werden kann.

In den unter *V*-Systemen eingeordneten Systemen sind im schmelzflüssigen Zustand weitgehend die im festen anzutreffenden Verbindungen vorgebildet, vor allem, was die gegenseitige Verteilung der Atome verschiedener Sorten umeinander und deren Abstände betrifft. Der Erstarrungsprozeß beruht danach im wesentlichen darauf, die Verbindungslinien zwischen den einzelnen Atomen unter den richtigen Winkeln zu fixieren.

3. Anwendungen der mit Beugungsverfahren erhaltenen Ergebnisse

Neben dem strukturellen Befund, der in VIII 1 und VIII 2 zusammenfassend aufgezeigt wurde, haben die mit Beugungsverfahren erhaltenen Ergebnisse noch weitere Anwendungen erlangt, die im folgenden kurz aufgeführt werden sollen, wobei zu bemerken ist, daß man auf diesem Gebiet erst ganz am Anfang steht. Von *Johnson* et al. (*282*) wurden Potentiale berechnet, außerdem aus den röntgenographisch erhaltenen Ergebnissen an Li, Na, K, Rb, Cs, Hg, Al, Pb und Ar die innere Energie, der Druck, die Viskosität und die Oberflächenspannung. Auch wurden dort dann die berechneten mit den gemessenen Werten verglichen.

Dabei scheint für Metalle die Born-Green-Theorie besser zu stimmen, als die von *Percus-Yevick*. Der Zusammenhang zwischen der Struktur geschmolzener Elemente und der Struktur der festen Phase wird besprochen in (*158*).

Zu den Ergebnissen der Untersuchungen an Elementen ist noch zu erwähnen, daß nach *Grigorovich* (*222*) aus der Struktur geschmolzener Elemente Rückschlüsse auf deren Elektronenzahl in den verschiedenen Schalen gezogen werden können.

Die Beugungsuntersuchungen an Schmelzen können auch zur genauen Bestimmung von Atomformfaktoren herangezogen werden, wie das am Beispiel von Pb, Hg und Sn in (*288*) getan wurde. Eine gute Zusammenfassung der möglichen Anwendungen der Flüssigkeitsforschung findet sich in (*541*). Über den Zusammenhang von zwischenatomaren Kräften und der Struktur von Flüssigkeiten siehe (*136*). Hinzuweisen ist auch noch auf die Möglichkeit, aus Beugungsergebnissen elektrische Widerstände, Thermokraft und die Knight-Verschiebung berechnen zu können (s.u.) und schließlich besteht die Aussicht, bei den Legierungsschmelzen die Zustandsdiagramme vervollständigen zu können, wenn die Schmelzstrukturen bekannt sind, d.h. im Zustandsfeld der Schmelze in binären Systemen die Gebiete der Nahordnung, Nahentmischung oder der statistischen Verteilung einzutragen und abzugrenzen. An den Beispielen der Systeme Cu–Ni, Au–Cu, Ag–Au und Cu–Pb z.B. werden in (*219*) Zusammenhänge zwischen der Struktur der flüssigen Phase und dem Zustandsdiagramm besprochen. In (*259*) wird aus den Atomverteilungskurven von K und Na die potentielle Energie pro Mol im flüssigen Zustand und die Verdampfungsenergie berechnet. Schließlich ist zu erwarten, daß nach dem Zusammentragen von genügend vielem experimentellem Material sich aus den Bindungsverhältnissen in der Schmelze werden Rückschlüsse ziehen lassen auf das Verhalten der Legierungspartner im festen Zustand.

IX. Andere Experimente, die über die Struktur Aufschluß geben sollen

1. Abschreckversuche

a) *Rasches Abschrecken der Schmelze*

In den letzten Jahren wurden in zahlreichen Laboratorien Versuche durchgeführt, mit dem Ziel, durch sehr rasches Abschrecken dünne Schichten mit bisher an den betreffenden Substanzen nicht beobachteten Strukturen und Eigenschaften herzustellen. Etwa fünf Verfahren wurden beschrieben, nämlich die Klatschkokille (zwei gekühlte Metallplatten pressen schlagartig einen Tropfen der Schmelze), die Stoßkokille (die Stoßwelle eines Gases treibt die Schmelze durch eine Düse auf eine gekühlte Platte), das Aufheizen mit Elektronen- oder Laserstrahlen, die nach einer gewissen Zeit abgeschaltet werden, wodurch eine hohe Abschreckgeschwindigkeit erreicht wird, das Einschießen von Metallpulver in einen Strom von Argongas oder in ein Argonplasma. Die Abkühlgeschwindigkeiten betragen einige $10^{5\circ}$ C/sec. Charakteristisch an rasch abgeschreckten Elementschmelzen ist eine sog. Zellenstruktur. Meist sind die erhaltenen Strukturen metastabil, oft bilden sich auch amorphe Phasen, z.B. beim Bor, oder man beobachtet eine Ausdehnung der Löslichkeitsgrenzen. Es erscheint ausgeschlossen, von den erhaltenen Strukturen auf den Zustand der Schmelze Rückschlüsse ziehen zu können. Im einzelnen sind die Versuche an Al—Mg-Legierungen (*365*), Ag—Cu-Legierungen (*391*), Mg—Mn- und Mg—Zr-Legierungen (*560*) zu nennen. Eine umfassendere Darstellung findet sich in (*123*).

b) *Zentrifugieren der Schmelze mit anschließendem Abschrecken*

Bei dieser Versuchsdurchführung wurde bisher praktisch immer beobachtet, daß sich die leichtere Komponente mehr zum Zentrum der Zentrifugiereinrichtung hin ansammelt, jedoch sollten auch hier keine Rückschlüsse auf die Struktur der betreffenden Legierung im geschmolzenen Zustand gezogen werden. Im wesentlichen liegen derartige Untersuchungen vor an Au–Sn (*567*), Fe–C (*566*), Pb–Sn (*335, 567*) (Cluster mit 10^3 bis 10^4 Atomen bilden sich aus), Pb–Sn (*335, 336, 567*) und an Al–Cu (*336, 337*). In (*26*) wurde durch Zentrifugieren im System Bi–Cd und anschließende Messung von Elektrotransport, Diffusion und elektr. Widerstand gezeigt, daß keine Mikroheterogenität besteht (im Gegensatz zum Röntgenbeugungsergebnis (*120*)!).

2. Kernresonanzmessungen

Derartige Messungen werden an Schmelzen durchgeführt, um Aufschluß über die Bindungsverhältnisse zu erhalten. Eine zusammenfassende Arbeit (*242*) gibt Aufschluß über das Verfahren sowie über die Ergebnisse an Na, Ga, Na–Tl, Na–Hg, Na–Pb, Na–K, $TlC_2H_3O_2$, $TlNO_3$ und Tl_2CO_3. Durch Auftragen der gemessenen Relaxationszeiten über der Temperatur oder der Zusammensetzung lassen sich die entsprechenden Veränderungen qualitativ ablesen. Meist wird das Quadrat der reziproken Relaxationszeit aufgezeichnet (Knight-Verschiebung). Weitere Messungen: Ga und Hg (*85*), Ga–In, Ga–Sn und Ga–Zn (*364*), Cu-Legierungen (*404*), Cu- und Sb-Metalle (*405*) und flüssige binäre Legierungen mit zweiwertigen Metallen (*388*).

3. Messungen der Ultraschall-Absorption und -Geschwindigkeit

Derartige Messungen (*420*) sind deshalb von großem Interesse, weil aus ihnen Werte der Viskosität abgeleitet und dann mit den nach anderen Methoden (vgl. C II 1) bestimmten Werten verglichen werden können. Untersucht wurden u.a. die folgenden Systeme: Sb–Zn, Sb, Zn (*294*) (in (*294*) auch Zusammenhang zwischen Ultraschallgeschwindigkeit und elektrischem Widerstand!), Bi–Sn (Zusammenhang mit Kompressibilität) (*422*), Al (*547*), Na_2K (*279*), Bi–Cd (*81*), Bi–Sn (*81*), Cd–Pb (*81*), Pb–Sn (*81*), Cd–Sn (*81*) und BiPb (*81*). Das akustische Verhalten hochviskoser Flüssigkeiten wird behandelt in (*274*). Apparative Fragen zur Durchführung derartiger Versuche werden besprochen in (*423*). Die Größe, Temperaturabhängigkeit und Frequenzabhängigkeit der Schallabsorption in flüssigem Hg kann durch die klassischen Verluste (Schubviskosität und Wärmeleitfähigkeit) vollständig verstanden werden (*1*). Dazu kommt bei Hg–Tl noch eine Absorption, die von einem diffusionsbestimmten Prozeß herrührt und die zurückgeführt wird auf einen durch Spannungen bedingten Ordnungsprozeß (*1*).

4. Rayleigh-Streuung

Die klassische Streuung (Rayleigh-Streuung) von γ-Strahlung wird in (*134*) benutzt, um an Glycerin Aussagen über den Diffusionsprozeß zu gewinnen, wobei ebenso wie im Fall der Streuung langsamer Neutronen der Formalismus von *van Hove* (*266*) zugrunde gelegt wird.

5. Mössbauer-Effekt

Der Mössbauer-Effekt wurde bisher zum Studium von Diffusionsvorgängen, z.B. von Eisenionen in Glycerin-Lösung (*134*), herangezogen, wobei der Sprungmechanismus als der geschwindigkeitsbestimmende Schritt erkannt wurde. Weitere Anwendungen liegen bisher wegen der geringen Anzahl geeigneter Atomsorten und wegen experimenteller Schwierigkeiten noch nicht vor.

6. Untersuchung mit kalten Neutronen

Ein thermisches Neutron oder ein Röntgenquant benötigt für das Durchlaufen einer Strecke von 3 Å etwa 10^{-18} sec., ein kaltes Neutron dagegen 10^{-13} sec. Somit liegen die Untersuchungen mit kalten Neutronen in einem Zeitbereich, in dem die atomaren Bewegungen der Atome in den Flüssigkeiten, die in Zeitabschnitten von etwa 10^{-12} bis 10^{-13} sec. erfolgen, erfaßt werden können. Es handelt sich bei den Untersuchungen mit kalten Neutronen, welche zusammengestellt sind in (*278, 412, 504*) nicht darum, Beugungsvorgänge zu messen, sondern es wird aus den Energieverlusten bzw. -gewinnen, welche die Neutronen beim Durchgang durch Materie erleiden, zurückgeschlossen auf die Zustände des flüssigen Materials. Dabei gelingt es u.U., die Bewegungen bzw. Drehungen von Atomagglomeraten zu identifizieren.

Die Experimente mit kalten Neutronen geben somit mehr über die Mikrodynamik Aufschluß, während die Beugungsversuche mit thermischen Neutronen die Aufklärung der Mikrostatik zum Ziele haben.

Über den Zusammenhang zwischen der Streuung kalter Neutronen und der Unordnungsentropie siehe (*324*), über Untersuchungen mit kalten Neutronen im flüssigen und festen Zustand (*130*), über Neutronenspektroskopie an verschiedenen Elementen (*53*) und schließlich über die Streuung kalter Neutronen an nichtsphärischen Molekülen (*530*).

Bei den Untersuchungen mit kalten Neutronen handelt es sich nach (*278*) im wesentlichen um zwei Techniken; einmal wird der totale Neutronenstreuquerschnitt, zum anderen der differentielle Neutronenstreuquerschnitt ermittelt:

a) *Messung des totalen Neutronenstreuquerschnittes*

Hier wird die gesamte Absorption eines monochromatischen Neutronenstrahles im Präparat nach der Beziehung $I = I_0 e^{-\sigma n x}$ bestimmt. Dabei bedeuten I die geschwächte Intensität und I_0 die Intensität des Primärstrahles ohne Präparat, n entspricht der Zahl der Streuzentren pro cm^3 und x der Probendicke, während der totale Neutronenstreuquerschnitt mit σ bezeichnet ist. Zum Monochromatisieren der Primärstrahlung wird entweder die Reflexion an einem Einkristall oder ein mechanischer Geschwindigkeitsselektor benutzt.

In (*278*) werden die Ergebnisse an den bisher untersuchten wasserstoffhaltigen Flüssigkeiten beschrieben. Dabei zeigt sich, daß beim Kondensieren dieser Flüssigkeiten aus dem gasförmigen Zustand die Veränderungen der inneren Schwingungen vernachlässigbar sind, daß dagegen die Rotation der Moleküle behindert wird. Letzteres äußert sich so, daß die effektive Masse vergrößert wird und damit auch der Wert von σ. Es gilt dieses für H_2O, NH_3 und H_2S, während offenbar bei CH_4 keine Behinderung eintritt. Wegen weiterer Beispiele s. (*278*).

b) *Messung des differentiellen Neutronenstreuquerschnittes*

Der differentielle Wirkungsquerschnitt $\frac{d^2\sigma}{d\Omega\, dE}$ wird mit einem Strahl gemessen, welcher das langwellige Gebiet oberhalb 4 Å enthält, bei dem also durch ein Berylliumfilter der thermische Teil des Spektrums abgeschnitten wurde. (Ein Be-Filter ist nur durchlässig für Neutronen mit Wellenlängen $>3{,}95$ Å.) Das Be-Filter kann dabei vor oder hinter dem Präparat angeordnet sein, $d\Omega$ ist ein fest eingestellter Raumwinkel, und die Energieanalyse wird entweder mit Hilfe eines Choppers an einem kontinuierlich strahlenden Reaktor oder mittels eines langen Meßweges an einem Impulsreaktor durchgeführt. Das Energiespektrum setzt sich aus zwei Teilen zusammen, nämlich dem quasielastischen, herrührend von den Diffusionsbewegungen in der Flüssigkeit und dem unelastischen Teil, der durch Energiegewinn oder -verlust beim Streuprozeß hervorgerufen wird. Hauptsächliches Versuchsobjekt derartiger Untersuchungen ist das *Wasser*, bei dem aus dem elastischen Bereich geklärt werden konnte, daß die Diffusion durch Sprünge (*jumps model*) und nicht kontinuierlich (*continuous diffusion model*) erfolgt (vgl. (*278*)).

Aus dem unelastischen Teil der Streukurve kann die *Frequenzverteilung entspr. der Energie* erhalten werden, die im Falle des Wassers mit dessen Raman-Spektrum übereinstimmt. Einem derartigen Spektrum kann z.B. entnommen werden, daß die Wasserstoffatome der Wassermoleküle an der Rotation gehindert werden. Weitere Arbeiten dieser Art betreffen Glycerin und flüssigen Wasserstoff; diese Ergebnisse sind ebenfalls in (*278*) zusammengestellt. In (*341*) wurden mit dieser Technik die Spektren an polykristallinem und geschmolzenem (677° C) Aluminium aufgenommen, wobei beide gut übereinstimmen. Es zeigt sich dabei, daß in der Schmelze wenigstens zusammenhängende Regionen mit der Dimension einiger Å vorliegen müssen. Die Spektren unterscheiden sich jedoch bei hohen Frequenzen, weshalb die Anordnung der nächsten Nachbarn im festen und geschmolzenen Zustand nicht völlig übereinstimmt. In (*99*) wurde mit drei Potentialen (a) rigid sphere model, b) Lennard-Jones $[r^{-12} - r^{-6}]$ und c) r^{-6}) die Selbstkorrelationsfunktion nach *van Hove* (*266*) berechnet und dann ebenfalls aus der unelastischen Streuung von Neutronen auf die Bewegung von Atomverbänden in Schmelzen geschlossen.

Wie sich aus (*412, 587*) ergibt, wurden Studien mit langsamen Neutronen bisher durchgeführt an den Metallen Pb (*438*), Sn und Na. Zu erwähnen bleibt noch die Arbeit (*324*), bei der sich durch Vergleich des mit Hilfe der *Mott*schen Modellvorstellung über den Aufbau einer Schmelze berechneten Streuquerschnittes für kalte Neutronen mit dem tatsächlich gemessenen Querschnitt für die Schmelzentropie verschiedener Metalle der Wert 0,5 R ($R =$ Gaskonstante) ergab.

7. Weitere Experimente

Eine Arbeit (*424*) ist bekannt geworden, in der aus den Unterschieden in den charakteristischen Energieverlusten von durchgeschossenen Elektronen auf Unterschiede im Aufbau von festem bzw. flüssigem Wismuth geschlossen wurde. In (*76*) wird gezeigt, daß das L_{23} Emissionsspektrum von geschmolzenem Aluminium gewisse Ähnlichkeit mit dem von festem Aluminium zeigt, wobei jedoch das für das Überlappen der Zonen charakteristische Maximum weniger ausgeprägt ist. Es wird daraus die Vermutung gezogen, daß in der Schmelze lokal eine kristalline Ordnung vorliegt.

C. Physikalische Daten von Schmelzen

In diesem Kapitel sollen einige strukturabhängige Eigenschaften zusammengestellt werden, die an Flüssigkeiten bzw. Schmelzen gemessen wurden. Einführend soll die wichtige Feststellung gemacht werden, daß es zwar möglich ist, aus diesen Eigenschaften mancherlei Annahmen über die Veränderung des strukturellen Aufbaus der Schmelzen abzuleiten, daß jedoch meist nur ein Beugungsexperiment Aufschluß über die Gültigkeit oder Ungültigkeit eines Strukturvorschlages geben kann.

Wie schon in der Einleitung erwähnt, muß Kapitel C im Zusammenhang mit der Arbeit (*587*) gesehen werden, weshalb auch die dort vorgenommene Reihenfolge bei der Aufzählung der verschiedenen Eigenschaften beibehalten wurde. Weiter soll erwähnt werden, daß die wichtige Frage, ob Isothermen oder Linien gleicher Überhitzung aufgetragen werden sollen, in (*195*) behandelt wird. Eine Zusammenstellung physikalischer Daten für Na-, K- und Na–K-Legierungen findet sich in (*518*), eine zusammenfassende Diskussion von verschiedenen Schmelzeneigenschaften in (*166*), ein umfassendes Kompendium über die Eigenschaften von Schmelzen wird gegeben von *Mott* et al. (*384a*).

I. Thermodynamische Eigenschaften

Die Thermodynamik und die Eigenschaften flüssiger Lösungen wird umfassend behandelt in (*75, 309, 498, 561*). Die intermetallischen Kräfte in Schmelzen in (*166*). Eine große Anzahl thermodynamischer Daten, die im folgenden zusammengestellt werden sollen, wurden in den letzten Jahren gemessen.

Substanz		Meßgröße	Lit.
Elemente:	Ag	Aktivitätskoeffizienten	(*209*)
	Ag	Temp.-bereich des geschm. Metalls und Abschätzung seiner kritischen Daten	(*233*)
	Cu	Aktivitätskoeffizienten	(*209*)
	Ga	Temp.-bereich der geschm. Metalle und	
	Hg	Abschätzung der kritischen Daten	(*224*)
	Na		
	Pb		
	Sn		
	Te	Druckabhängigkeit des Schmelzpunktes	(*16*)
Legierungen:	Ag—Cu	Dampfdruck 1270 bis 1470° K	(*209*)
	Ag—Pb	Verteilungskoeff. bei versch. Temp. Vergleich mit Theorien	(*316*)
	Ag—Sb	Partielle und integrale freie Exzessenergie,	
	Ag—Sn	Exzessentropie, Exzessenthalpie	(*400*)
	Ag—Ti	Thermodyn. Eigenschaften	(*217*)
	Ag—Zn	Verteilungskoeff. bei drei Temperaturen; Übereinstimmung mit theoretischen Berechnungen	(*316*)
	Ag—Pb—Zn	Enthalpie	(*316*)
	Al—Ca	Schmelzwärme, Enthalpie	(*184*)
	Al—Mg	Thermodyn. Eigenschaften	(*281*)
	Al—Sn	Thermodyn. Eigenschaften	(*545*)
	Au—Sn	Kalorimetrie	(*280*)
	Bi—Cd	Thermodyn. Eigenschaften; Mischungswärme; Aktivitätskoeff.	(*120, 236, 307*)
	Au in Bi—Sn	Lösungswärme	(*328*)
	Bi—Te	Druckabhängigkeit des Schmelzpunktes	(*16*)
	Bi—Cu	Mischungswärme, Aktivitätskoeff.	(*236*)
	Bi—Hg	Mischungswärme	(*308, 431*)
	Bi—In	Mischungsenthalpie und -Entropie	(*425*)
	Bi—Mg	Thermodyn. Eigenschaften	(*128*)
	Cd—Cu	Akt.-koeff., Mischungswärme, Exzessentropie	(*236*)
	Cd—Ga	Aktivitäten, Mischungswärme	(*307, 426*)
	Cd—Hg	Mischungswärme	(*308, 431*)
	Cd—In	Mischungswärme, Aktivitäten, Bildungsenthalpie	(*258, 307*)

Substanz		Meßgröße	Lit.
Legierungen:	Cd—Pb	Mischungswärme	(*307*)
	Cd—Sn	Mischungswärme	(*307*)
	Cd—Tl	Mischungswärme	(*307*)
	Cd—Zn	Mischungswärme	(*306*)
	Co—Leg.	Phys. chem. Eigenschaften	(*565*)
	Cu—Sb	Akt.-koeff., Mischungswärme	(*236*)
	Cu—Zn	Aktivitäten, Enthalpien, Entropie	(*103*)
	Edelmetalle—Sn	Lösungswärmen	(*408*)
	Fe—Ni	Aktivitäten	(*477*)
	Fe—Leg.	Phys.-chem. Eigenschaften	(*565*)
	Fe—Si	Schmelzwärme	(*185*)
	Ga—Zn	Mischungswärme	(*306*)
	Hg—In	Mischungswärme, Aktivität, Entropie	(*308, 432*)
	Hg—Pb	Mischungswärme	(*308*)
	Hg—Tl	Mischungswärme	(*308, 581*)
	Hg—Zn	Mischungswärme	(*308*)
	In—Zn	Mischungswärme	(*306*)
	K—Na	Schmelzwärme	(*562*)
	Mg—Pb	Aktivitäten, Freie Energie, Mischungswärme, Exzessentropie	(*340*)
	Mg—Sn	Thermodyn. Daten	(*531*)
	Ni—Leg.	Physik.-chem. Eigenschaften	(*565*)
	Pb—Sn	Akt.-koeff., Mischungswärme, Exzessentropie	(*236*)
	Pb—Te	Druckabhängigkeit des Schmelzpunktes	(*16*)
	Pb—Zn	Kalorimetrie	(*548*)
	Sb—Te	Druckabhängigkeit des Schmelzpunktes	(*16*)
	Sn—Tl	Thermodyn. Eigenschaften	(*534*)
	Sn—Zn	Mischungswärme	(*306*)

Thermodynamische Eigenschaften verdünnter Lösungen von Edelmetallen in Sn (*408*). Die Meßergebnisse für die Exzessentropie verschiedener Schmelzen findet sich in (*169*). Die Druck- und Temperaturabhängigkeit des Schmelzpunktes von Tl, Bi—Tl, Pb—Tl, Sb—Tl in (*16*).

An speziellen Dampfdruckmessungen sind zu nennen:

Cu	(*84*)	Al—Mg	(*488*)
In	(*257*)	Cd—Sb	(*485*)
U	(*514*)	Hg—Pb	(*580*)
W	(*536*) (auch Subl.-Wärme)	Mg—Pb	(*486*)
		Sn—Zn	(*486*)

Ein Zusammenhang zwischen Flüssigkeitsstruktur und Verdampfungsenergie wird gegeben in (*259*), der Dampfdruck von Lösungen flüssiger Metalle in (*580*).

Der Zusammenhang zwischen thermodynamischen Eigenschaften von Metall-Legierungen und den Zustandsschaubildern wird in (*145*) behandelt, der Nachweis und die Abschätzung von Fehlpassungsenergien in flüssigen und festen Legierungen in (*428*), die Eigenschaften flüssiger Legierungen mit vollständiger Mischkristallbildung im festen Zustand in (*564*).

II. Transporteigenschaften

1. Viskosität

Nach (*267*) (S. 238) lassen sich die Ergebnisse von Viskositätsmessungen folgendermaßen zusammenfassen:

a) In Systemen mit vollständiger Löslichkeit und in eutektischen Systemen verlaufen die Viskositätsisothermen monoton über der Konzentration (z.B. Ag–Au, Au–Cu, Ag–Cu, Al–Zn, Pb–Sn, Pb–Sb).

b) In Systemen mit intermetallischen Verbindungen im festen Zustand bildet die Viskositätsisotherme über der Konzentration an der Stelle der intermetallischen Verbindung ein Maximum (z.B. Mg–Pb, Cu–Sn, Au–Sn, Ag–Sn, Mg–Sn, Al–Mg). Mit zunehmender Temperatur werden die Maxima flacher.

Eine Zusammenstellung der Meßmethoden findet man u.a. in (*19*, *502*, *557*), wie überhaupt (*502*) eine sehr umfassende, geschlossene Darstellung des Problems bietet. Die kritische Würdigung und Zusammenstellung von Meßergebnissen ist zu ersehen aus (*140*, *169*, *181*, *321*, *377*, *387*, *502*).

Einen allgemeinen Zusammenhang zwischen der Aktivierungsenergie der Viskosität flüssiger Metalle und deren Schmelzpunkt gibt die Arbeit (*226*). Die Kinetik der Dissoziation und Bildung von intermetallischen Verbindungen in Schmelzen wurde mit Viskositätsmessungen studiert (*203*), Zusammenhänge zwischen Struktur und Viskosität aufgeklärt bei eutektischen Systemen in (*201*, *238*), außerdem liegt eine Arbeit vor über den Zusammenhang von Kompressibilität und Scherviskosität mit der Struktur (*207*) und die Viskosität von Metallschmelzen allgemein (*272*). Die Viskosität unterkühlter geschmolzener Metalle wird in (*77*), die einiger komplexer Flüssigkeiten in (*113*) beschrieben. Die Aktivierungsenergie der Viskosität oder der Diffusion kann für Metalle nach (*497*) nicht direkt in Zusammenhang gebracht werden mit der Verdampfungsenergie, wie das für Nicht-Elektrolyte möglich ist. In (*208*) wird der Zusammenhang zwischen Struktur und Viskosität besprochen, Anomalien des Viskositätsverhaltens in (*555*), die Bestimmung von Liquiduslinien mit Hilfe der Viskositätsmessung in (*407*), die Viskosität binärer Flüssigkeiten in (*161*), kinetische Eigenschaften von Schmelzen allgemein in (*27*) und schließlich die nichtstationären Beiträge zur Viskosität in (*394*).

In (*516*) wird gezeigt, wie die Viskosität von Elementschmelzen thermodynamisch ähnlicher Elemente zusammenhängt. Für die einzelnen Substanzen sollen folgende Beispiele angeführt werden:

Al	(*116, 174, 175, 469*)	Ce—Pu	(*407*)
Bi	(*66, 108, 116, 180, 469*)	Ce—Co—Pu	(*407*)
Ga	(*89*)	Cr—Fe	(*464*)
K	(*66, 155*)	Cu—Sb	(*118*)
Pb	(*66, 116, 469*)	Cu—Sn	(*176*)
Pu (Vorausberechnung aus anderen Daten)	(*231*)	Fe—Mn	(*464*)
Sn	(*45, 66, 469*)	Fe—Ni	(*477*)
Zn	(*155, 543*)	Fe—P	(*464*)
Ag—Sn	(*178*)	Fe—Pu	(*407*)
Al—Ge—Sb (ternär!)	(*198*)	Fe—Si	(*311, 477*)
Al-Leg.	(*174, 175*)	Fe—V	(*464*)
Al—Cu	(*319*)	Ga—Hg	(*376, 378*)
Al-Leg. (eutektisch)	(*179*)	Ga—Pu	(*407*)
Al—Ni	(*563*)	Ga—Sb	(*200*)
Au—Sb	(*395*)	Ga_2Te_3	(*200*)
Bi—Ga	(*376*)	Hg—Pb	(*549*)
Bi—Hg	(*549*)	Hg—Sn	(*549*)
Bi—In	(*114*)	Hg—Zn	(*549*)
Bi—Se	(*199*)	In—Sb	(*200*)
Bi—Sn	(*212*)	In_2Te_3	(*200*)
Bi—Te	(*199*)	Mg—Pb	(*178a*)
Bi—Tl	(*28*)	Mg—Sn	(*177*)
Bi—Zn	(*67*)	Na—K	(*562*)
C—Fe	(*463, 566*)	Ni—Sn (bis 2% Ni-Gehalt starker Visk.-Anstieg)	(*45*)
Cd—Cu	(*28*)	Pb—Tl	(*28*)
Cd—Ga	(*376*)	Pb—Zn	(*67*)
Cd—Hg	(*549*)	Sb—Sn	(*28*)
Cd—Sb	(*28, 29*)	Sb—Te	(*199*)
		Schlacken bei hohen Temperaturen	(*19*)

2. Diffusion

Die Diffusion in geschmolzenen Metallen zusammen mit den bisher erhaltenen Ergebnissen ist umfassend beschrieben in (*188*). Außerdem wird sie übersichtlich dargestellt in (*272*). Die Theorie der Diffusion in (*142, 579*), die Selbstdiffusion in geschmolzenen Metallen in (*312*), der Zusammenhang zwischen der Flüssigkeitsstruktur und der Selbstdiffusion in (*437*), die Zusammenhänge zwischen der Selbstdiffusion und dem Schmelzverhalten von Metallen in (*339*), die Untersuchung der Diffusion mit Hilfe des Mössbauer-Effektes und der Rayleigh-Streuung in (*134*) und Arbeiten über die Thermodiffusion in (*361, 362*) sowie über Elektrodiffusion in Schmelzen (*46*) seien in diesem Abschnitt erwähnt. Dazu kommen die Theorien von Transportphänomenen in Schmelzen (*27, 129, 386, 387, 390, 433*), eine Arbeit über atomare Bewegungen in einatomigen Flüssigkeiten (*99*) und experimentelle Bestimmungen von Diffusionskoeffizienten in Sn (*366*), Na (Selbstdiffusion) (*414*), und verschiedenen Schmelzen (*169*). Über die Diffusion von ^{210}Pb und ^{210}Bi in Pb-Sn-Legierungen siehe (*102*), für Ni in geschmolzenem Cu (*187*). Weiter wird behandelt die Selbstdiffusion in Rb (*398*) und Ga (*360*) sowie die Diffusion in Bi-Cd-Legierungen (*26*).

III. Dichte

Der Dichtebestimmung kommt besonders auch für die Strukturuntersuchung große Bedeutung zu, da die Dichte zur Berechnung der Größe ϱ_0 (vgl. Gl. (*1*)) benötigt wird. Eine einfache Gesetzmäßigkeit zwischen reduzierter Dichte und Temperatur wird in der Arbeit (*210*) gegeben und anhand des vorliegenden experimentellen Materials überprüft. Die Methoden zur Dichtemessung sind zusammengestellt in (*557*), auf eine weitere, in (*30, 101*) angewendete Methode, nämlich die Dichtebestimmung mit Hilfe der Absorption von γ-Strahlung in Al, Cu, Zn, Sn, Pb, Al–Cu, Al–Zn, Al–Sn und Al–Mg sowie Pb–Sn sei hingewiesen. Für verschiedene Schmelzen werden die Molaren Volumina angegeben (*169*). Bezüglich der Berechnung von Dichtewerten in Legierungen siehe Gl. (10). Im folgenden seien einige Dichtemessungen bzw. Atomvoluminabestimmungen an Elementen und Legierungen aufgeführt.

Ag	(*305, 363, 558*)	Pb	(*30, 304, 367*)
+ kritische Daten	(*233*)	(+ kritische Daten)	(*233*)
Al	(*30, 86, 173, 174*)	Pd	(*363*)
Ba	(*5*)	Pt	(*363*)
Bi	(*72, 254*)	Sn	(*30, 254, 556*)
Cu	(*30, 363, 367, 374, 558*)	Th	(*303*)
		U	(*232*)
Fe	(*156, 227, 558*)	Y	(*302*)
K (+ Ausdehnungskoeffizient)	(*532*)	Zn	(*30, 556*)
		Al–Cu	(*30*)
Mg (+ kritische Daten)	(*211*)	Al–Fe	(*156*)
		Al-Leg.	(*173, 174*)
Ni	(*227*)	Al–Mg	(*30*)

Al—Sn	(*30*)	Fe—Pt	(*156*)
Al—Zn	(*30*)	Fe—S	(*156*)
Bi—Sn	(*399*)	Fe—Si	(*156, 183*)
Bi—U	(*254*)	Fe—V	(*156*)
C—Co	(*156*)	Ni—C	(*156*)
C—Fe	(*156, 566*)	Ni—Si	(*183*)
Co—Fe	(*156*)	Pb—Sn (+ Ausdehnungskoeffizient)	(*101*)
Cr—Fe	(*156*)	Pb—Sn	(*399*)
Cu—Fe	(*156*)	Seltene Erd-Fluoride	(*302*)
Cu—Pb	(*367*)	Sn—Tl	(*254*)
Fe—Mn	(*156*)	Sn—Zn	(*399, 556*)
Fe—Mo	(*156*)	UF_4	(*303*)
Fe—Ni	(*156*)		
Fe—P	(*156*)		

IV. Elektrische und magnetische Eigenschaften

1. Theorien der elektrischen Eigenschaften

Die elektrischen Eigenschaften geschmolzener Metalle, wie sie sich nach der „almost free electron" Näherung ergaben, werden beschrieben in (*126, 519*), wobei der Zusammenhang mit Röntgendaten in (*127*) besprochen ist. Eine Theorie der elektrischen Leitfähigkeit geschmolzener Metalle wird gegeben in (*149, 418*), für binäre Legierungen in (*151*). Die letztgenannte Arbeit enthält eine wichtige Zusammenstellung der bis zum Jahr 1965 experimentell erfaßten Zweistoffsysteme. Das Wesentliche bei diesen neueren Arbeiten besteht darin, daß mit den gemessenen Intensitätsdaten im Winkelbereich zwischen dem Primärstrahl und etwa dem ersten Maximum der Intensitätskurve und den aus Rechnungen z.T. bekannten Pseudo-Potentialen der elektrische Widerstand ausgerechnet werden kann (*222*). Durchgeführt wurde dieses Verfahren z.B. für Tl (*240*) und Hg—Tl-Legierungen (*239*). Die Pseudo-Potentiale erhält man z.B. für Na und K aus (*358*), für Ar aus (*380*) und für 25 weitere Elemente aus (*10*). Für einwertige Metalle wird eine Theorie des elektrischen Widerstandes gegeben in (*597, 598*), für vielwertige in (*52*). Die Berechnung des elektrischen Widerstandes und der Thermokraft erfolgt in (*535*). Aus (*596*) folgt, daß sich Germanium und Silizium im geschmolzenen Zustand wie Metalle und nicht wie im festen Zustand als Halbleiter verhalten, weiterhin wurde in jener Arbeit Aluminium und Gallium untersucht. Eine weitere Berechnung des elektrischen Widerstandes in geschmolzenen Metallen wird gegeben in (*17, 18*). *Greenfield* (*216*) zeigt durch genaue röntgenographische und elektrische Messung an Na, daß die auf der Bornschen Näherung fußende Zimansche Theorie nicht die richtigen Werte liefert, andererseits wird in (*589*) festgestellt, daß die Berechnung sehr stark vom angenommenen Wert des Potentials abhängt, und daß am Li und Zn gute Resultate erzielt werden, während an Na, K und Al die Abweichungen beträchtlich sind. In (*441*) wird die Veränderung in der Trägerbeweglichkeit während des Schmelzens von Metallen und Halbleitern diskutiert. Die Struktur geschmolzener Metalle im Zusammenhang mit ihrer elektronischen Struktur wird behandelt in (*220*). Die Anreicherung von Isotopen durch Elektrotransport in der flüssigen Phase wird für Rb und Ga beschrieben in (*360, 398*). Eine theoretische Berechnung der mittleren freien Weglänge von Elektronen in geschmolzenen Metallen wird gegeben in (*234*).

2. Halleffekt und Thermokraft

Der Hall-Effekt in geschmolzenen Metallen ist zusammenfassend behandelt in (*215*), eine Theorie des Hall-Effektes für Schmelzen wird gegeben in (*386*). An Einzelmessungen seien folgende Beispiele aufgeführt:

Ga	(*122*)	Bi_2Te_3	(*138*) (mit Temp.-Koeff.)
Hg	(*122*)	Cd—Sb	(*138*) (mit Temp.-Koeff.)
Sn	(*122*)	Cu—In	(*69*)
Te	(*138*)	Cu—Sn	(*69*)
Ag—In	(*69*)	Ga—In	(*235*)
Ag—Sn	(*69*)	Ga—Sn	(*122*)
Ag—In—Sn	(*69*)	Hg—In	(*235*)
Au—Ga	(*69*)	Hg—Tl	(*9*)
Au—In	(*69*)	In—Sn	(*69*)
Au—Sb	(*69*)	Sb_2Fe_3	(*138*) (mit Temp.-Koeff.)
Au—Sn	(*69*)	Sb—Zn	(*138*) (mit Temp.-Koeff.)

Die thermoelektrischen Eigenschaften der Metalle in der Nähe des Schmelzpunktes werden behandelt in (*452*), die experimentellen Methoden zur Bestimmung der Thermokraft von Schmelzen sind in (*51*) beschrieben, an Einzelmessungen sind folgende Beispiele zu erwähnen:

Legierungen der einwertigen Edelmetalle (*68*)

Bi	(*121*) (mit Temp.-Koeff.)	Bi—Pb	(*121*) (mit Temp.-Koeff.)
Cd	(*121*) (mit Temp.-Koeff.)	Cd—Sb	(*138*)
Ga	(*121, 122*) (mit Temp.-Koeff.)	Ga—In	(*119*)
Hg	(*122*) (mit Temp.-Koeff.)	Ga—Sn	(*119, 121*) (mit Temp.-Koeff.)
Pb	(*121*) (mit Temp.-Koeff.)	Hg—In	(*50*) (Druckabhängigkeit)
Sb	(*121*) (mit Temp.-Koeff.)	In—Sb	(*138*)
Sn	(*121, 122*) (mit Temp.-Koeff.)	Sb_2Te_3	(*138*)
Zn	(*121*) (mit Temp.-Koeff.)	SbZn	(*138*)
Bi—Cd	(*120*)	$TeTl_2$	(*138*)

3. Magnetische Suszeptibilität

Mit magnetischen Messungen werden direkt die Atomeigenschaften, unabhängig vom Aufbau des Kristallgitters, erfaßt. Ebenso wie andere Eigenschaften zeigt auch die magnetische Suszeptibilität am Schmelzpunkt einen mehr oder weniger großen Sprung. Beim Auftragen der spezifischen Suszeptibilität in einem Zweistoffsystem über der Konzentration in Atom% liegen beim Fehlen jeglicher Bindungskräfte die Meßpunkte auf einer Geraden entsprechend der Vegardschen Regel (vgl. Al—Mg (*576*)), bei Überwiegen der Fremdkoordination liegen die Meßpunkte darüber. Die magnetische Suszeptibilität von Alkalimetallen im geschmolzenen Zustand wurde bestimmt in (*562*), magnetische Messungen an geschmolzenen Elementen siehe in (*262*).

Weitere Beispiele magnetischer Messungen liegen u.a. in folgenden Systemen vor:

Al—Mg	(*576*)	Fe—Si	(*104*)
Bi—Mn	(*92*)	Ga—In	(*235*)
C—Fe	(*566*)	Hg—In	(*235*)
Co—Cu	(*392*)	Ga—Mn	(*573*)
Cu—Cr	(*392*)	Mn—Si	(*104*)
Cu—Fe	(*392*)	Mn—Zn	(*574*)
Cu—Mn	(*392*)	Versch. binäre Systeme	(*292*)
Fe—Ni	(*477*)	Sn—Zn	(*575*)
Fe—P	(*104*)		

4. Elektrische Leitfähigkeit

Eine Apparatur zur Messung des elektrischen Widerstandes wird z.B. beschrieben in (*19*), weitere Meßmethoden in (*457*). Die Messungen des elektrischen Widerstandes an Legierungen der einwertigen Edelmetalle sind in (*68*) und der Wechsel in der Beweglichkeit der Ladungsträger beim Schmelzen in (*441*) festgelegt. Eine fünfzigseitige, die Element- und Legierungsschmelzen umfassende Abhandlung wird gegeben von *Regel* (*440*). Wesentlich ist, daß der spezifische elektrische Widerstand jeweils an der Konzentration einer intermetallischen Verbindung in der Schmelze beim Auftragen über der Konzentration ein Maximum aufweist.

Im folgenden werden Beispiele von bereits gemessenen Elementen und Zweistoffsystemen aufgeführt, wobei besonders auf die ausführliche Zusammenstellung in (*418*) hingewiesen sei.

Al	(*13, 116, 372*)	Ga	(*89, 90, 213*)
Bi	(*108, 116,*		(mit Temp.-Koeff.), *491*))
	275) (mit Temp.-Koeff.)	Hg	(*385*) (Berechnung)
Cs	(*139*) (mit Temp.-Koeff.)		*229*) (mit Wärmeleitung)

In	(*213*) (mit Temp.-Koeff.)	Bi—Sn	(*275, 319, 323*)
K	(*230*) (Wärmeleitung),	Bi—Te	(*28, 199*)
	(*139*) (mit Temp.-Koeff.)	C—Fe	(*566*)
Li	(*163*)	Cd—Cu	(*28, 29*)
Na	(*163*)	Cd—Hg	(*461*)
	(*139*) (mit Temp.-Koeff.)	Cd—Pb	(*461*)
Pb	(*116*)	Cd—Sb	(*28, 381*)
Rb	(*139*) (mit Temp.-Koeff.)	Cd—Zn	(*461*)
Se	(*251*) (mit Temp.-Koeff.)	Cu—In	(*69*)
		Cu—Sb	(*118*)
Ag—Al	(*323*)	Cu—Sn	(*69, 458*)
Ag—Au	(*459*)	Fe—Ni	(*477*) (mit Wärmeleitung)
Ag—Cu	(*459*)	Fe—Si	(*477*) (mit Wärmeleitung)
Ag—In	(*69*)	Ga—In	(*119, 235, 461, 491*)
Ag—Pb	(*462*)	Ga—Sb	(*200*)
Ag—Sn	(*69, 458*)	Ga—Sn	(*119, 491*)
Ag—In—Sn	(*69*)	Ga_2Te_3	(*200*)
Al—Cu	(*319, 323*)	Hg—In	(*31*, 50 (Druckabhängigkeit), *235, 461, 491*)
Al—Ge	(*529*)	Hg—Tl	(*239, 456, 491*)
Al—Si	(*323*)	In—Sb	(*200*)
Al—Sn	(*323*)	In—Sn	(*69*)
Al—Sn—Zn	(*460*)	In_2Te_3	(*200*)
Al—Zn	(*323*)	K—Pb	(*522*)
Al-Leg.	(*372*)	Li—Na	(*163*)
Amalgame	(*385*) (Berechnung)	Li—Mg	(*150*)
Au—Cu	(*459*)	Mg—Pb	(*458*)
Au—Ga	(*69*)	Mg—Sn	(*526, 588*)
Au—In	(*69*)	Mn—Si	(*185*)
Au—Pb	(*462*)	Na—Pb	(*522*)
Au—Sb	(*395*)	Pb—Sn	(*323, 456*)
Au—Sn	(*69, 462*)	Pb—Te	(*28*)
Bi—Cd	(*26*)	Sb—Sn	(*28*)
Bi—In	(*114*)	Sb—Te	(*199*)
Bi—Pb	(*323*)	Schlacken	(*19*)
Bi—Sb	(*461*)	Sn—Zn	(*459*)
Bi—Se	(*199*)		

5. Dielektrizitätskonstante und optische Eigenschaften

Eine zusammenfassende Arbeit über die Dielektrizitätskonstante in Schmelzen findet sich in (*246*). Eine der ersten Arbeiten über optische Untersuchungen an Schmelzen sei ebenfalls erwähnt (*148*).

V. Oberflächeneigenschaften

1. Oberflächenspannung

Zusammenfassende Berichte über die Oberflächenspannung geschmolzener Metalle und Legierungen werden gegeben in (*142, 143, 159, 325, 352, 593*). Verschiedene Methoden zur Oberflächenspannungsmessung sind zusammengestellt in (*160*), eine Beziehung zwischen der Oberflächenspannung bzw. Energie von Schmelzen und ihrer Verdampfungswärme am Schmelzpunkt findet sich in (*225*), eine solche zwischen der Oberflächenspannung, der Energie flüssiger Metalle und deren kritischen Temperaturen in (*228*). Die Oberflächenspannung von Metallschmelzen am Schmelzpunkt wird besprochen in (*533*).

Eine Arbeit (*124*) liegt vor über die statistische Elektronentheorie der Oberflächenenergie binärer metallischer Lösungen, weitere über die Oberflächenspannung von Zweistoffsystemen mit Maxima auf den Liquiduskurven (*143*), intermetallischen Verbindungen (*144*) und geschmolzener Metalle (*318, 326, 546*) oder auch Oxydschmelzen (*326*). Die Bedeutung der Kenntnis der Oberflächenspannung für einige technische Probleme ist beschrieben in (*244*), weiterhin liegen Messungen vor an N_2, Ar, CO, CH_4 (*521*) und an Mischungen dieser Substanzen untereinander (*520*). Nach (*142*) gibt es keinen Zusammenhang zwischen der Oberflächenspannung von Metallen, den Verhältnissen $\frac{\text{Austrittsarbeit}}{r^2}$, $\frac{1}{\text{Atomvolumen}}$ und der molaren Schmelzwärme. Jedoch hängt die Oberflächenspannung von der molaren freien Oberflächenenergie am Schmelzpunkt und von der Sublimationswärme am Schmelzpunkt ab. Ein interessanter Zusammenhang zwischen der Oberflächenenergie und dem Ausdehnungskoeffizienten von flüssigen Elementen wird in (*160a*) aufgezeigt.

Beispiele für Substanzen, an denen Oberflächenspannungsmessungen durchgeführt wurden, sind:

Ag	(*353*)
Al	(*320, 322*)
Bi	(*322*)
Cd	(*322*)
Cu	(*322, 353*)
Ga	(*289*) (mit Temp.-Koeff.)
Mg	(*322*)
Na	(*4*)
Pb	(*322*)
Sb	(*322, 353*)
Se	(*322*)
Sn	(*73, 172, 322*)
Te	(*322*)
U	(*71*)
Zn	(*322*)
Ag—Sb	(*353*)
Al-Leg.	(*320*)
Al—Cu	(*319, 322*)
Al—Mg	(*322*)
Al—Sb	(*322*)
Al—Zn	(*322*) (Maxima an Stelle der intermetallischen Verbindung; sonst an diesen Stellen Knick oder Minimum nach (*322*))
Ba—Na	(*3*)
Bi—Se	(*322*)
Bi—Te	(*322*)
C—Fe	(*566*)
Ca—Na	(*3*)
Cd—Mg	(*322*)
Cd—Sb	(*322*)
Cu—Sb	(*322, 353*)
Cu—Sn	(*353*)
Fe—Si	(*186*)
Mg—Cd	(*322*)
Mg—Sn	(*319, 322*)
Mg—Pb	(*322*)
Mg—Zn	(*322*)
Sb—Te	(*322*)
Sb—Zn	(*322*)
Sn—Te	(*421*)

Für die kritische Durchsicht des Manuskriptes und zahlreiche Hinweise sowie Diskussionsmöglichkeiten danke ich Herrn Prof. Dr. Dr. *R. Glocker* recht herzlich. Ebenso danke ich meinen Mitarbeitern, Dipl.-Phys. *H. F. Bühner* und Dipl.-Phys. *R. Hezel*, für viele Diskussionen.

D. Literatur

1. *Abowitz, G.*, and *R. B. Gordon:* Internal Friction in Liquid Metals. Mercury and Mercury-Thallium-Alloys. Acta Met. *10*, 671—680 (1962).
2. *Abrahams, S. C.:* Goniometer-mounted Evacuated Furnace for Single Crystal Neutron Diffractometry. Rev. Sci. Instr. *34*, 113 (1963).
3. *Addison, C. C., J. M. Coldrey*, and *W. D. Halstead:* Liquid Metals, Part 6. The Surface Tension of Solutions of Ba and Ca in Liquid Na. J. Chem. Soc. 3868—3883 (1962).
4. —, *D. H. Kerridge*, and *J. Lewis:* The Surface Tension of Liquid Na. J. Chem. Soc. 2861 (1954).
5. —, and *R. J. Pulman:* Liquid Metals, Part 7. The Density of Liquid Barium. J. Chem. Soc. 3873—3876 (1962).
6. *Alekseev, N. V.*, and *A. M. Evseev:* Investigation of the structure of liquid Cd—Sn alloys. Kristallografiya *4*, 348 (1959) bzw. Soviet Phys.-Cryst. (English Transl.) *4*, 323 (1960).
7. —, and *Ya. J. Gerasimov:* Study of the structure of liquid Bi—Sn alloys. Dokl. Akad. Nauk SSSR *121*, 488—491 (1958) bzw. Proc. Acad. Sci. USSR, Phys. Chem. Sect. (English Transl.) *121*, 521 (1958).
8. — — u. *A. M. Evseev:* Untersuchung der Struktur der flüssigen Legierungen in In_2Bi und InBi; Dokl. Akad. Nauk. SSSR *129*, 563 (1959).
9. *Andreev, A. A.*, and *A. R. Regel:* Hall Coefficient of Liquid Alloys of HgTl. Soviet Phys.-Solid State (English Transl.) *7*, 2076 (1966).
10. *Animalu, A. O. E.*, and *V. Heine:* The screened Model Potential for 25 Elements. Phil. Mag. *12*, 1249 (1965).
11. *Arakawa, K.:* On the free volume theory of liquid. J. Phys. Soc. Japan *9*, 647 (1954).
12. *Ascarelli, P.*, and *Y. Caglioti:* Accurate Measurements of Structure Factors of Liquids by Slow-Neutron Spectrometry. Il Nuovo Cimento *43*, 375—388 (1966).
13. *Ashcroft, N. W.*, and *L. J. Guild:* The Resistivity of Liquid Aluminium. Phys. Letters *14*, 23 (1965).
14. *Bacon, G. E.:* Neutron Diffraction. Oxford: Clarendon Press 1955.
15. *Baikowa, A. A.:* Struktur und Eigenschaften flüssiger Metalle. Akademie der Wissenschaften der UdSSR, Institut für Metallurgie, Moskau 1959 (russisch).
16. *Ball, D. L.:* Deviation from the normal Fusion curve (Druck-Temp. Diagramme des Schmelzpunkts, Te, Pb—Te, Bi—Te, Sb—Te). S. 353 in (267).
17. *Ballentine, L. E.:* Calculation of the electronic structure of Liquid Metals. Canad. J. Phys. *44*, 2533 (1966).
18. — Remarks on the calculation of the resistivity of liquid metals. Proc. Phys. Soc. (London) *89*, 689 (1966).
19. *Balva, O. M.*, and *G. J. Sobolev:* Device for the simultaneous determination of the viscosity and the electrical conductivity of slags at high temperatures. Zavodsk. Lab. *31*, 125 (1965).

20. *Bannerjee, K.:* Röntgenuntersuchung an flüssigem Na—K. Indian J. Phys. *3*, 399 (1929).
21. *Bartenev, G. M.:* The Quasi-Eutectic Structure of a liquid Eutectic. Izv. Akad. Nauk SSSR, Otd. Tekhn. Nauk, Met. i Toplivo *3*, 138—140 (1961).
22. — Über die Struktur von flüssigen eutektischen Legierungen. S. 93 in: Struktur und Eigenschaften flüssiger Metalle. Akademie der Wissenschaften der UdSSR, Institut für Metallurgie, Moskau 1959.
23. —, u. *J. N. Nikonowa:* Einige Besonderheiten der Zustandsdiagramme binärer Eutektika im Zusammenhang mit dem Bau flüssiger Eutektika. Dokl. Akad. Nauk SSSR, Met. i Toplivo *3*, 131 (1961).
24. *Bauer, G.*, and *F. Sauerwald:* The Classification of molten metals und alloys, Part 5. Wiss. Z. Martin-Luther-Univ. Halle-Wittenberg, Math.-Nat. Reihe *10*, 1029—1067 (1961).
25. *Bayanov, A. P.*, and *V. V. Serebremikov:* Distribution of erbium in the molten systems Al—Cd, Al—Pb, Al—Bi. Zh. Fiz. Khim *39*, 2816 (1965).
26. *Belaschenko, D. K.:* Structure of Liquid Eutectics (Bi—Cd). Zh. Fiz. Khim. *6*, 1331—1337 (1965).
27. — Kinetic Properties of Liquid Metallic Alloys. S. 55 in (476).
28. — Viskose und elektrische Eigenschaften von flüssigen binären Legierungen und ihr Zusammenhang mit der Struktur der Flüssigkeit (Cd—Sb, Pb—Te, Bi—Te, Sb—Sn, Cd—Cu). Zh. Fiz. Khim. *31*, 2269 (1957).
29. — Viskosität und elektrischer Widerstand in flüssigen Legierungen von Cd—Cu. Zh. Fiz. Khim. *32*, 825 (1958).
30. *Belyaev, A. I.:* Investigation of molten metals with γ-Radiation. Izv. Metallurgiya 39—42 (1961).
31. *Benkirane, M.*, et *J. Robert:* Étude de la résistivité des amalgames d'indium à l'état solide et en phase liquid. Compt. Rend. *264*, 470 (1967).
32. *Bernal, J. D.:* A geometrical approach to the structure of liquids. Nature *183*, 141 (1959).
33. — Geometry of the Structure of monatomic liquids. Nature *185*, 68 (1960).
34. — The Geometry of the Structure of Liquids. S. 25 in (267).
35. — The structure of liquids. Proc. Roy. Soc. A (London) Ser. *280*, 299—322 (1964)
36. —, and *J. Mason:* Coordination of randomly packed spheres. Nature *188*, 910 (1960).
37. *Bewilogua, L.:* Über die inkohärente Streuung der Röntgenstrahlen. Phys. Z. *32*, 740 (1931).
38. *Bezirganyan, P. A.:* X-Ray Scattering in Liquids. Soviet Phys. — Tech. Phys. (English Transl.) *9*, 1282 (1965).
39. — X-Ray Scattering in Gases, Liquids and Amorphous Bodies. Zh. Tekhn. Fiz. *32*, 753—758 (1962) bzw. Soviet Phys. — Tech. Phys. (English Transl.) *7*, 549 (1962).
40. *Black, P. J.*, and *J. A. Cundall:* The structures of liquid mercury and liquid aluminium. Acta Cryst. *19*, 807 (1965).
41. — — The structure of Liquid Al—Fe Alloys. Acta Cryst. *20*, 417 (1966).
42. *Boedtker, O. A.*, *R. Conley la Force*, *W. B. Kendall*, and *S. F. Ravitz:* Melting of Gallium. Trans. Faraday Soc. *61*, 665 (1965).
43. *Böhm, L.*, u. *M. Kahlweit:* Über die Kinetik der Phasenbildung bei der Entmischung binärer metallischer Schmelzen. Z. Physik. Chem. *49*, 147 (1966).
44. *Boiko, B. T.*, *L. S. Palatnik*, and *N. I. Rod'kina:* Electron Diffraction Analysis of the Structure of superheated and supercooled molten metals. Phys. Metals Metallogr. (USSR) (English Transl.) *13*, 70 (1962). (s. auch Fiz. Metal. Metalloved. *13*, 555 (1962)).

45. *Bokareva, N. M., T. L. Gotgil'f, K. I. Eretnov, L. A. Koledov,* and *A. P. Lyubimov.* Viscosity of Tin and its alloys with Ni. Chernaya Met. *9,* 8—12 (1965).
46. *Bokshtein, B. S., D. K. Belaschenko,* and *A. A. Zhukhovitskii:* On the Electro-diffusional Potential in Metals. S. 191 in (476).
47. *Bosio, L.,* and *A. Defrain:* Formation of metastable solid phases of Ga. J. Chim. Phys. *61,* 859—863 (1964).
48. — — et *I. Epelboin:* Sur la Surfusion du Bismuth. Compt. Rend. *253,* 2343—2345 (1961).
49. *Boyd, R. N.,* and *H. R. Wakeham:* The Effect of Temperature on the Structure of Mercury. J. Chem. Phys. *7,* 958 (1939).
50. *Bradley, C. C.:* The Effect of Pressure on the Resistivity and Thermoelectric Power of Liquid Hg—In Alloys. Phil. Mag. *14,* 953—960 (1966).
51. — The Experimental Determination of the Thermoelectric Power in Liquid metals and alloys. Phil. Mag. *7,* 1337—1347 (1962).
52. —, *T. E. Faber, E. G. Wilson,* and *J. M. Ziman:* A Theory of the Electrical Properties of Liquid Metals, II. Polyvalent Metals. Phil. Mag. *7,* 865 (1962).
53. *Bredov, M. M.:* Use of Neutron Spectroscopy for Investigating Physical Properties of Elements in Solid and Liquid States. S. 195 in (476).
54. *Breitling, G.,* u. *H. Richter:* Struktur von geschmolzenem Au und von flüssigem Hg nach der Methode der Trennung der Streuanteile; Z. Physik *172,* 338 (1963).
55. —, *D. Handtmann* u. *H. Richter:* Verschiedene Verfahren zur Untersuchung der Struktur geschmolzener Metalle; Z. Physik *178,* 294 (1964).
56. *Brözel, R., D. Handtmann* u. *H. Richter:* Struktur des geschmolzenen Zinns bei verschiedenen Temperaturen. Naturwissenschaften *49,* 129 (1962).
57. — — — Temperaturabhängigkeit der Struktur einatomiger Metallschmelzen. Z. Physik *168,* 322—332 (1962).
58. *Broyles, A. A., S. U. Chung,* and *H. L. Sahlin:* Comparison of Radial Distribution Functions from Integral Equations and Monte Carlo. J. Chem. Phys. *37,* 2462 (1962).
59. —, *H. L. Sahlin,* and *D. D. Carley:* Radial Distribution Functions for Long-Range Forces. Phys. Rev. Letters *10,* 319 (1963).
60. *Bublik, A. J.:* Electron Diffraction study of the structure of thin films of molten tin. Kristallografiya *2,* 240 (1957).
62. — u. *A. G. Buntar:* Untersuchung von geschmolzenem Al und Bi. Fiz. Metal. Metalloved. *5,* 53 (1957).
63. — — Electron Diffraction Study of the Structure of liquid metals and alloys. Sov. Phys.-Cryst. (English Transl.) *3,* 31 (1958).
64. — — Electron diffraction study of the structure of Al—Sn. Fiz. Metal. i Metalloved. *6,* 692 (1958).
65. — —, and *N. P. Gayevaia:* Structure of Bi—Sn by electron diffraction. Uchenye Zapiski Khar'kov Gosudarst. Univ. *98,* Trud. Fiz. otd. fiz. mat. fak., *7,* 251 (1958).
66. *Budde, J., K. Fischer, W. Menz,* and *F. Sauerwald:* Viscometry 14: Probable values of the viscosity of liquid melts of Sn, Pb, Bi and K. Z. Physik. Chem. Leipzig *218,* 100—107 (1962).
67. —, u. *F. Sauerwald:* Die Viskosität der schmelzflüssigen Entmischungssysteme Pb—Zn und Bi—Zn. Ermittlung von Mischungslücken mit Viskositätsmessungen. Z. Physik. Chem. Leipzig *230,* 42—47 (1965).
68. *Busch, G.,* and *H. J. Güntherodt:* Hall Coefficient, Electrical Resistivity and the Nature of Electron States in Liquid alloys of monovalent noble metals. Liquid metal conference, Brookhaven Nat. Lab. 1966. Published in Advances in Physics (Phil. Mag. Supplement) *16,* 651 (1967).

69. — — Bragg reflection of electrons in liquid alloys. Phys. Letters (1967).
70. *Buschert, R. L., I. G. Geib,* and *K. Lark Horovitz:* Structure of molten In—Sb. Bull. Am. Phys. Soc. *1,* 111 (1956).
71. *Cahill, J. A.,* and *A. D. Kirschenbaum:* The surface tension of liquid uranium from its melting point 1406 to 1850° K. J. Inorg. Nucl. Chem. *27,* 73 (1965).
72. — — The Density of liquid Bismuth from its melting point to its normal boiling point and an estimate of its critical constants; J. Inorg. Nucl. Chem. *25,* 501—506 (1963).
73. — — The Surface tension of liquid tin between its melting point and 2100° K. J. Inorg. Nucl. Chem. *26,* 206 (1964).
74. *Campbell, J. A.,* and *J. H. Hildebrand:* The structure of Liquid Xenon. J. Chem. Phys. *11,* 334 (1943).
75. *Carlson, Ch. M., H. Eyring,* and *T. Kee:* Significant Structure in Liquids, V. Thermodynamic and Transport Properties of molten metals. Proc. Natl. Acad. Sci. U.S. *16,* 333 (1960).
76. *Catterall, J. A.,* and *J. Trotter:* The soft X-Ray L_{23} Emission Spectrum from Liquid Aluminium. Phil. Mag. *8,* 897 (1963).
77. *Cavalier, G.:* Measurements of the viscosity of undercooled molten metals. S. 4 D in Nat. Phys. Lab. Symp. No. 9. London: Her Majesty's Stationary Office 1959.
78. *Chadwick, G. A.:* Eutectic Solidification. S. 326 in (267).
79. *Chalmers, B.:* Dynamic Nucleation. S. 308 in (267).
80. *Chamberlain, O.:* Neutron Diffraction in Liquid Sulfur, Lead, and Bismuth. Phys. Rev. *77,* 305 (1950).
81. *Chodov, S. L.:* Die Ultraschallgeschwindigkeit in Schmelzen binärer metallischer Systeme von eutektischem Typ und ihre elastischen Eigenschaften. Fiz Metal. i Metalloved. *10,* 772 (1960).
82. *Clayton, G. T.,* and *L. Heaton:* Neutron Diffraction Study of Krypton in the Liquid State. Phys. Rev. *121,* 649 (1961).
83. *Compton, A. H.,* and *S. K. Allison:* X-Rays in Theory and Experiment. New York: D. van Nostrand Comp. 1949.
84. *McCormack, J. M., J. R. Myers,* and *R. K. Saxer:* Vapour pressure of liquid copper. J. Chem. Eng. Data *10,* 319 (1965).
85. *Cornell, D. A.:* Structure Study of Liquid Gallium and Mercury by Nuclear Magnetic Resonance. Phys. Rev. *153,* 208 (1967).
85a. *Cowley, J. M.:* An approximate theory of order in alloys. Phys. Rev. *77,* 669 (1950).
86. *Coy, W. J.,* and *R. S. Mateer:* Density of Molten Al by Maximum Bubble pressure method. Trans. Am. Soc. Metals *58,* 99 (1965).
87. *Cromer, D. T., J. T. Waber:* Scattering Factors Computed from Relativistic Dirac-Slater Wave Functions. Acta Cryst. *18,* 104 (1965).
88. *Curien, H.:* X-Ray Study of the structure of liquids. J. Chim. Phys. *61,* 92—96 (1964).
89. *Cusak, N.:* A Note on the Viscosity and Resistivity of liquid Gallium. Proc. Phys. Soc. (London) *75,* 309—311 (1960).
90. *Cusack, N. E., P. W. Kendall,* and *A. S. Marwaha:* Electron Transport Properties in Liquid Ga. Phil. Mag. *7,* 1745 (1962).
91. *Dahler, J. S.,* and *J. O. Hirschfelder:* Improved Free-Volume Theory of Liquids. J. Chem. Phys. *25,* 249 (1956); *32,* 330 (1960).
92. *Damm, R.,* u. *E. Wachtel:* Magnetische Messungen und kinetische Versuche an flüssigen Wismut—Mangan-Legierungen. Forschungsber. Landes Nordrhein-Westfalen 1448 (1965).

93. *Danilov, B. L.:* Streuung von Röntgenstrahlen in Flüssigkeiten. Dnjepopetrowsk 1935, 137 S., 62 Lit.
94. *Danilov, V. I.,* u. *I. V. Radchenko:* Struktur von geschmolzenen Bi—Sn- und Sn—Zn-Legierungen. Phys. Z. Sowjetunion *12,* 756 (1937).
95. *Danilova, A. I.,* and *V. I. Danilov:* X-Ray Investigation of Liquid Alloys. Methodology. Bi—Pb Alloy. Probl. Metalloved. i Fiz. Metal. *2,* 31—47 (1951).
96. *Davis, M. V.,* and *D. T. Hauser:* Thermal Neutron Data for the Elements. Nucleonics *16,* 87 (1958).
97. *Debye, P.,* u. *H. Menke:* Bestimmung der inneren Struktur von Flüssigkeiten mit Röntgenstrahlen. Phys. Z. *31,* 797 (1930).
98. — — Untersuchung der molekularen Ordnung in Flüssigkeiten mit Röntgenstrahlen. Erg. techn. Röntgenkunde *2,* 1 (1931).
99. *Desai, R. C.:* Atomic motions in monatomic fluids. Report NYO-3326-13; Juni 1966.
100. *Desjardins, M.:* Etude structurale des Metaux fondus par diffusion des rayons X. CEA Bibliographie 54, 1965.
101. *Döge, G.:* Über die Bestimmung der Atomvolumina und Ausdehnungskoeffizienten in einigen flüssigen Pb—Sn-Legierungen durch Messung der γ-Strahlungs-Absorption. Z. Naturforsch. *21a,* 266 (1966).
102. —, u. *K. H. Standke:* Die Diffusion von ^{210}Pb und ^{210}Bi in zwei flüssigen Pb—Sn-Legierungen. Z. Naturforsch. *22a,* 62 (1967).
103. *Downie, D. B.:* Thermodynamic and Structural Properties of Liquid Zn—Cu-Alloys. Acta Met. *12,* 875 (1964).
104. *Dubinin, E. I., O. A. Yesin,* and *N. A. Vatolin:* Magnetic investigation in the liquid and solid systems Fe—Si, Fe—P and Mn—Si Phys. Metals Metallogr. (USSR) (English Transl.) *14,* 114 (1962).
105. *Dutchak, Ya. I.:* X-Ray Investigation of the Structure of Aluminium in the liquid state. Kristallografiya *6,* 124 (1961).
106. — Coordination Number and Structure of liquid metals. Fiz. Metal. i Metalloved. *9,* 888 (1960) bzw. Phys. Metals Metallogr. (USSR) (English Transl.) *9,* 80 (1960).
107. — Structure of liquid Antimony. Fiz. Metal. i Metalloved. *9,* 314 (1960) bzw. Phys. Metals Metallogr. (USSR) (English Transl.) *9,* 139 (1960).
108. — On the short Range order and properties of liquid Bi. Fiz. Metal. i Metalloved. *11,* 290 (1961) bzw. Phys. Metals Metallogr. (USSR) (English Transl.) *11,* 133 (1961).
109. — X-Ray investigation of the short range order in Sn—Bi alloys in the liquid state. Ukr. Fiz. Zh. *4,* 504 (1959).
110. —, and *M. M. Klym:* Atomic Arrangement in Complex molten Eutectic Alloys. Phys. Metals Metallogr. (USSR) (English Transl.) *19,* 1, 128 (1965).
111. — — X-Ray Diffraction Study of a Liquid In—Bi Alloy. Russ. J. Phys. Chem. (Engl. Transl.) *39,* 403 (1965).
112. — —, and *O. G. Mykolaichuk:* On the Character of Atom's Distribution in the Complex Eutectic Alloys in a Liquid State (In—Bi). Fiz. Metal. i Metalloved. *19,* 137 (1965).
113. — — — Viscosity of some complex metal liquids. Ukr. Fiz. Zh. *7,* 217 (1962).
114. — — — Über die Struktur und Eigenschaften der Legierung In_2Bi im flüssigen Zustand. Fiz. Metal. i Metalloved. *14,* 787—789 (1962).
115. —, and *O. G. Mikolaichuk:* On the problem of the Structure of metals in the liquid state. Dopov. ta povid. L'vivs'k. Univ. 9. issue, part 2, 31—33 (1961).
116. — —, and *M. M. Klym:* On the short range order and properties of simple melts. Visnik L'vivs'k. Univ. Ser. Fiz. No. 1 (8), 138—140 (1962).

117. — — — X-Ray Analysis of the structure of certain liquid metals. Fiz. Metal. i Metalloved. *14*, 548—554 (1962).
118. —, and *P. V. Panasyuk:* Viscosity and Electrical Conductivity of the eutectic Alloy Sb—Cu. Fiz. Metal. i Metalloved. *18*, 155 (1964).
119. —, *V. Ya. Prokhorenko, M. M. Klym* u. *K. E. Gadzvich:* Über Struktur und elektrische Eigenschaften der Legierungen der Systeme Ga—In und Ga—Sn im Bereich des Schmelzens und im flüssigen Zustand. Fiz. Tverd. Tela Moskva *8*, 598—599 (1966).
120. — — — Structure and Thermoelectric properties of the Bi—Cd System in the solid and liquid state. Soviet Phys.-Solid. State (English Transl.) *7*, 1595 (1965).
121. —, and *O. P. Stetskiv:* Thermoel. properties of some metals and alloys in the liquid state. Fiz. Metal. i Metalloved. *22*, 123 (1966).
122. — —, u. *I. P. Kljus:* Über den Halleffekt und die thermoelektrischen Eigenschaften verschiedener Metalle und Legierungen im flüssigen Zustand. Fiz. Tverd. Tela, Moskva *8*, 575 (1966).
123. *Duwez, P.*, and *R. H. Willens:* Rapid Quenching of Liquid Alloys. Trans. Met. Soc. AIME *227*, 362 (1963).
124. *Eadumkin, S. N.:* Zur statistischen Elektronentheorie der Oberflächenenergie binärer metallischer Lösungen. Izv. Akad. Nauk SSSR., Otd. Tekhn. Nauk, Met. i Toplivo S. 163 (1961).
125. *Eckstein, B.:* A Disorder Model of Melting and Melts. phys. stat. sol. *20*, 83 (1967).
126. *Edwards, S. F.:* The electronic structure of liquid metals. Proc. Roy. Soc. (London) Ser. A *267*, 518 (1962).
127. — The Electronic structure of Liquid Metals. Phil. Mag. *6*, 617 (1961).
128. *Egan, J. J.:* Thermodynamik von flüssigen Mg—Bi-Legierungen. Acta Met. *7*, 560 (1959).
129. *Egelstaff, P. A.:* Microscopic transport phenomena in liquids. Rept. Progr. Phys. *29*, 333 (1966).
130. — Untersuchung des festen und flüssigen Zustands mit kalten Neutronen. Brit. J. Appl. Phys. *10*, 1 (1959).
131. —, *C. Duffill, V. Rainey, J. E. Enderby*, and *D. M. North:* The Structure Factor for Liquid Metals at Low Angles. Phys. Letters *21*, 3 (1966).
132. *Ehrenfest, P.:* On Interference phenomena to be expected when X-Rays pass through a diatomic gas. Proc. Acad. Sci. Amsterdam A, 1184 (1914).
133. *Eisenstein, A.*, and *N. S. Gingrich:* The diffraction of X-Rays by argon in the liquid, vapor and critical regions. Phys. Rev. *62*, 261 (1942).
134. *Elliott, J. A., H. E. Hall*, and *D. St. P. Bunburg:* Study of Liquid diffusion by Mössbauer absorption and Rayleigh scattering. Proc. Phys. Soc. (London) *89*, 595—612 (1966).
135. *Enderby, J. E.*, and *N. H. March:* Electron Theory of melting in close-packed metals. Proc. Phys. Soc. (London) *88*, 717 (1966).
136. — — Interatomic Forces and the structure of liquids. Advan. Phys. *14*, 453 (1965).
137. —, *D. M. North*, and *P. A. Egelstaff:* The Partial Structure Factors of Liquid Cu—Sn. Phil. Mag. *14*, 961 (1966).
138. —, and *L. Walsh:* Electrical properties of some liquid semiconductors. Phil. Mag. *14*, 991 (1966).
139. *Endo, H.:* The Temperature Dependence of the Resistivity of Liquid Alkali Metals at constant volume. Phil. Mag. *8*, 1403 (1963/II).
140. *Entwistle, K. M.:* The internal Friction of metals. Metallurgical Rev. *7*, 175 (1962).

141. *Epstein, N.*, and *M. J. Young:* Random Loose Packing of Binary Mixtures of Spheres. Nature *196*, 885 (1962).
142. *Eremenko, V. N.:* Surface Tension of Liquid Metals. Ukr. Khim. Zh. *28*, 427—440 (1962).
143. —, *V. I. Nischtschenko, H. I. Lebi* u. *B. B. Bosatrenko:* Oberflächenspannung flüssiger Legierungen binärer metallischer Systeme mit Maxima auf den Liquiduskurven. Ukr. Khim. Zh. *28*, 500 (1962).
144. — — u. *Yu. V. Naiditsch:* Oberflächenspannung der Schmelzen einiger intermetallischer Verbindungen. Izv. Akad. Nauk SSSR, Otd. Tekhn. Nauk, Met. i Toplivo. S. 150 (1961).
145. *Esin, O. A.*, and *I. T. Sryvalin:* Connection Between Thermodynamic Properties of Metallic Alloys and State Diagrams. S. 6 in 476.
146. *Evseev, A. M.:* Relative Verteilungsfunktionen und die Struktur von Flüssigkeiten. Zh. Fiz. Khim. *38*, 2706 (1964).
147. *Eyring, H.*, and *T. Ree:* Significant liquid structures. Vacancy theory of liquids. Proc. Natl. Acad. Sci. U.S. *47*, 526 (1961).
148. *Faber, T. E.:* Optical properties of liquid metals: Proc. Int. Coll. Paris, Sept. 1965. Optical properties and electronic Structure of metals and alloys. Amsterdam: North-Holland Publ. Comp. 1966.
149. — The Theory of the Electrical Conductivity of Liquid Metals. Advan. Phys. *15*, 547—581 (1966).
150. — The Resistivity of Dilute Solutions of Magnesium in Lithium in the Liquid and Solid States. Phil. Mag. *15*, 1—8 (1967).
151. —, and *J. M. Ziman:* A theory of the Electrical Properties of Liquid Metals. III. The Resistivity of Binary Alloys. Phil. Mag. *11*, 153 (1965).
152. *Fessler, R. R., R. Kaplow*, and *B. L. Averbach:* Pair Correlations in Liquid and Solid Aluminium. Phys. Rev. *150*, 1, 34—43 (1966).
153. *Filipovich, V. N.:* Fouriertransformation der Int.-kurven von Legierungen. Soviet Phys. — Tech. Phys. (English Transl.) *1*, 391 (1956).
154. — The Determination of Interatomic Distances from the Radial Distribution Curves of Scattered X-Rays. Soviet Phys. — Tech. Phys. (English Transl.) *1*, 409 (1956).
155. *Filippov, L. P.:* Beschreibung der Eigenschaften von flüssigen Metallen. Viskositätsbestimmungen von K und Zn. Vestn. Mosk. Univ. *5*, 81 (1957).
156. *Filippov, E. S.*, and *A. M. Samarin:* Determination of the Structure of short Range Order in liquid metal binary alloys. Soviet Phys.-"Doklady" (English Transl.) *10*, 1101 (1966).
157. *Fisher, I. Z.:* Present state of the theory of liquids. Soviet Phys. Uspekhi (English Transl.) *5*, 239 (1962).
158. — Connection Between the Structure of Monatomic Liquids and the Structure of Crystals. S. 22 in (476).
159. *Flint, O.:* Surface Tension of Liquid Metals. J. Nucl. Mat. *16*, 233—248 (1965).
160. — Surface Tension by pendant drop Technique. J. Nucl. Mat. *16*, 260—270 (1965).
160a. *Flynn, C. P.:* Plasma Property of Liquid Metals. J. Appl. Phys. *35*, 1641 (1964).
161. *Fort, R. J.*, and *W. R. Moore:* Viscosities of Binary Liquid Mixtures. Trans. Faraday Soc. *62*, 5 (1966).
162. *Fournet, G.:* Über die Struktur von Flüssigkeiten. Handbuch der Physik *32*. Berlin-Göttingen-Heidelberg: Springer 1957.

163. *Freedman, J. F.*, and *W. D. Robertson:* Electrical Resistivity of Liquid Sodium, Liquid Lithium and Dilute Sodium Solutions. J. Chem. Phys. *34*, 769—780 (1961).
164. *Frenkel, J. I.:* Kinetische Theorie der Flüssigkeiten, S. 138. VEB Deutscher Verlag der Wissenschaften, Berlin (1957).
165. *Frost, B. R. T.:* Die Struktur von geschmolzenen Metallen. Prog. Metal Phys. *V*, 96 (1954).
166. — Intermetallic Forces in Liquid Alloys. Report AERE M/TN 21.
167. *Furukawa, K.:* The Radial Distribution Curves of Liquids by Diffraction Methods. Rept. Progr. Phys. *25*, 395 (1962).
168. — A structural model for monatomic liquids including metallic liquids. Nature *184*, 1209 (1959).
169. — The structural Model of Monatomic Liquids Including Metallic Liquids near the Melting Point. Sci. Rept. Res. Inst. Tohoku Univ. *12*, 368 (1960).
170. —, *B. R. Orton, J. Hamor*, and *G. I. Williams:* The Structure of Liquid Tin. Phil. Mag. *8*, 141 (1963).
171. *Gamertsfelder, C.:* Atomic Distribution in Liquid Elements. J. Chem. Phys. *9*, 450 (1941).
172. *Gans, W.*, u. *H. Parthey:* Zur Oberflächenspannung des flüssigen Zinns. Z. Metallk. *57*, 19—21 (1966).
173. *Gebhardt, E., M. Becker* u. *S. Dorner:* Die Dichte von flüssigem Aluminium und einigen Aluminiumlegierungen. Z. Metallk. *44*, 573 (1953).
174. — — — Dichte und Viskosität von Schmelzen aus Aluminium und Aluminiumlegierungen. Aluminium *31*, 315 (1955).
175. — — — Innere Reibung von flüssigem Al und Al-Legierungen. Z. Metallk. *44*, 510 (1953).
176. — — u. *S. Schäfer:* Über die Eigenschaften metallischer Schmelzen. V. Die innere Reibung flüssiger Cu—Sn-Legierungen. Z. Metallk. *43*, 292—296 (1952).
177. — — u. *H. Sebastian:* Über die Eigenschaften metallischer Schmelzen. XI. Die innere Reibung flüssiger Mg—Sn-Legierungen. Z. Metallk. *46*, 669 (1955).
178. — — u. *E. Trägner:* VI. Die innere Reibung flüssiger Ag—Sn-Legierungen. Z. Metallk. *44*, 379—382 (1953).
178a. — — — Die innere Reibung flüssiger Magnesium-Blei-Legierungen. Z. Metallk. *46*, 90 (1955).
179. —, u. *K. Detering:* Die innere Reibung eutektischer Al-Legierungen. Z. Metallk. 50, 379 (1959).
180. —, u. *K. Köstlin:* Über die Eigenschaften metallischer Schmelzen. XIII. Die innere Reibung von Wismut. Z. Metallk. *48*, 601 (1957).
181. — — Sammelbericht über die innere Reibung schmelzflüssiger Metalle und Legierungen. Z. Metallk. *49*, 605 (1958).
182. *Geisenfelder, H.*, u. *H. Zimmermann:* Röntgenographische Strukturuntersuchung der flüssigen Ameisensäure. Ber. d. Bunsenges. Physik. Chem. *67*, 63 (1963).
183. *Gel'd, P. V.*, and *Yu. M. Gertman:* On the Interparticle Interaction in Liquid Alloys of Silicon with Iron and Nickel. S. 181 in (476).
184. —, and *P. V. Kocherov:* On the Ordering of Liquid Alloys of Calcium with Aluminium. S. 186 in (476).
185. —, *V. A. Korshunov*, and *M. S. Petrushevskii:* Several Singularities of the Structure of Liquid Alloys of Silicon with Iron, Manganese and Chromium. S. 171 in (476).
186. —, u. *M. S. Petrushevskii:* Isothermen der Oberflächenenergie des Si mit Fe. Izv. Akad. Nauk. SSSR., Otd. Tekhn. Nauk, Met. i Toplivo. S. 160 (1961).

187. *Gerlach, J.*, u. *B. Leidel:* Der Diffusionskoeffizient des Nickels im flüssigen Kupfer. Z. Naturforsch. *22a*, 58 (1967).
188. —, *F. Heisterkamp, H.-G. Kleist* u. *K. Mayer:* Diffusion in flüssigen Metallen. Metall *20*, 1272 (1966).
189. *Gingrich, N. S.:* X-Ray and Neutron Diffraction Studies of Liquid Structure. S. 172 in (267).
190. — The Diffraction of X-Rays by Liquid Elements. Rev. Mod. Phys. *15*, 90 (1943).
191. —, and *L. Heaton:* Structure of Alkali Metals in the Liquid State. J. Chem. Phys. *34*, 873 (1961).
192. —, and *R. E. Henderson:* The Diffraction of X-Rays by Liquid Alloys of Sodium and Potassium. J. Chem. Phys. *20*, 117 (1952).
193. —, and *C. W. Thompson:* Atomic Distribution in Liquid Argon near the Triple-point. J. Chem. Phys. *36*, 2398—2450 (1962).
194. —, and *C. N. Wall:* The Structure of Liquid Potassium. Phys. Rev. *56*, 336 (1939).
195. *Girschovitz, N. G.*, u. *Ya. A. Nechendsi:* Isothermen oder Linien gleicher Überhitzung? Met. i Toplivo *3*, 140 (1961).
196. *Glaubermann, A. E.:* Über die Theorie der Nahordnung in Flüssigkeiten. Zh. Experim. i Teor. Fiz. *22*, 249 (1952).
197. *Glazov, V. M.:* Peculiarities of the Change in the Structure and in the Character of the Chemical Bond of Semiconductors on Melting. S. 101 in (476).
198. — Interaction Between Alloying Components in Liquid Ternary Alloys. S. 112 in (476).
199. —, *A. N. Krestovnikov*, and *N. N. Glagoleva:* Investigation of the elt. Conductivity and viscosity of melts in Bi—Se, Bi—Te and Sb—Te systems. Izv. Akad. Nauk SSSR, Neorgan. Mat. *2*, 453 (1966).
200. —, u. *C. N. Tschischtschjeskaja:* Über den Zusammenhang zwischen den Eigenschaften einiger halbleitender chemischer Verbindungen im festen und flüssigen Zustand. Izv. Akad. Nauk, SSSR., Otd. Tekhn. Nauk, Met. i Toplivo. S. 155 (1961).
201. —, and *A. A. Vertman:* Special Features of the Structure of Liquid Eutectics and the Character of the Viscosity-Constitution Diagrams in the Eutectic-Type Systems. S. 121 in (476).
202. — —, *E. G. Shvidkovskii:* Contribution to Review of the Discussion on Structure and properties of Liquid Metals. Izv. Akad. Nauk SSSR, Otd. Tekhn. Nauk, Met. i Toplivo *3*, 104—115 (1961).
203. —, and *V. N. Vigdorovich:* Viscosimetrie of the Kinetics of the Dissociation and Formation of Intermetallic Compounds in Melts. Zh. Fiz. Khim. *33*, 2164 (1959).
203a. *Glocker, R.:* Materialprüfung mit Röntgenstrahlen. Berlin-Göttingen-Heidelberg: Springer 1958.
204. — Röntgenbestimmungen der Atomanordnung in flüssigen und amorphen Stoffen. Ergeb. Exakt. Naturw. *22*, 186 (1949).
205. —, u. *H. Hendus:* Die Atomverteilung in flüssigem Indium, Thallium und Blei. Ann. Physik *43*, 513 (1943).
206. —, u. *H. Richter:* Elektronenstrahleninterferenzen von geschmolzenen Metalllegierungen. Naturwissenschaften *31*, 236 (1943).
207. *Golik, A. Z.:* On the Connection of Compressibility and Shear Viscosity with the Structure of matter in the liquid state. Ukr. Fiz. Zh. 7, 806 (1962).
208. —, and *D. N. Karlikov:* On the Relationship of Viscosity Coefficient to the Structure of a Substance in the Liquid State. Dokl. Akad. Nauk SSSR *114*, 361 (*1957*).

209. *Golonka, J.:* Thermodynamische Eigenschaften von flüssigen Cu—Ag-Legierungen. Arch. Hutnictwa, Warschau *10*, 143—165 (1965).
210. *McGonigal, P. J.:* A Generalized Relation Between Reduced Density and Temperature for Liquids with Special Reference to Liquid Metals. J. Phys. Chem. *66*, 1686 (1962).
211. —, *A. D. Kirschenbaum*, and *A. V. Grosse:* The Liquid Temperature Range, Density and Critical Constants of Magnesium. J. Phys. Chem. *66*, 737 (1962).
212. *Goyaga, G. I.:* Viskositätsmessungen an Bi—Sn-Legierungen. Vestn. Mosk. Univ., Ser. Mat., Mekhan., Astron., Fiz. i. Khim. *2*, 71 (1956).
213. —, and *E. P. Belozerova:* Electrical Conductivity of Liquid Gallium and Indium. Vest. Mosk. Univ. *13*, 133 (1958), Zitat nach Metallurgical Abstracts *28*, Spalte 325, (1960/61).
214. *Green, H. S.:* The molecular Theory of fluids. Amsterdam: North-Holland Publishing Company 1952.
215. *Greenfield, A. J.:* Hall Coefficients of Liquid Metals. Phys. Rev. *135*, 1589 (1964).
216. — Experimental Evidence for the Inadequacy of the Basic Formula for the Electrical Resistivity of a Liquid Metal. Phys. Rev. Letters *16*, 6 (1966).
217. *Gregorczyk, Z.:* Thermodynamische Daten von geschmolzenen Ag—Ti-Legierungen. Roczniki Chem. *34*, 621 (1960).
218. *Grek, A.:* Über den Aufbau und die Eigenschaften flüssiger Metalle. Izv. Akad. Nauk SSSR, Otd. Tekhn. Nauk, Met. i Toplivo *3*, 120 (1961).
219. *Grigorovich, V. K.:* The Structure of Liquid Alloys in Connection with Phase Diagrams. (Cu—Ni, Au—Cu, Ag—Au, Cu—Pb) Izv. Akad. Nauk SSSR, Otd. Tekhn. Nauk, Met. i Toplivo *3*, 124—129 (1961).
220. — Structure of Liquid Metals in Connection with their Electronic Structure. S. 75 in (476).
221. — Structures of Transition Metals in Liquid State. S. 93 in (476).
222. — Structure of Liquid Metals in Relation to their Electronic Structure. Izv. Akad. Nauk SSSR, Otd. Tekhn. Nauk, Met. i Toplivo *6*, 93—109 (1960).
223. *van der Grinten, W.:* Temperatureinfluß und Verwendung von monochromatischer Strahlung bei der Streuung von Röntgenstrahlen am Tetrachlorkohlenstoffgas. Phys. Z. *34*, 609 (1933).
224. *Grosse, A. V.:* The Temperature Range of Liquid Metals and an Estimate of their Critical Constants. J. Inorg. Nucl. Chem. *22*, 23—31 (1961).
225. — The Relationship between Surface Tension and Energy of Liquid Metals and their Heat of Vaporization at the Melting Point. J. Inorg. Nucl. Chem. *26*, 1349—1361 (1964).
226. — The Viscosity of Liquid Metals and an Empirical Relationship between their Activation Energy of Viscosity and their Melting Points. J. Inorg. Nucl. Chem. *23*, 333—339 (1961).
227. —, and *A. D. Kirschenbaum:* Density of Molten Ni and Fe. J. Inorg. Nucl. Chem. *25*, 331 (1963).
228. — The Relationship between the Surface Tension and Energies of Liquid Metals and their Critical Temperatures. J. Inorg. Nucl. Chem. *24*, 147—156 (1962).
229. — An Empirical Relationship between the Electrical Conductivity of Mercury and Temperature over its Entire Liquid Range, also its thermal Conductivity and the Latter's Regular Behaviour. J. Inorg. Nucl. Chem. *28*, 803—811 (1966).
230. — Electrical and Thermal Conductivity of Metallic K over its Entire Liquid Range. J. Inorg. Nucl. Chem. *28*, 795 (1966).
231. — The Viscosity of Liquid Plutonium, predicted from a General Relationship between the Activation Energy and Melting Points of Metals, and the Experimental Data. J. Inorg. Nucl. Chem. *25*, 137 (1963).

232. —, *J. A. Cahill*, and *A. D. Kirschenbaum:* Density of Liquid Uranium. J. Am. Chem. Soc. *83*, 4665 (1961).
233. —, and *A. D. Kirschenbaum:* The Temperature Range of Liquid Lead and Silver and an Estimate of their Critical Constants. J. Inorg. Nucl. Chem. *24*, 739—748 (1962).
234. *Gubanov, A. I.:* Scattering of Electrons in a Liquid Due to Violation of Long Range Order. Soviet Phys. JETP (English Transl.) *3*, 854 (1957).
235. *Güntherodt, H. J., A. Menth* u. *Y. Tièche:* Hall-Koeffizient, spezifischer elektrischer Widerstand und magnetische Suszeptibilität flüssiger Hg—In- und Ga—Ln-Legierungen. Physik Kondensierten Materie *5*, 392 (1966).
236. *Guerassimov, J. I., A. V. Nikolskaia* et *A. M. Evseev:* Les propriétés thermodynamiques des quelques alliages métalliques liquides. J. Chim. Phys. *56*, 641 (1959).
237. *Guinier, A.:* Théorie et technique de la radiocristallographie. Paris: Dunod 1964.
238. *Gvozdeva, L. I.*, and *A. P. Lyubimov:* The Structure of the Liquid Eutectics and the Nature of the Viscosity composition diagram in Eutectic-Type Systems. Sb. Mosk. Inst. Stali i Splavov *41*, 161 (1966).
239. *Halder, N. C., R. J. Metzger*, and *C. N. J. Wagner:* Atomic Distribution and Electrical Properties of Liquid Mercury-Thallium Alloys. J. Chem. Phys. *45*, 1259 (1966).
240. —, and *C. N. J. Wagner:* Temperature Dependence of the Structure and Transport Properties of Liquid Thallium. J. Chem. Phys. *45*, 482—487 (1966).
241. — — Partial Interference and Atomic Distribution Function of Liquid Ag—Sn Alloys. USAEC, Tech. Rep. Yale-2560-15, 1967.
242. *Hanabusa, M.*, and *N. Bloembergen:* Nuclear Magnetic Relaxation in Liquid Metals, Alloys and Salts. J. Phys. Chem. Solids *27*, 363—375 (1966).
243. *Harasima, A.:* Atomic distribution functions of liquids. J. Phys. Soc. Japan *8*, 590 (1953).
244. *Harvey, D. J.:* Importance of the Surface Tension of Metals in som Engineering Problems. S. 285 in (267).
245. *Heaton, Le Roy*, and *C. W. Tompson:* Structure of Na—Cs Alloys with Neutron Diffraction. Acta Cryst. *16*, A 85 (1963).
246. *Helman, J. S.*, and *W. Baltensberger:* The Dielectric Constant of Liquid Metals. Physik Kondensierten Materie *5*, 60—72 (1966) bzw. Helv. Phys. Acta *38*, 642 (1965).
247. *Henderson, D.:* The Theory of Liquids and Dense Gases. Ann. Rev. Phys. Chem. *15*, 31 (1964).
248. *Hendus, H.:* Die Atomverteilung in den flüssigen Elementen Pb, Tl, In, Sn, Au, Ga, Bi, Ge und in flüssigen Legierungen des Systems Au—Sn. Z. Naturforsch. *2A*, 505 (1947).
249. — Die Atomverteilung in flüssigem Quecksilber. Z. Naturforsch. *3A*, 416 (1948).
250. —, u. *H. K. F. Müller:* Das W—K_α-Interferenzbild des flüssigen Antimons. Z. Naturforsch. *10a*, 254 (1955).
251. *Henkels, H. W.:* Leitfähigkeit von flüssigem Se (200—500° C). J. Appl. Phys. *21*, 725 (1950).
252. *Henninger, E. H., R. C. Buschert*, and *Le Roy Heaton:* Atomic Structure and Correlation in Liquid Binaries by X-Ray and Neutron Diffraction with Application to NaK. J. Chem. Phys. *44*, 1758 (1966).
253. *Henshaw, D. G.:* Atomic Distribution in Liquid and Solid Neon and Solid Argon by Neutron Diffraction. Phys. Rev. *111*, 1470 (1958).
254. *Herczynska, E.:* Dichte geschmolzener Metalle und Legierungen; Naturwissenschaften *47*, 200 (1960).

255. *Herre, F.:* Vergleich berechneter und experimenteller Atomverteilung in Kohlenstoff, Selen und Bortrioxid. Dissertation, T. H. Stuttgart (1956).
256. —, u. *H. Richter:* Berechnung der Atomverteilungskurven verschiedener Strukturmodelle. Z. Physik *150*, 149—161 (1958).
257. *Herrick, C. C.:* Vapour Pressure of Liquid In. Trans. Met. Soc. AIME *230*, 1439 (1964).
258. *Heumann, T.*, u. *B. Predel:* Thermodynamische Aktivitäten flüssiger In—Cd-Legierungen und Bildungsenthalpie der intermetallischen Phase $InCd_3$. Z. Metallk. *50*, 396 (1959).
259. *Hildebrand, J. H.:* Liquid Structure and Energy of Vaporization. J. Chem. Phys. *7*, 1 (1939).
260. *Hiroike, K.:* On the Theory of Fluids. J. Phys. Soc. Japan *13*, 1497 (1958).
261. *Hirschfelder, J. O., C. F. Curtiss*, and *R. B. Bird:* Molecular Theory of Gases and Liquids. New York: J. Wiley & Sons 1954.
262. *Honda, K.:* Magnetic Measurements on Liquid Elements. Sci. Rept. Tohoku Univ. *1*, 1 (1912).
263. *Hosemann, R.*, and *S. N. Bagchi:* Direct Analysis of Diffraction by Matter. Amsterdam: North-Holland Publishing Company 1962.
264. —, u. *K. Lemm:* Parakristallinität und dreidimensionale Analyse der radialen Dichteverteilung in geschmolzenen Metallen. Conference on Physics of Non-Crystalline Solids, Delft 1964.
265. — —, u. *H. Krebs:* Der Abbrucheffekt und sein Einfluß auf die Atomverteilungskurven von amorphen Stoffen und Flüssigkeiten. Z. Physik. Chem. Frankfurt *41*, 121 (1964).
266. *van Hove, L.:* Correlations in Space and Time and Born Approximation Scattering in Systems on Interacting Particles. Phys. Rev. *95*, 249 (1954).
267. *Hughes, T. J.* (Editor): Liquids. Structure, properties, solid interactions. Proc. Symp. on Liquids, Warren, Michigan 1963. Amsterdam-London-New York: Elsevier Publ. Comp. 1965.
267a. *Hultgren, R., N. S. Gingrich*, and *B. E. Warren:* The Atomic Distribution in Red and Black P and the Crystal Structure of black P. J. Chem. Phys. *3*, 351 (1935).
268. *Hume-Rothery, W.*, and *E. Anderson:* Eutectic Compositions and Liquid Immiscibility in Certain Binary Alloys. Phil. Mag. *5*, 383 (1960).
269. —, and *G. V. Raynor:* The Structure of Metals and Alloys. Inst. Met., London (1954).
270. *Hurst, D. G.*, and *D. G. Henshaw:* Atomic Distribution in Liquid Helium by Neutron Diffraction. Phys. Rev. *100*, 994 (1955).
271. *Illarinov, V. V.*, u. *A. S. Cherepanova:* Struktur von flüssigem Sb mit Röntgenbeugung. Dokl. Akad. Nauk SSSR *133*, 1086 (1960).
272. *Ilschner, B.:* Diffusion und Viskosität in Metallschmelzen. Z. Metallk. *57*, 194 (1966).
273. International Tables for X-Ray Crystallography, Vol. III. Physical and Chemical Tables. Birmingham, England: K. Lonsdale, Kynoch Press 1962.
274. *Isakovich, M. A.*, and *I. A. Chaban:* Acoustical Behaviour of Highly Viscous Liquids and Theory of the Liquid State. Sov. Phys. Doklady (English Transl.) *10*, 1055 (1966).
275. *Ivanov, G. A.*, and *G. D. Koposov:* The Electrical Properties of Pure Bismuth and Bi—Sn Alloys over a Wide Temperature Range. Zap. Leningr. Gos. Ped. Inst. *265*, 205 (1965).
276. *Jackson, K. A.:* Nucleation from the Melt. Ind. Eng. Chem. *57*, 28—32 (1965).
277. *James, R. W.:* The Optical Principles of the Diffraction of X-Rays. London: G. E. Bell & Sons 1950.

278. *Janik, J. A.:* Cold Neutron Study of the Structure of Liquids. J. Chim. Phys. *61*, 97—107 (1964).
279. *Jarzynski, J.*, and *T. A. Litovitz:* Absorption of Ultra Sound in Na_2K (Liquid). J. Chem. Phys. *41*, 1290 (1964).
280. *Jena, A. K.*, and *J. S. L. Leach:* A Calorimetric Investigation of Liquid Au—Sn Alloys. Acta Met. *14*, 1595 (1966).
281. *Jeremenko, W. N.*, u. *G. M. Lukaschenko:* Thermodynamische Eigenschaften flüssiger Lösungen im System Mg—Al. Ukr. Khim. Zh. *28*, 462—466 (1962).
282. *Johnson, M. D., P. Hutchinson*, and *N. H. March:* Ion—Ion Oscillatory Potentials in Liquid Metals. Proc. Roy. Soc. (London) Ser. A *282*, 283 (1964).
283. *Joshi, M. L.:* High Temperature Furnace for X-Ray Diffraction of Liquid Metals. Rev. Sci. Instr. *36*, 678 (1965).
284. —, and *C. N. J. Wagner:* Atomic Distribution in Molten Ag—Sn Alloys. Z. Naturforsch. *20a*, 564 (1965).
285. *Kaplow, R.*, and *B. L. Averbach:* X-Ray Diffractometer for the Study of Liquid Structures. Rev. Sci. Instr. *34*, 579—581 (1963).
286. —, *S. L. Strong*, and *B. L. Averbach:* Radial Density Functions for Liquid Mercury and Lead. Phys. Rev. *138a*, 1336 (1965).
287. — — — Local Order in Liquid Alloys. Office of Naval Research, Contract 1841 (48), Technical Report 6 (1965). Preprint No. 552; Dep. Metallurgy, MIT, Cambridge, Massachusetts.
288. — — — Determination of X-Ray Scattering Factors with Liquid Specimens. Acta Cryst. *19*, 1043 (1965).
289. *Karoshaev, A. A., S. N. Zadumkin*, and *A. I. Kukhno:* Surface Tension of Ga and its Temperature Dependence. Zh. Fiz. Khim. *41*, 654 (1967).
290. *Karlikov, D. N.:* X-Ray Investigation of the Short Distance Order of Liquid Cd-Amalgams. Ukr. Fiz. Zh. *2*, 43 (1957).
291. — X-Ray Investigation of the Short Distance Order of Liquid Zn-Amalgams. Ukr. Fiz. Zh. *3*, 370 (1958).
292. *Kashireninov, O. E., O. A. Osipov, M. A. Panina*, and *V. N. Marchenko:* Magnetic Susceptibility of Binary Liquid Systems. Zh. Obskch. Khim *31*, 3504—3509 (1961).
293. *Katada, K.:* Studies on the Radial Distribution Analysis in Diffraction Methods. J. Phys. Soc. Japan *13*, 51 (1958).
294. *Kazakov, N. B., L. A. Pronin*, and *S. I. Filippov:* Acoustic Study of Liquid Sb—Zn Alloys. Izv. Vysshikh Uchebn. Zavedenii, Chernaya Met. *11*, 11—15 (1964).
295. *Keating, D. T.:* Interpretation of the Neutron or X-Ray Scattering from a Liquid-Like Binary. J. Appl. Phys. *34*, 923 (1963).
296. *Keesom, W. H.*, and *J. DeSmedt:* On the Diffraction of Röntgen-Rays in Liquids. Akademie Wetenschappen, Amsterdam, Proceedings *25*, 118 (1922).
297. *Khan, A.:* Radial Distribution Functions of Liquid Krypton. Phys. Rev. *136*, A 1259 (1964).
298. *Khokhlov, S. F.:* Some Problems pertaining to the Structure of Liquids. S. 10 in (476).
299. —, u. *Ye. Z. Spektor:* Über Möglichkeiten röntgenographischer Untersuchungen an flüssigen hochschmelzenden Metallen. Fiz. Metal. i Metalloved. *15*, 311 (1963).
300. *Kim, Y. S., C. L. Stanley, R. F. Kruh*, and *G. T. Clayton:* X-Ray Diffraction of Liquid InHg. J. Chem. Phys. *34*, 1464 (1961).
301. *Kirkwood, J. G., V. A. Lewinson*, and *B. J. Alder:* Statistical Theory of Liquids. J. Chem. Phys. *20*, 929 (1952).

302. *Kirschenbaum, A. D.*, and *J. A. Cahill:* Liquid Density of Yttrium and Some Rare-Earth Fluorides from the Melting Point to ~2500° K. J. Chem. Eng. Data *7*, 98 (1962).
303. — — The Density of Molten Thorium and Uranium Tetrafluorides. J. Inorg. Nucl. Chem. *19*, 65 (1961).
304. — —, and *A. V. Grosse:* The Density of Liquid Lead from the Melting Point to the Normal Boiling Point. J. Inorg. Nucl. Chem. *22*, 33—38 (1961).
305. — — — The Density of Liquid Silver from its Melting Point to its Normal Boiling Point 2450° K. J. Inorg. Nucl. Chem. *24*, 333—336 (1962).
306. *Kleppa, O. J.:* Thermodynamic Analysis of Binary Liquid Alloys of Group II B Metals-I. The Systems Zink—Cadmium, Zink—Gallium, Zink—Indium and Zink—Tin. Acta Met. *6*, 225 (1958).
307. — Thermodynamic Analysis of Binary Liquid Alloys of Group II B, Metals-II. The Alloys of Cadmium with Gallium, Indium, Tin, Thallium, Lead and Bismuth. Acta Met. *6*, 233 (1958).
308. — Thermodynamic Analysis of Binary Liquid Alloys of Group II B Metals-III. The Solutions of Zn, Cd, In, Tl, Pb, and Bi in Hg. Acta Met. *8*, 435 (1960).
309. — Thermodynamics and Properties of Liquid Solutions. S. 56 in: Liquid Metals and Solidification, Published by the American Society for Metals, Cleveland, Ohio 1958.
310. *Klyachko, Yu. A.:* On the Macromolecular Structure of Liquid Metals and on the Interaction between Macromolecules. Izv. Akad. Nauk SSSR, Otd. Tekhn. Nauk, Met. i Toplivo *6*, 85—87 (1960), s. auch in (476).
311. *Kocherov, P. V.*, and *P. V. Gel'd, B. A. Baum:* Kinematic viscosity of liquid alloys of the Fe—Si system. Tr. Ural'sk. Politekhn. Inst. *144*, 139 (1965).
312. *Koledov, L. A.:* Magnitude of Elementary Atomic Displacements on Self Diffusion in molten Metals. Fiz. Metal. i Metalloved. *18*, 926—929 (1964) bzw. Phys. Metals Metallogr. (USSR) (English Transl.) *18*, 117 (1964).
313. *Komnik, Yu. F.:* Electron Diffraction by liquid metal phases formed by condensation below the melting point. Soviet Phys.-Cryst. (English Transl.) *11*, 205 (1966).
314. *Kontorova, T. A.:* Investigation of liquid In Sb with X-Rays and neutrons. Izv. Akad. Nauk SSSR, Otd. Tekhn. Nauk, Met. i Toplivo *3*, 157 (1961).
315. — On the nature of the change in the short range order when melting certain semiconductors. Izv. Akad. Nauk SSSR, Otd. Tekhn. Nauk, Met. i Toplivo *3*, 157 (1961).
316. *Kontrimas, R.:* Distribution of metals between liquid Zn and liquid Pb. J. Phys. Chem. *64*, 362 (1960).
317. *Kora, K.:* Structure Analysis by X-Ray Diffraction; in G. R. St. Pierre, Met. Soc. Conf. Vol. 7; Phys. Chem. of Process Metallurgy, Part I; New York, London, Interscience Publishers, 1959.
318. *Korolkov, A. M.:* Oberflächenspannung flüssiger Metalle und Legierungen. S. 51 in (15).
319. — Über den Zusammenhang zwischen den Eigenschaften von Metallen und Legierungen im festen und flüssigen Zustand. Izv. Akad. Nauk SSSR, Otd. Tekhn. Nauk, Met. i Toplivo *3*, 146 (1961).
320. *Korolkov, A. M.:* Oberflächenspannung von Aluminium und dessen Legierungen. Izv. Akad. Nauk SSSR, Otd. Tekhn. Nauk, Met. i Toplivo *2*, 35 (1956).
321. — Viskosität von flüssigen Metallen. Izv. Akad. Nauk SSSR, Otd. Tekhn. Nauk, Met. i Toplivo *5*, 123 (1959).
322. —, u. *A. A. Igumnova:* Oberflächenspannung intermetallischer Verbindungen. Izv. Akad. Nauk SSSR, Otd. Tekhn. Nauk, Met. i Toplivo *6*, 95 (1961). (Werte für

Al, Zn, Cu, Sb, Mg, Cd, Pb, Sn, Te, Bi, Se, Al_2Zn_3, Al_2Cu, AlSb, Al_2Mg_3, Al_3Mg_4, Al_3Mg_2, $MgZn_2$, Mg_7Zn_3, $MgCd_2$, Mg_2Pb, Mg_2Sn, SbZn, Sb_3Zn, Sb_2Zn, Sb_2Cd_3, Sb_2Te_3, $SbCu_2$, BiSe, Bi_2Se_3, Bi_2Te_3).

323. —, u. *D. P. Shashkov:* Elektrischer Widerstand einiger flüssiger Legierungen. Izv. Akad. Nauk SSSR, Otd. Tekhn. Nauk, Met. i Toplivo *1*, 84 (1962).

324. *Kothari, L. S., K. S. Singwi*, and *S. Visvanathan:* Scattering of Cold Neutrons in liquid metals and the Entropy of Disorder. Phil. Mag. *1*, 560 (1956).

325. *Kozakévitch, P.:* Measurement of the surface tension of metals. Seite 1E in Nat. Phys. Lab. Symp. No. 9. London: Her Majesty's Stationery Office 1959.

326. — Surface Tension of Liquid Metals and Oxide Melts. S. 243 in (267).

327. *Kratky, O.:* Die Struktur des flüssigen Quecksilbers. Phys. Z. *34*, 482 (1933).

328. *Kravitz, S.*, and *J. S. Leach:* Dilute Solutions in molten Alloys. Acta Met. *14*, 1485 (1966).

329. *Krebs, H., M. Haucke*, and *H. Weyand:* Atomic Distribution in Liquid Bi, SnSb and InSb. Aufsatz im Buch: The Phys.-Chemistry of Metallic Solutions and Intermetallic Compounds. National Phys. Lab. Symp. No. 9. London: Her Majesty's Stationery Office 1959.

330. *Krogh Moe, J.:* A Method for converting experimental X-Ray Intensities to an absolute scale. Acta Cryst. *9*, 951 (1956).

331. *Kruh, R. F.:* Diffraction Studies of the Structure of Liquids. Chem. Rev. *62*, 319—346 (1962).

332. —, *G. T. Clayton, C. Head*, and *G. Sandlin:* Structure of liquid mercury. Phys. Rev. *129*, 1479 (1963).

333. *Krushchev, B. I., A. M. Bogomolov*, and *L. S. Sharipova:* Diffraction of neutrons on liquid lead. Fiz. Metal. i Metalloved. *22*, 279 (1966).

334. *Kuhlmann-Wilsdorf, D.:* Theory of Melting. Phys. Rev. *140*, A 1599 (1965).

335. *Kumar, R.:* Structure of liquid Pb—Sn Alloys. Trans. Indian Inst. Metals 131—139 (1965).

336. — Structure of liquid Alloys. Trans. Indian Inst. Metals *14*, 171 (1961).

337. —, and *M. Singh:* Structure of Liquid Al—Cu Alloys. Symp. Light Metal Ind. India, Jamshedpur, 237—243 (1961).

338. *Lachlan, D. M.*, and *L. L. Chamberlain:* Atomic vibrations and the melting process in metals. Acta Met. *12*, 571 (1964).

339. *Lange, W.:* Über einige Zusammenhänge zwischen der Selbstdiffusion und dem Schmelzverhalten von Metallen. Z. Metallk. *57*, 653—656 (1966).

340. *Lantratof, M. F.:* Thermodyn. Eigenschaften in flüssigem Mg—Pb. Zh. Neorgan. Khim. *4*, 1415 (1959).

341. *Larsson, K. E., U. Dahlborg*, and *D. Jovic:* Collective Atomic Motions in Liquid Aluminium studied by Cold Neutron Scattering. Wien, Int. Atom. Energy Agency 1964.

342. *Lashko, A. S.:* Röntgenuntersuchung an geschmolzenem K. Ukr. Fiz. Zh. *1*, 403 (1956).

343. — Röntgenographische Bestimmung der Atomverteilung in mehratomigen Flüssigkeiten. Vopr. Fiz. Metal. i Metalloved. *6*, 66 (1955).

344. — The structure of liquid AuSn. Proc. Acad. Sci. USSR *125*, 235 (1959).

345. — Untersuchung flüssiger Sn—Zn-Legierungen mit Röntgenbeugung. Nauk. rabot inst. metallofiz. Akad. Nauk Ukr. SSR *8*, 182 (1957).

346. — X-Ray Investigation of the structure of some liquid metallic systems (Bi—Sn, Sn—Zn, Au—Sn, Al—Ag). Zh. Fiz. Khim. *33*, 1730—1738 (1959).

347. —, u. *D. N. Karlikov:* Die Berechnung der Atomverteilungskurven von Flüssigkeiten, gezeigt am Beispiel von Hg. Vopr. Fiz. Metal. i Metalloved. *9*, 198 (1959).

348. —, and *A. V. Romanova:* Structure of certain metallic liquid alloys. Ukr. Fiz. Zh. *3*, 375 (1958).

349. — — Über die röntgenographische Untersuchung flüssiger Legierungssysteme mit Eutektika. Izv. Akad. Nauk SSSR, Otd. Tekhn. Nauk, Met. i Toplivo *3*, 135 (1961).

350. — — Investigation of the Short Range Order in some liquid binary systems. Nauk rab. Inst. Metallogr. Akad. Nauk Ukr. SSR *10*, 150—159 (1959).

351. *Latin, A.:* The structure of liquid metals. J. Inst. Metals *66*, 177 (1940).

352. *Lauermann, I., G. Metzger* u. *F. Sauerwald:* Zur Systematik der schmelzflüssigen Metalle und Legierungen VI (Oberflächenspannungen). Wiss. Z. Univ. Halle XIII, 773—796 (1964).

353. —, u. *F. Sauerwald:* Oberflächenspannungsmessungen der schmelzflüssigen Metalle Cu, Ag, Sb und der Legierungen Cu—Sn, Cu—Sb und Ag—Sb. Z. Metallk. *55*, 605—612 (1964).

354. *Laughlin, E. Mc.*, and *A. R. Ubbelohde:* Pre-Freezing Phenomena in molten metals. Trans. Faraday Soc. *56*, 988 (1960).

355. *Lebowitz, J. L.*, and *J. K. Percus:* Asymptotic Behaviour of the Radial Distribution Funtion. J. Math. Phys. *4*, 248 (1963).

356. *van Leeuwen, J. M. J., J. Groeneveld*, and *J. de Boer:* New Method for the calculation of the pair correlation function. Physica *25*, 792 (1959).

357. *Lemm, K.:* Einatomige Flüssigkeiten als polyparakristalline Strukturen. Dissertation. Berlin 1966.

358. *Ling, R. C.:* Interatomic Potential Functions of Sodium and Potassium. J. Chem. Phys. *25*, 609 (1956).

359. — X-Ray Scattering by Liquid Metal Alloys (A Kinetic Approach). J. Chem. Phys. *25*, 614 (1956).

360. *Lodding, A.:* Electrotransport and Effective Self-Diffusion in Pure Liquid Gallium Metal. J. Phys. Chem. Solids *28*, 557 (1967).

361. — Thermal Diffusion of Isotopes in Pure Liquids. Z. Naturforsch. *21a*, 1348—1351 (1966).

362. —, and *A. Ott:* Isotope Thermotransport in Liquid Potassium, Rubidium and Gallium. Z. Naturforsch. *21a*, 1344 (1966).

363. *Lucas, L. D.:* The Density of Silver, Copper, Palladium and Platinum in the liquid state. Compt. Rend. *253*, 2526—2528 (1961).

364. *Lugt, W.*, and *S. B. Molen:* Nuclear Magnetic Resonance in Liquid Gallium Alloys (Ga—In, Ga—Sn, Ga—Zn). phys. status solidi *19*, 327 (1967).

365. *Luo, H. L., C. C. Chao*, and *P. Duwez:* Metastable solid solutions in Aluminium-Magnesium Alloys. Trans. Met. Soc. AIME *230*, 1488 (1964).

366. *Ma, C. H.*, and *R. A. Swalin:* A Study of Solute Diffusion in Liquid Tin. Acta Met. *8*, 388 (1960).

367. *Malmberg, T.:* Determination of the specific volume of liquid Cu—Pb-Alloys. J. Inst. Metals *89*, 137 (1960).

368. *Mannchen, W.:* Der Zusammenhang zwischen Unterkühlung und Keimbildung beim Erstarren reiner Metalle, Z. Physik. Chem. (Leipzig) *227*, 296 (1964).

369. —, u. *G. Hahn:* Untersuchungen zur Keimbildung in Antimonschmelzen. Z. Elektrochem. *62*, 926—935 (1958).

370. —, u. *H. Puttrich:* Einfluß geringer Fremdelementzusätze auf die Unterkühlung von Antimonschmelzen. Z. Physik. Chem. (Leipzig) *220*, 355 (1962).

371. —, u. *G. Schuster:* Das Unterkühlungsverhalten von Bi und Pb. Z. Physik. Chem. (Leipzig) *233*, 296 (1966).

372. *Marty, W.:* Bestimmung des spezifischen Widerstandes von festem und flüssigem Aluminium und von Aluminiumlegierungen. BBC-Mitteilungen 2746D, Januar 1959.
373. *Mason, G.*, and *W. Clark:* Fine structure in the Radial Distribution Function from a Random Packing of Spheres. Nature *211*, 957 (1966).
374. *El.-Mehairy, A. E.*, and *R. G. Ward:* Density of molten copper. Trans. Met. Soc. AIME *227*, 1226 (1963).
375. *Mendel, H.:* Experimental Determination of Order Phenomena in liquids and amorphous solids. Acta Cryst. *15*, 113 (1962).
376. *Menz, W.*, u. *F. Sauerwald:* Viskositätsmessungen XVIII: Die Viskosität der schmelzflüssigen Entmischungssysteme Ga—Cd, Ga—Hg, Ga—Bi. Z. Physik. Chem. (Leipzig) *232*, 134 (1966).
377. — — Viskositätsmessungen XVII. Das neue Doppelkapillarviskosimeter und kritische Durchsicht mit neuen Messungen des η-Wertes reiner Metalle. Acta Met. *14*, 1617—1623 (1966).
378. — — Viskositätsmessungen XV. Viskositätsisotherme eines schmelzflüssigen binären metallischen Entmischungs-Systemes mit Maximum (Ga—Hg). Naturwissenschaften *52*, 184 (1965).
379. *Mikolaj, P. G.*, and *C. J. Pings:* Direct Experimental Test of the PY and CHNC Integral Equations. Phys. Rev. Letters *15*, 849 (1965).
380. — — Direct Determination of the intermolecular Potential Function for Argon from X-Ray Scattering Data. Phys. Rev. Letters, *16*, 4 (1966).
381. *Miller, E.*, *J. Paces*, and *K. L. Komarek:* Resistivity of liquid Cd—Sb alloys. Trans. Met. Soc. AIME *230*, 1557 (1964).
382. *Moore, F. H.:* Analytic constants for atomic scattering factors, Acta Cryst. *16*, 1169 (1963).
383. *Morrell, W. E.*, and *J. H. Hildebrand:* The Distribution of Molecules in a Model Liquid. J. Chem. Phys. *4*, 224 (1936).
384. *Mott, B. W.:* Liquid Immiscibility in Metal Systems. Phil. Mag. *2*, 259—283 (1957).
384a. —, *M. E. Downey*, and *P. A. Cumming:* Compendium of references to studies of the properties of liquid metal binary systems which relate to their structure. Report AERE-Bib. 151 (1966).
385. *Mott, N. F.:* The Electrical properties of liquid mercury. Phil. Mag. *13*, 989 (1966).
386. — An Outline of the Theory of Transport properties. S. 152 in (267).
387. —, *J. de Boer, E. N. C. Andrade, R. Eisenschitz, F. C. Frank*, and *N. N. Greenwood:* Discussion on theories of liquids. Proc. Roy. Soc. (London) A *215*, 1—65 (1952). (Theories of the liquid state, Transport processes, Viscosity, Supercooling.)
388. *Moulson, D. J.*, and *G. A. Styles:* Knight shifts in liquid binary alloys containing divalent metals. Phys. Letters A *24A*, 438 (1967).
389. *Müller, H. K. F.*, u. *H. Hendus:* Die Atomverteilung in flüssigem Antimon. Z. Naturforsch. *12A*, 102—111 (1957).
390. *Nachtrieb, N. H.:* Transport properties in pure liquid metals. S. 49 in Liquid Metals and Solidification, ASM (1958).
391. *Nagakura, S.*, *S. Toyama*, and *S. Oketani:* Lattice parameter and structure of Ag—Cu alloys rapidly quenched from liquid state. Acta Met. *14*, 73 (1966).
392. *Nakagama, Y.:* Magn. suszeptibility of liquid alloys in the systems Cu—Co, Cu—Fe, Cu—Mn, Cu—Cr. J. Phys. Soc. Japan *14*, 1372 (1959).
393. *Neimark, V. E.:* Connection Between the Short-Range Order of Atoms in Liquid and the Structure of the Same Element in Solid State. S. 39 in (476).

394. *Nicolis, G.*, and *G. Severne:* Nonstationary Contributions to the Bulk Viscosity and other Transport Coefficients. J. Chem. Phys. *44*, 1477—1486 (1966).
395. *Nikolskaya, G. F., V. K. Nikitina, I. V. Evfimovskaya*, and *Yu. K. Lobanova:* Investigation of alloys of the system AuSb in the solid and liquid state. Izv. Akad. Nauk. SSSR, Neorgan. Materialy *1*, 1826 (1965).
396. *Nikonova, V. V.*, u. *G. M. Bartenev:* Einige Besonderheiten der Zustandsdiagramme binärer Legierungen vom eutektischen Typ im Zusammenhang mit dem Bau flüssiger Eutektika. Izv. Akad. Nauk SSSR, Otd. Tekhn. Nauk, Met. i Toplivo *3*, 131 (1961).
397. *Niwa, K.*, and *M. Shimoji:* Structure of Liquid Solutions. Seite 2B in Nat. Phys. Lab. Symp. 9. London: Her Majesty's Stationery Office 1959.
398. *Norden, A.*, and *A. Lodding:* Self-Transport, Electro Convection and Effective Self-Diffusion in Liquid Rubidium Metal. Z. Naturforsch. *22a*, 215 (1967).
399. *Novostroiny, S. B., E. A. Beloborodova*, and *G. J. Batalin:* Density of Alloys of Binary Metal Systems Pb—Sn, Sn—Zn, Bi—Sn. Ukr. Khim. Zh. *33*, 277 (1967).
400. *Nozaki, T., N. Shimoji*, and *K. Niwa:* Thermodynamic properties of Ag—Sn and Ag—Sb Liquid Alloys. Ber. Bunsenges. Physik. Chem. *70*, 207—214 (1966).
401. *Ocken, H.:* Application of Computer Methods to the Analysis of X-Ray Scattering from liquid Metals and Alloys. Report TID 19548 (1963).
402. —, *N. C. Halder*, and *C. N. J. Wagner:* The Temp. dependence of the structure of liquid In and Tl. To be published in Phys. Rev.
403. —, and *C. N. J. Wagner:* Temperature Dependence of the Structure of Liquid Indium. Phys. Rev. *149*, 122—130 (1966).
404. *Odle, R. L.:* Nuclear Magnetic Resonance in Liquid Copper Alloys. Phil. Mag. *13*, 699 (1966).
405. —, and *C. P. Flynn:* Nuclear magnetic resonance in liquid copper and antimony metals. J. Phys. Chem. Solids *26*, 1685—1687 (1965).
406. *Oehme, H.*, u. *H. Richter:* Messung der kohärenten Streuung von Neutronen an geschmolzenem Natrium, Cäsium und Wismut bei verschiedenen Temperaturen. Naturwissenschaften *53*, 16 (1966).
407. *Ofte, D.:* Application of a viscosity technique to liquidus determinations in molten alloys. Trans. Met. Soc. AIME *236*, 585—587 (1966).
408. *Oriani, R. A.*, and *W. K. Murphy:* Energetics of dilute solutions of noble metals in liquid tin; Seite 2 I in Nat. Phys. Lab. Symp. 9. London: Her Majesty's Stationery Office 1959.
409. *Orton, B. R., B. A. Shaw*, and *G. J. Williams:* An X-Ray structure Investigation of the liquids of Na, K and Na—K Alloys. Acta Met. *8*, 177 (1960).
410. —, and *S. P. Smith:* An X-Ray Diffraction Investigation of Liquid Indium. Phil. Mag. *14*, 873—877 (1966).
411. *Paalman, H. H.*, and *C. J. Pings:* Fourier Analysis of X-ray diffraction data from liquids. Rev. Mod. Phys. *35*, 389 (1963).
412. *Palevsky, H.:* Inelastic Neutron Scattering by Liquids. Seite 201 in (267).
413. *Paskin, A.*, and *A. Rahman:* The Dynamic Three-Dimensional Structure of Liquid Sodium; Acta Cryst. *21*, Part 7, Supplement, A 237 (1966).
414. — — Effects of a Long Range Oscillatory Potential on the Radial Distribution Function and the Constant of Self-Diffusion in Liquid Na. Phys. Rev. Letters *16*, 300 (1966).
415. *Percus, J. K.*, and *G. J. Yevick:* Analysis of Classical Statistical Mechanics by Means of Collective Coordinates. Phys. Rev. *110*, 1 (1958).
416. *Pfannenschmid, O.:* Atomverteilung in flüssigem Quecksilber, geschmolzenem Silber und Gold. Z. Naturforsch. *15 A*, 603—612 (1960).

417. — Bestimmung der Atomverteilung in einatomigen Metallschmelzen. Dissertation T. H. Stuttgart (1959).

418. *Phariseau, P.*, and *J. M. Ziman:* The Theory of the Electronic Structure of Liquid Metals. Phil. Mag. *8*, 1487 (1963).

419. *Philips, J. M.*, and *L. H. Lund:* Pair Distribution for a Cell-Model Liquid. J. Phys. Soc. Japan *21*, 1485—1494 (1966).

420. *Plass, K. G.:* Ultraschallmessungen in Metallen in geschmolzenem Zustand und beim Erstarren. Acustica *13*, 240 (1963).

421. *Pokrovskii, N. L.:* Zur Frage des Vorhandenseins von Wechselwirkungen zwischen den Atomen in flüssigen verdünnten Lösungen. Izv. Akad. Nauk SSSR, Otd. Tekhn. Nauk, Met. i Toplivo *3*, 122 (1961).

422. *Polozkii, I. G.*, u. *S. L. Cholov:* Die Ultraschallgeschwindigkeit in geschmolzenen Sn—Bi-Legierungen und deren Kompressibilität. Akust. Zh. *4*, 184 (1958).

423. —, *U. F. Taborov* u. *S. L. Cholov:* Apparatur zur Messung der Ultraschallgeschwindigkeit in flüssigen Metallen. Akust. Zh. *V*, 202 (1959).

424. *Powell, C. J.:* Differences in the Characteristic Electron Energy-Loss Spectra of Solid and Liquid Bismuth. Phys. Rev. Letters *15*, 852 (1965).

425. *Predel, B.:* Thermodynamische Untersuchungen im System In—Bi; Z. Metallk. *55*, 97 (1964).

426. — Bestimmung thermodynamischer Aktivitäten nach einem Dampfdruck-Vergleichsverfahren am Beispiel flüssiger Ga—Cd-Legierungen. Z. Metallk. *49*, 226 (1958).

427. — Über einen Nachschmelzeffekt in reinen Metallen. Z. Metallk. *54*, 206—212 (1963).

428. — Nachweis und Abschätzung von Fehlpassungsenergien in flüssigen und festen Legierungen. Acta Met. *14*, 209 (1966).

429. *Prins, J. A.:* Röntgenbeugung an flüssigem Schwefel. Physika *20*, 124 (1954).

430. *Prokhorenko, V. K.:* On the structure of alkaline metals in a liquid state. Dokl. Akad. Nauk Belorussk. SSR *5*, 194—196 (1959).

431. *Predel, B.*, u. *D. Rothacker:* Thermodynamische Untersuchungen an geschmolzenen Hg—Cd- und Hg—Bi-Legierungen. J. Less-Common-Metals *10*, 392—401 (1966).

432. — — Thermodyn. Untersuchungen an flüssigen und festen Hg—In-Legierungen. Acta Met. *15*, 135 (1967).

433. *Prigogine, I.:* Transport Processes, Correlation Functions, and Reciprocity Relations in Dense Media, S. 142 in (267).

434. *Prokhorenko, V. K.*, and *I. Z. Fisher:* Microstructure of single liquids. Zh. Fiz. Khim. *33*, 1852 (1959).

435. *Radchenko, I. V.:* 45 Jahre Röntgenbeugung an Flüssigkeiten. Ukr. Fiz. Zh. 7, 820 (1962).

436. — The Structure of Liquid Metals. Usp. Fiz. Nauk *LXI*, 249—276 (1957) bzw. in engl. Übersetzung: Report AEC-tr-3971, 287—332 (1957).

437. *Rahman, A.:* Liquid structure and self diffusion. J. Chem. Phys. *45*, 2585—2592 (1966).

437a. *Randall, J. T.:* The diffraction of X-rays and electrons by amorphous solids, liquids and gases. London: Chapman & Hall Ltd. 1934.

438. *Randolph, P. D.*, and *K. S. Singwi:* Slow neutron scattering and collective motions in liquid lead. Phys. Rev. *152*, 99 (1966).

439. *Ree, T. S.*, *T. Ree* u. *H. Eyring:* Fortschritte in der Theorie der Flüssigkeiten. Angew. Chem. *77*, 993—1000 (1965).

440. *Regel, A. V.:* Untersuchung der elektronischen Leitfähigkeit von Metallen, Legierungen und intermetallischen Verbindungen im flüssigen Zustand, S. 3 in (15).
441. — Change in Carrier Mobility During Melting of Metals and Semiconductors. Ukr. Fiz. Zh. 7, 833 (1962).
442. *Rice, S. A.:* A Brief Review of Some Aspects of the Molecular Theory of Liquids. S. 51 in (267).
443. *Richter, H.:* Die komplexe Struktur von festem amorphem und von geschmolzenem Wismuth. Z. Physik *172*, 530—535 (1963).
444. — Atomanordnung in festen amorphen Stoffen und in einatomigen Metallschmelzen. Fortschr. Phys. *8*, 493 (1960).
445. — Die amorphe Struktur von Metalloxiden, Metallen und Legierungen (u.a. BiPb, BiSn, PbSn). Phys. Z. *44*, 406 (1943).
446. —, u. *G. Breitling:* Struktur einatomiger Metallschmelzen. Z. Naturforsch. *20A*, 1061 (1965).
447. — — Struktur einatomiger Metallschmelzen nach Beugungsversuchen mit Röntgen-, Elektronen- und Neutronenstrahlen. Fortschr. Phys. *14*, 71—140 (1966).
447a. — — Flächengitter in geschmolzenem Zinn und Silber sowie in festem amorphem Selen nach der Fourieranalyse. Z. Naturforsch. *21a*, 1710 (1966).
448. — — u. *F. Herre:* Dichteste Atompackung und Schichtpaketbildung in einatomigen Metallschmelzen. Z. Naturforsch. *12a*, 896 (1957).
449. —, u. *D. Handtmann:* Struktur von geschmolzenem Zinn bei 250° C und 750° C nach verschiedenen Auswerteverfahren. Z. Physik *181*, 206—232 (1964).
450. —, u. *F. Herre:* Struktur des festen amorphen und geschmolzenen Selens im Temperaturbereich von —180° C bis 430° C. Z. Naturforsch. *13a*, 874 (1958).
451. —, u. *S. Steeb:* Atomverteilung in festen amorphen Stoffen mit Flüssigkeitsstruktur und in einatomigen Metallschmelzen. Z. Metallk. *50*, 369 (1959).
452. *Ricker, T.*, u. *G. Schaumann:* Thermoelektrische Eigenschaften reiner Metalle in der Umgebung der Schmelztemperatur. Physik Kondensierten Materie *5*, 31—38 (1966).
453. *Ringo, G. R.:* Neutron Diffraction und Interferences, in Hand. Physik *32* (herausgeg. v. *S. Flügge*), S. 558ff. Berlin: Springer 1956.
454. *Rivlin, V. G., R. M. Waghome,* and *G. I. Williams:* The structure of liquid mercury. Phil. Mag. *13*, 1169 (1966).
455. *Rodriguez, S. E.*, and *C. J. Pings:* X-Ray Diffraction Studies of Stable and Supercooled Liquid Gallium. J. Chem. Phys. *42*, 2435 (1965).
456. *Roll, A.*, u. *G. Fees:* Der elektrische Widerstand von geschmolzenen Pb—Sn- und Hg—Tl-Legierungen. Z. Metallk. *51*, 1 (1960).
457. —, u. *H. Motz:* Meßmethoden und elektrischer Widerstand von geschmolzenen reinen Metallen. Z. Metallk. *48*, 272 (1957).
458. — — Der elektrische Widerstand geschmolzener Cu—Sn-, Ag—Sn- und Mg—Pb-Legierungen. Z. Metallk. *48*, 435 (1957).
459. — — Der elektrische Widerstand von Legierungsschmelzen der Mischkristallsysteme Ag—Au und Au—Cu sowie der eutektischen Systeme Ag—Cu, Sn—Zn und Al—Zn. Z. Metallk. *48*, 495 (1957).
460. —, u. *N. K. A. Swamy:* Der elektrische Widerstand geschmolzener Al—Zn—Sn-Legierungen. Z. Metallk. *52*, 260 (1961).
461. — — Der elektrische Widerstand geschmolzener Zweistofflegierungen des Cd mit Pb, Hg, Zn, des In mit Ga, Hg und des Sb mit Bi. Z. Metallk. *52*, 111 (1961).
462. —, u. *E. Uhl:* Der elektrische Widerstand geschmolzener Au—Sn-, Au—Pb- und Ag—Pb-Legierungen. Z. Metallk. *50*, 160 (1959).

463. *Romanov, A. A.*, and *V. G. Kochegarov:* A Study of the Viscosity and Structure of Iron-Carbon Melts. Izvest. Akad. Nauk SSSR, Met. i Gorn. Delo *3*, 89 (1963).
464. — — Viscosity of the melts of the systems Fe—Mn, Fe—P, Fe—Cr, Fe—V in the initial concentration range of the second component. Fiz. Metal. i Metalloved. *18*, 869 (1964).
465. — The structure of liquid indium according to X-ray data. Vopr. Fiz. Metallov i Metallovedenja *14*, 133—138 (1962).
466. —, and *Y. M. Kuchak:* X-Ray Study of Molten Intermetallic Compounds of the In—Bi-System. Ukr. Fiz. Zh. *9*, 428 (1964).
467. —, and *A. S. Lashko:* X-Ray Investigation of the Structure of Some Liquid Alloys of In with Pb and Sn. Naucha. Raboty Inst. Metallofiz. Ukr. SSR *15*, 87—99 (1962).
468. *Rossteutscher, W.:* Bestimmung der Atomverteilung in festem amorphem und in flüssigem Gallium sowie in geschmolzenem Indium nach Elektronenbeugungsaufnahmen. Dipl.-Arbeit, T. H. Stuttgart (1959).
469. *Rothwell, E.:* A Precise Determination of the Viscosity of Liquid Tin, Lead, Bismuth, and Aluminium by an Absolute Method. J. Inst. Metals *90*, 389 (1960).
470. *Ruppersberg, H.:* Comparaison des courbes de repartition des atomes du cuivre liquide et du cuivre solide. Mem. Sci. Rev. Met. LXI, *10*, 709 (1964).
471. — Struktur und Atomverteilungskurven von metallischen Schmelzen. Angew. Chem. *76*, 895 (1964).
472. — Bestimmung der Atomverteilungskurven von festem Kupfer bei hohen Temperaturen. Z. Physik *189*, 292 (1966).
473. —, u. *H. J. Seemann:* Röntgen-Feinstrukturuntersuchungen an flüssigem Eisen. Z. Naturforsch. *21a*, 820 (1966).
474. — — Die Atomverteilungskurven für festes und flüssiges Al nach Untersuchungen an SAP. Z. Naturforsch. *20a*, 104—109 (1965).
475. *Sagel, K.:* Tabellen zur Röntgenstrukturanalyse. Berlin-Göttingen-Heidelberg: Springer 1958.
476. *Samarin, A. M.:* Structure and Properties of Liquid Metals. Report AEC, tr 4879 (1960).
477. — Some properties of liquid alloys. J. Iron Steel Inst. London *200*, 95 (1962).
478. *Samoilov, O. Y.:* The structure of certain liquids; I. On the result of studies of the structure of monatomic liquids. Zh. Fiz. Khim. *30*, 241 (1956) bzw. AEC-tr-4119.
479. — Investigation of the structure of liquid metals; Izv. Akad. Nauk SSSR, Otd. Tekhn. Nauk, Met. i Toplivo *3*, 116—118 (1961).
480. *Sauerwald, F.:* Zur Systematik schmelzflüssiger Legierungen. Z. Metallk. *38*, 188 (1947) *35*, 105 (1944) *41*, 97, 214 (1950).
481. —, *P. Brand* u. *W. Menz:* Über den jetzigen Stand der systematischen Betrachtung schmelzflüssiger Legierungen (zur Systematik VII). Z. Metallk. *57*, 103 (1966).
482. —, u. *E. Osswald:* Über die röntgenographische Untersuchung schmelzflüssiger Metalle und Legierungen II. Z. Anorg. Chem. *257*, 195 (1948).
483. *Schachparonov, M. I.:* Über die molekulare Struktur flüssiger Lösungen und Legierungen. S. 103 in (15).
484. *Scheil, E.:* Über den Zustand von Metallschmelzen. Forschungsber. Landes Nordrhein-Westfalen 969 (1961) bzw. Gießerei *19*, 1007 (1958).
485. —, u. *H. Baach:* Dampfdruckmessungen an flüssigen Cd—Sb-Legierungen. Z. Metallk. *50*, 386 (1959).

486. —, u. *F. Wolf:* Dampfdruckmessungen an flüssigen Sn—Zn- und Mg—Pb-Legierungen. Z. Metallk. *50*, 1 (1959).

487. *Schlup, W. A.:* A statistical evaluation of elastic scattering data with application to thermal neutron scattering in liquid Argon; BNL 940 (C-45) (1966).

488. *Schneider, A.*, u. *E. K. Stoll:* Die Dampfdrucke des Magnesiums über Aluminium-Magnesium-Legierungen. Z. Elektrochem. *47*, 519 (1941).

489. —, and *G. Heymer:* Phenomena accompanying solid-liquid transformations of metals and alloys, S. 4A in Nat. Phys. Lab. Symp. 9. London: Her Majesty's Stationery Office 1959.

490. *Schuhmann, H.:* Röntgenuntersuchungen schmelzflüssiger Metalle und Legierungen: Über die Systeme K—Hg und Na—Hg. Z. Anorg. Allgem. Chem. *317*, 204 (1962).

491. *Schulz, L. G.*, u. *P. Spiegler:* Bestimmung des elektrischen Widerstandes der flüssigen Legierungen HgIn, HgTl, GaIn, GaSn und des flüssigen Ga. Trans. Met. Soc. AIME *215*, 87 (1959).

492. *Scott, G. D.:* Radial Distribution of the Random Close Packing of Equal Spheres. Nature *194*, 956 (1962).

493. — Packing of Equal Spheres. Nature *188*, 908 (1960).

494. *Sharrah, P. C.*, and *R. F. Kruh:* Structural Studies of Liquid Metals by X-Ray Diffraction; in G. R. St. Pierre, Met. Soc. Conf. Vol. 7 Phys. Chem. of Process Metallurgy, Part I, 419—420, Interscience Publishers, New York, London, (1959).

495. —, *J. I. Petz*, and *R. F. Kruh:* Determination of Atomic Distributions in Liquid Lead-Bismuth Alloys by Neutron and X-Ray Diffraction. J. Chem. Phys. *32*, 241 (1960).

496. —, and *G. P. Smith:* Neutron Diffraction and Atomic Distribution in Liquid Lead and Liquid Bismuth at two Temperatures. J. Chem. Phys. *21*, 228 (1953).

497. *Shimoji, M.:* Activation Energy of Flow in Liquid Metals; in G. R. St. Pierre, Met. Soc. Conf. Vol. *7*, 471. Phys. Chem. of Process Metallurgy, Part I, Interscience Publishers, New York, London (1959).

498. — Interpretation of the thermodynamics of liquid metallic solutions, Seite 2G in Nat. Phys. Lab. Symp. 9. London: Her Majesty's Stationery Office 1959.

499. *Shimose, I.:* Lattice theory of the liquid state. J. Phys. Soc. Japan *11*, 615 (1956).

500. *Shvidkovskii, E. G.*, and *N. K. Rakova:* Crystallization of Tin From a Supercooled State. S. 64 in (476).

501. — Einige Fragen des Aufbaus und der Eigenschaften von Flüssigkeiten in der Anwendung auf geschmolzene Metalle. S. 85 in (15).

502. — Certain problems related to the viscosity of fused metals, 1955 (Übersetzt in Report NASA-TT-F 88, 1962).

503. *Sidhu, S. S., C. R. Heaton*, and *M. H. Müller:* Neutron Diffraction Techniques and Their Applications to some Problems in Physics. J. Appl. Phys. *30*, 1323 (1959).

504. *Singwi, K. S.:* Coherent Scattering of Slow Neutrons by a Liquid. Phys. Rev. *136*, A 969 (1964).

505. — Coherent Scattering of Slow Neutrons by Liquid Argon. Physica *31*, 1257—1285 (1965).

506. *Siol, M.:* Zur Theorie des schmelzflüssigen Zustandes. Z. Physik *164*, 93 (1961).

507. *Skinner, H. W. B.:* X-Ray Investigation of liquid Pb—Sn; Phil. Trans. Royal Soc. London *A 239*, 95—135 (1940).

508. *Skryschevskii, A. F.:* Über die Interpretation der Struktur der einatomigen Flüssigkeiten. Ukr. Fiz. Zh. *7*, 826 (1962).

509. — X-Ray Investigation of Short Range Order in Certain Liquid Alloys. Nauk. Raboty Inst. Metallofiz. Akad. Nauk, Ukr. SSR *8*, 187—198 (1957).
510. — Short Range Order Structure in Liquid Metals and Alloys. Izv. Akad. Nauk SSSR, Otd. Tekhn. Nauk, Met. i Toplivo *6*, 72—76 (1960) (s. auch S. 45 in (476)).
511. — On the structure of molten Au—Sn compounds. Ukr. Fiz. Zh. *2*, 364 (1957).
512. *Skryschevskii, A. F., J. Karlokov* u. *G. Karlikova:* Struktur von flüssigem Quecksilber mit Röntgenbeugung. Ukr. Fiz. Zh. *2*, 49 (1957).
513. *Smallman, R. E.*, and *B. R. T. Frost:* An X-Ray Investigation of the Structure of Liquid Mercury and Liquid Mercury-Thallium Alloys. Acta Met. *4*, 611 (1956).
514. *Smoes, S.:* Vapour pressure of U. Ind. Chim. Belge *29*, 792 (1964).
515. *Snider, N. S.:* Hard Core Model of Liquids. J. Chem. Phys. *45*, 378 (1966).
516. *Solovev, A. N.:* Thermodynamic similarity and viscosity of molten metals. Atomnaya Energiya, Moskau *3*, 550 (1957).
517. *Spektor, E. Z.*, and *S. F. Khoklov:* Notes on the Interpretation of Intensity Curves of X-Rays Diffracted by Liquids such as Molten Tin. Fiz. Metal. i Metalloved. *18*, 451 (1964).
518. *Spiller, K. H.:* Physikalische Stoffeigenschaften von Na, K und Na—K-Legierungen. Atomenergie *10*, 215 (1965).
519. *Springer, B.:* Resistivity and Halleffect in Liquid Metals. Phys. Rev. *136*, A 115, A 124 (1964).
520. *Sprow, F. B.*, and *J. M. Prausnitz:* Surface Tension of Simple Liquid Mixtures. Trans Faraday Soc. *62*, 1105 (1966).
521. — — Surface Tension of Simple Liquids. Trans. Faraday Soc. *62*, 1097 (1966).
522. *Statsenko, S. I., A. G. Morachevsky, V. B. Busse-Machukas*, and *S. A. Zaretzky:* Electrical Conductivity of Molten Pb—Na and Pb—K Alloys. Izvestiya Akad. Nauk SSSR, Seriya Metally *4*, 55 (1966).
523. *Steeb, S.:* Struktur metallischer Schmelzen. Z. Metallk. *57*, 97—103 (1966).
524. — Über die Atomverteilung in Schmelzen. Z. Metallk. *52*, 422—425 (1961).
525. — Atomverteilung in festen amorphen Stoffen und einatomigen Metallschmelzen nach Elektronenbeugungs-Aufnahmen. Dissertation, T. H. Stuttgart (1958).
526. —, u. *H. Entress:* Atomverteilung sowie spezifischer elektrischer Widerstand geschmolzener Magnesium-Zinn-Legierungen. Z. Metallk. *57*, 803—807 (1966).
527. —, u. *R. Hezel:* Über die Interpretation der Röntgenbeugungsdiagramme von mehrkomponentigen Schmelzen. Z. Physik *191* 398 (1966).
528. — — Röntgenographische Strukturuntersuchungen an schmelzflüssigen Ag—Mg-Legierungen. Z. Metallk. *57*, 374 (1966).
529. —, u. *S. Woerner:* Atomverteilung sowie physikalische Eigenschaften von geschmolzenen Al—Mg-Legierungen. Z. Metallk. *56*, 771 (1965).
530. *Steele, W. A.*, and *R. Pecora:* Scattering from fluids of nonspherical molecules, I. X-Rays and Neutrons. J. Chem. Phys. *42*, 1863 (1965).
531. *Steiner, A., E. Miller*, and *K. L. Komarek:* Mg—Sn-phase diagram and thermodynamic properties of liquid Mg—Sn alloys. Trans. Met. Soc. AIME *230*, 1361 (1964).
532. *Stokes, R. H.:* The Molar Volumes and Thermal Expansion Coefficients of Solid and Liquid Potassium from 0—85°C. J. Phys. Chem. Solids, *27*, 51—56 (1966).
533. *Strauss, S. W.:* The Surface Tension of Liquid Metals at their Melting Points. Nucl. Sci. Eng. *8*, 362 (1960).
534. *Strozecka, K.*, and *J. Terpitowski:* Thermodynamic properties of Tl—Sn liquid solid solutions. Roczniki Chem. *39*, 663 (1965).

535. *Sundström, L. J.:* A Theorie of the Electrical Properties of Liquid Metals; IV. Quantitative Calculations of Resistivity and Thermoelectric Power. Phil. Mag. *11*, 657 (1965).

536. *Szwarc, R., E. R. Plante,* and *J. J. Diamond:* Vapour pressure and heat of sublimation of tungsten. J. Res. Natl. Bur. Std., A *69*, 417 (1965).

537. *Takagi, M.:* Electron diffraction study of liquid solid transition of thin metal films. J. Phys. Soc. Japan *9*, 359 (1954).

538. — Electron Diffraction Study of the Structure of Supercooled Liquid Bismuth. J. Phys. Soc. Japan *11*, 396—404 (1956).

539. *Tatarinova, L. I.:* Untersuchung von geschmolzenem Antimon mittels Röntgenbeugung. Kristallografiya *11*, 104 (1955).

540. *Taylor, A.:* X-Ray Metallography. New York: J. Wiley & Sons, Inc. 1961.

541. *Temperley, H. N. V.:* Liquid State Physics. Nature *211*, 906 (1966).

542. *Thomas, C. D.,* and *N. S. Gingrich:* The Effect of Temperature on the Atomic Distribution in Liquid Potassium. J. Chem. Phys. *6*, 411, 659 (1938).

543. *Thresh, H. R.:* The viscosity of liquid Zinc by oscillating a cylindrical vessel. Trans. Met. Soc. AIME *233*, 79 (1965).

544. *Throop, G. J.,* and *R. J. Bearman:* Radial Distribution Functions for Binary Fluid Mixtures of Lennard-Jones Molecules Calculated from the Percus-Yevick Equation. J. Chem. Phys. *44*, 1423—1444 (1966).

545. *Tikhomisoc, A. A., I. I. Styvahin, O. A. Esin,* and *B. M. Lepinskikh:* Thermodynamic properties of molten Al—Sn solutions. Tsvetnye Metally *4*, 22 (1966).

546. *Timofeevitscheva, O. A.,* u. *V. B. Lazarev:* Zur Frage der Oberflächenspannung und der Struktur metallischer Schmelzen. Izv. Akad. Nauk SSSR, Otd. Tekhn. Nauk, Met. i Topl. S. 148 (1961).

547. *Tjaden, K.:* Absorption longitudinaler Ultraschallwellen in Aluminium bei hohen Temperaturen. Acustica *11*, 127 (1961).

548. *Todd, D. D., W. A. Oates,* and *E. O. Hall:* A calorimetric study of the thermodynamic properties of Pb—Zn alloys in molten state. J. Inst. Metals *93*, 302 (1965).

549. *Tohik, O. S.,* u. *N. A. Rundutsch:* Über die Viskosität und den Aufbau von flüssigen Lösungen von Zn, Cd, Sn, Bi und Pb in Hg. Ukr. Fiz. Zh. *1*, 170 (1956).

550. *Toye, T. C.:* Thin metal films and the theory of liquid metals. Metallurgia 67 (1966).

551. *Trimble, F. H.,* and *N. S. Gingrich:* The effect of the temperature on the atomic distribution in liquid sodium. Phys. Rev. *53*, 278 (1938).

552. *Turnbull, D.:* Free volume model of the liquid state. S. 6 in (267).

553. *Ubbelohde, A. R.:* Melting and Crystal Structure. Oxford: Clarendon Press, 1965.

554. — Schmelzvorgang und Kristallstruktur. Angew. Chem. *77*, 614 (1965).

555. — Viscosity Anomalies and Other Pre-Freezing Phenomena. S. 226 in (267).

556. *Übelacker, E.,* et *L. D. Lucas:* Densité de l'étain, du zinc et des alliages étain-zinc à l'état liquide. Compt. Rend. *254*, 1622 (1962).

557. *Urbain, G.:* Viscosity and density measurements on molten metals; Seite 1F in Nat. Phys. Lab. Symp. 9. London: Her Majesty's Stationery Office 1959.

558. —, and *L. D. Lucas:* Densities of molten silver, copper and iron; S. 4E in Nat. Phys. Lab. Symp. 9. London: Her Majesty's Stationery Office 1959.

559. *Vainshtein, B. K.:* Structure Analysis by Electron Diffraction. London: Pergamon Press 1964.

560. *Varich, N. I.,* and *B. N. Litvin:* Study of Liquid State Quenched Mg—Mn and Mg—Zr Alloys. Fiz. Metal. i Metalloved. *16*, 526 (1963).

561. *Varley, J. H. O.:* On miscibility in liquid alloys; Seite 2H in Nat. Phys. Lab. Symp. 9. London: Her Majesty's Stationery Office 1959.
562. *Venkateswarlu, K.*, and *S. Skjraman:* Magnetic Susceptibility of Alkali Elements. Z. Naturforsch. *13a*, 455 (1958).
563. *Vertman, A. A., A. M. Samarin:* Viscosity of Liquid Ni—Al Alloys. Izv. Akad. Nauk SSSR, Otd. Tekhn. Nauk, Met. i Toplivo 159 (1961).
564. — — Eigenschaften flüssiger Legierungen, die im festen Zustand eine vollständige Mischkristallbildung aufweisen. Izv. Akad. Nauk SSSR, Otd. Tekhn. Nauk, Met. i Toplivo *2*, 83 (1961).
565. — — Physicochemical Properties of Liquid Iron, Nickel and Cobalt Alloys. S. 134 in (476).
566. — —, and *B. M. Turovskii:* Particularities of the Structure of Liquid Alloys of the Fe—C-System. S. 158 in (476).
567. — —, and *A. M. Yakobson:* The Structure of Liquid Eutectics. Izv. Akad. Nauk SSSR, Otd. Tekhn. Nauk, Met. i Toplivo *3*, 17—21 (1960).
568. *Vineyard, G. H.:* The Theory and Structure of Liquids; S. 1 in Liquid Metals and Solidification, Published by the American Society for Metals, Cleveland, Ohio 1958.
569. — Liquids. BNL 940 (C-45) 1965.
570. *Vineyard, H. G.:* Scattering of Slow Neutrons by a Liquid. Phys. Rev. *110*, 999 (1958).
571. *Vlasov, V. M., A. A. Vertman*, u. *E. G. Schwidkovskii:* Zu den Schlußfolgerungen der Diskussion über die Struktur und Eigenschaften flüssiger Metalle. Izvest. Akad. Nauk SSSR, Otd. Tekhn. Nauk, Met. i Toplivo *3*, 104 (1961).
572. *Voigtländer-Tetzner, G.:* Structure of liquid mercury. Naturwissenschaften *48*, 520 (1961).
573. *Wachtel, E.*, u. *K. J. Nier:* Magnetische Untersuchung des Systems Mn—Ga im festen und flüssigen Zustand. Z. Metallk. *56*, 779 (1965).
574. —, u. *K. Tsiuplakis:* Magnetische Eigenschaften zinkreicher Zn—Mn-Legierungen im festen und geschmolzenen Zustand. Z. Metallk. *58*, 41 (1967).
575. —, u. *E. Übelacker:* Messung der Dichte und der magnetischen Suszeptibilität von Zinn-Zink-Legierungen; Forschungsber. Landes Nordrhein-Westfalen 1391 (1964).
576. —, *S. Woerner*, u. *S. Steeb:* Magnetische Eigenschaften von Al—Mg-Legierungen im festen und geschmolzenen Zustand. Z. Metallk. *56*, 776 (1965).
577. *Wagner, C. N. J., H. Ocken*, and *M. L. Joshi:* Interference and Radial Distribution Functions of Liquid Copper, Silver, Tin and Mercury. Z. Naturforsch. *20a*, 325 (1965).
578. *Wall, C. N.:* An Atomic Distribution Function for Liquid Sodium. Phys. Rev. *54*, 1026 (1938).
579. *Walls, H. A.*, and *W. R. Upthegrove:* Theory of Liquid Diffusion Phenomena. Acta Met. *12*, 461 (1964).
580. *Wallwey, L. E.*, and *L. C. Tao:* Vapour pressure of liquid metal solutions: Hg—Pb. J. Chem. Eng. Data *10*, 234 (1965).
581. *Ward, R. G.*, and *J. R. Wilson:* Ordering in Liquid Mercury-Thallium Alloys Containing 25—35 At.-% Thallium. Nature *182*, 334 (1958).
582. *Warren, B. E.:* X-Ray Studies of the Randomness in the Cu—Au-System. Trans. Met. Soc. AIME *233*, 1802 (1965).
583. —, and *N. S. Gingrich:* Fourier Integral Analysis of X-Ray Powder Patterns. Phys. Rev. *46*, 368 (1934).
584. —, *H. Krutter*, and *O. Morningstar:* Fourier Analysis of X-Ray Patterns of Vitreous SiO_2 and B_2O_4. J. Am. Ceram. Soc. *19*, 202 (1936).

585. *Waser, J.*, and *V. Schomaker:* The Fourier Inversion of Diffraction Data. Rev. Mod. Phys. *25*, 671 (1953).
586. *Wertheim, M. S.:* New Model for Classical Fluids. J. Chem. Phys. *43*, 1370 (1965).
587. *Wilson, J. R.:* The Structure of Liquid Metals and Alloys. Met. Rev. *10*, 381—590; 1965.
588. — Resistivities of Mg—Sn Liquid Alloys. Phys. Letters *20*, 561 (1966).
589. *Wiser, N.:* Electrical Resistivity of the Simple Metals. Phys. Rev. *143*, 393 (1966).
590. *Woerner, S., S. Steeb* u. *R. Hezel:* Die Atomverteilung in geschmolzenem Magnesium. Z. Metallk. *56*, 682 (1965).
591. *Wood, W. W.*, and *F. R. Parker:* Monte Carlo Equation of State of Molecules Interacting with the Lennard-Jones Potential. I. A Supercritical Isotherm at about Twice the Critical Temperature. J. Chem. Phys. *27*, 720 (1957).
593. *Zadumkin, S. N.:* Surface Tension and Structure of Metallic Melts. S. 30 in (476).
594. *Zarzycki, J.:* Chambre de Diffraction de Rayons X pour Etude des Sels fondus aux temperatures elevees. J. Phys. Radium *17*, 44 A (1959).
595. *Zernike, F.*, u. *J. A. Prins:* Die Beugung von Röntgenstrahlen in Flüssigkeiten als Effekt der Molekülanordnung. Z. Physik *41*, 184 (1927).
596. *Ziman, J. M.:* The Method of Neutral Pseudo-Atoms in the Theory of Melts. Advan. Phys. *13*, 89 (1964).
597. — A Theory of the Electrical Properties of Liquid Metals. I: The Monovalent Metals. Phil. Mag. *6*, 1013 (1961).
598. — Electrons in Liquid Metals. Phys. Today 40 (1966).

Eingegangen am 26. Juli 1967

Untersuchungen an oxydischen Mischphasen und Legierungen mit Hilfe heterogener Gasgleichgewichte

Prof. Dr. N. G. Schmahl

Institut für Physikalische Chemie der Universität des Saarlandes, Saarbrücken

Inhalt

Wenn von oxydischen Mischphasen und von Legierungen gesprochen wird, dann hat man zunächst festzulegen, welche oxydischen Mischphasen und welche Legierungen in den Kreis der Betrachtungen einbezogen werden sollen. Man kann zunächst feste Phasen betrachten, welche aus Oxyd-Additionen entstanden sind, wie z.B. die Spinelle:

$$AO + B_2O_3 = AB_2O_4,$$

weiter sind es die Mischkristalle z.B. aus AO und BO, also (A,B)O, aber auch etwa $(A,B)_2O_3$ sowie Mischphasen in Spinellreihen, soweit sie im Rahmen von Dreistoffsystemen liegen. Außerdem sind es nichtstöchiometrische Phasen, wie MnO_{1+x}, welche als Mischungen aus Mn_1O_1 und $Mn_{0,75}O_1$ diskutiert werden können.

Solche feste Phasen werden vorwiegend im Rahmen von Zwei- oder Dreistoffsystemen, deren eine Komponente Sauerstoff ist, untersucht. Die Untersuchung geschieht unter Gleichgewichtsbedingungen meist über eine Sauerstoff-Aufnahme oder -Abgabe, im allgemeinen bei konstanter Temperatur. Die Änderung des Sauerstoff-Gehaltes kann in zahlreichen Fällen im Bereich direkt meßbarer Sauerstoff-Drucke erfolgen. In anderen Fällen werden sauerstoff-haltige Gase, etwa CO_2 oder H_2O verwendet und aus den auftretenden CO_2/CO bzw. H_2O/H_2-Verhältnissen der indirekt meßbare Sauerstoff-Druck ermittelt. Wieder andere Verhältnisse liegen vor, wenn ein (univarianter) Carbonat-Zersetzungsdruck durch einen oxydischen Zusatz variiert wird ($SrCO_3$—Fe_2O_3). Auch sulfatische Zersetzungsdrucke kann man dazu benutzen ($CaSO_4$—Fe_2O_3).

Im Bereich direkt meßbarer Zersetzungsdrucke ist es nicht selten möglich, Legierungen zu untersuchen, welche mit einem praktisch reinen Oxyd koexistieren [(Rh, Pt) neben Rh_2O_3]. Aber auch im Bereich indirekt meßbarer Sauerstoffdrucke ist dies oft möglich [(Fe, Ni) neben FeO bzw. Fe_3O_4]. Die Frage nach den Phasen und der Thermodynamik von Legierungen führt zu einer anderen Meßtechnik für Legierungen, welche eine wertvolle Erweiterung der vorigen Möglichkeiten darstellt: Die Messung von Metalldampfdrucken von Legierungen, deren eine Komponente meßbare Dampfdrucke besitzt. Auf deren Zusammenhänge mit den Zustandsdiagrammen und ihre Berechnung kann jedoch nicht eingegangen werden.

Das zu behandelnde Gebiet soll hier in folgender Weise gekennzeichnet werden: Oxydische Mischphasen und Legierungen sollten untersucht werden, welche über heterogene Gasgleichgewichte oder Dampfdruckmessungen erfaßt werden können. Ziel der Untersuchungen ist die *Festlegung und Kennzeichnung der auftretenden Phasen sowie deren thermodynamische Beschreibung*. Dies Gebiet ist in den letzten Jahren ungeheuer stark bearbeitet worden, so daß eine umfassende Darstellung in diesem Bericht kaum möglich wäre; auf eigenen Erfahrungen und Untersuchungen sei daher dieser Bericht aufgebaut.

I. Die Gleichgewichtskonstante in heterogenen Gasgleichgewichten

Die Beschreibung und thermodynamische Behandlung von heterogenen Gasgleichgewichten geschieht mit Hilfe der Gleichgewichtskonstanten und der in ihnen enthaltenen Aktivitäten. Wegen der in diesen Fragen weitverbreiteten Unklarheiten ist darauf einzugehen. Für homogene Gasgleichgewichte hat man die bekannte Beziehung, wie sie sich insbesondere aus dem van't Hoffschen Gleichgewichtskasten ergibt:

Allgemeine Gasreaktion:

$$aA + bB = cC + dD \tag{1}$$

$$\Delta G = -RT \ln \left(\frac{p_C^c \cdot p_D^d}{p_A^a \cdot p_B^b} \right)_{(\text{Gleichgew.})} + RT \ln \left(\frac{p_C^c \cdot p_D^d}{p_A^a \cdot p_B^b} \right)_{(\text{Anf., End.})} \tag{2}$$

$$\Delta G = -RT \ln K_p + RT \ln Q \tag{3}$$

Für Gase erfolgt die Normierung der Anfangs- und Enddrucke im Quotienten Q mit $p = 1$ Atm und deshalb

$$\Delta G^0 = -RT \ln K_p \tag{4}$$

Hat man eine Reaktion, in welcher nur kondensierte Phasen betrachtet werden, dann erfolgt die Normierung über die Sättigungsdampfdrucke der kondensierten Phasen. Z.B. für das Austauschgleichgewicht:

$$FeO + Mn = MnO + Fe \tag{5}$$

mit den festen Mischkristallen (Fe, Mn)O und der koexistierenden festen Legierung (Fe, Mn):

$$\Delta G = -RT \ln \left(\frac{p_{MnO} \cdot p_{Fe}}{p_{FeO} \cdot p_{Mn}} \right)_{(\text{Gleichgew.})} + RT \ln \left(\frac{p_{MnO} \cdot p_{Fe}}{p_{FeO} \cdot p_{Mn}} \right)_{(\text{fest, rein})} \tag{6}$$

Unter Benutzung des Aktivitätsbegriffes (wobei Fugazität gleich Dampfdruck gesetzt wird):

$$a_{MnO\ (\text{fest})} = \frac{p_{MnO\ (\text{Mischung})\ \text{fest}}}{p_{MnO\ (\text{rein})\ \text{fest}}} = N_{MnO\ (\text{fest})} \cdot f_{MnO\ (\text{fest})} \tag{7}$$

sowie der entsprechenden, anderen Aktivitäten:

$$\Delta G = -RT \ln \frac{a_{MnO} \cdot a_{Fe}}{a_{FeO} \cdot a_{Mn}} = -RT \ln K_a \tag{8}$$

Man beachte, daß nun anstelle von ΔG^0 und K_p getreten ist: ΔG und K_a.

Für ein System, an welchem kondensierte Phasen und Gase beteiligt sind, bekommt man sowohl eine gemischte Größe in der freien Enthalpieänderung als auch in der Konstanten; z.B.:

$$2\,PdO = 2\,Pd + O_2 \tag{9}$$

$$\left. \begin{matrix} \Delta G^0 \\ \Delta G \end{matrix} \right\} = -RT \ln \frac{a_{Pd}^2 \cdot p_{O_2}}{a_{PdO}^2} = RT \ln K_{(p,a)} \tag{10}$$

Bezieht man sich auf das zusatzfreie System und auf den thermodynamisch stabilen Zustand des PdO und des Pd, dann wird $a_{Pd} = 1$ und $a_{PdO} = 1$ und man erhält:

$$K_{(p,a)} = (p_{O_2})_{a_{PdO}=1,\ a_{Pd}=1} = p_{O_2\,(Grund)} \tag{11}$$

betrachtet man die Legierungsbildung allein:

$$Me_{rein} \rightarrow Me_{Leg} \tag{12}$$

dann erhält man:

$$\Delta G = RT \ln \frac{p_{End}}{p_{Anf}} = RT \ln \frac{p_{Me\,(Leg)}}{p_{Me\,(rein)}} = RT \ln a_{Me} \tag{13}$$

Die Temperaturabhängigkeit der vorigen Gleichgewichtskonstanten ergibt sich durch Koppelung mit den Gleichungen:

$$\Delta G_T = \Delta H_T - T \cdot \Delta S_T \tag{14}$$

$$\Delta G_T^0 = \Delta H_T^0 - T \cdot \Delta S_T^0 \tag{15}$$

für Temperaturbereiche, in denen die Enthalpie- und Entropiegrößen temperaturunabhängig sind:

$$-RT \cdot \ln K_{(p,a)} = \Delta H_T^0 - T \cdot \Delta S_T^0 \tag{16}$$

und

$$\ln K_{(p,a)} = \frac{-\Delta H_T^0}{RT} + \frac{\Delta S_T^0}{R} \tag{17}$$

Die durch die Gleichung angegebene Geradlinigkeit der Funktionen $\ln K_{(p,a)} = f(1/T)$ gilt meist im Rahmen der experimentellen Genauigkeit (bzw. der Genauigkeit der Zeichnung) über weite Temperaturbereiche. Die ermittelten Größen ΔH_T^0 und ΔS_T^0 werden meist der Mitteltemperatur des Meßbereiches zugeordnet und, gegebenenfalls, von dort auf Zimmertemperatur heruntergerechnet. Bei der Auswertung mit der Sigmafunktion (*1*) wird jeder Meßwert einzeln berücksichtigt.

II. Grundgleichgewichte — verschobene Gleichgewichte

Will man über eine oxydische Mischphase oder eine Legierung (metallische Mischphase) Aussagen machen, so wird man versuchen, sie in ein heterogenes Gasgleichgewicht einzubeziehen. Dazu braucht man geeignete Grundgleichgewichte. Diese werden dann durch Zugabe der geeigneten Partner in eindeutiger Weise verschoben. Als Grundgleichgewichte sind Systeme geeignet, welche univariant sind und welche möglichst frei von Randlöslichkeiten in den kondensierten Phasen sind. Besonders bequem zugänglich sind Systeme mit direkt meßbaren Sauerstoffdrucken. Unter diesen hat man solche, welche von dem Oxyd eines recht edlen Metalles unmittelbar zum freien Metall führen — und solche, welche von einem Oxyd einer höheren Oxydationsstufe eines Metalles zu einer niedrigeren Oxydationsstufe des gleichen Metalles führen. Die erstgenannte Gruppe ermöglicht im allgemeinen die Untersuchung von Legierungen des freigesetzten Metalles mit edleren Metallen. Als Beispiele dienen die folgenden:

$$2/3\ Rh_2O_3 = 4/3\ Rh + O_2\ (\mathit{2}) \qquad (18)$$

$$2\ PdO = 2\ Pd + O_2\ (\mathit{3}) \qquad (9)$$

$$2\ Cu_2O = 4\ Cu + O_2\ (\mathit{4, 5}) \qquad (19)$$

Dabei kann es vorkommen, daß Grundgleichgewichte, welche zusatzfrei nicht beobachtbar sind, in das Gesamtsystem (Dreistoffsystem) eingreifen:

$$2\ CuO = 2\ Cu + O_2\ (\mathit{5}) \qquad (20)$$

Die Ermittelung solcher (metastabiler) Grundgleichgewichte kann dabei ein besonderes Problem darstellen. Aber auch kompliziertere Typen von Grundgleichgewichten kommen vor:

$$Ag_2CrO_4 = Ag + 1/2\ Ag_2Cr_2O_4 + O_2\ (\mathit{6, 7b}) \qquad (21)$$

Als Beispiele für die zweite Gruppe von Grundgleichgewichten mit direkt meßbaren Sauerstoffdrucken dienen die folgenden:

$$4\ CuO = 2\ Cu_2O + O_2\ (\mathit{8}) \qquad (22)$$

$$6\ Mn_2O_3 = 4\ Mn_3O_4 + O_2\ (\mathit{9, 10}) \qquad (23)$$

$$2\ Co_3O_4 = 6\ CoO + O_2\ (\mathit{11, 12}) \qquad (24)$$

$$2\ Mn_3O_4 = 6\ MnO + O_2\ (\mathit{13}) \qquad (25)$$

$$6\ Fe_2O_3 = 4\ Fe_3O_4 + O_2\ (\mathit{13, 14}) \qquad (26)$$

$$(2\ BaO_2 = 2\ BaO + O_2)\ (\mathit{15}) \qquad (27)$$

Die Eigenschaften solcher Grundgleichgewichte bestimmen weitgehend unmittelbar, in welchen Temperaturbereichen Aussagen über die fraglichen Mischphasen möglich sind. Man hat also bei Messungen mit dem üblichen Quecksilbermanometer zu fragen: in welchem Temperaturbereich werden Zersetzungsdrucke von etwa 10 bis 1000 Torr erreicht.

Bei Messungen mit anderen Manometern kann der Temperaturbereich für Drucke von etwa 0,1 bis 20 Torr wichtig werden (Gl. (25), Mn_3O_4-Zerfall). Der Druckbereich unterhalb 0,1 Torr ist für Direktmessungen weniger geeignet. Als obere Temperaturgrenze für Messungen, welche hier in Betracht kommen sollen, kann man z.Z. etwa 1600° C ansetzen.

Wenn also weder durch Temperatursteigerung noch durch Erniedrigung des untersuchten Druckbereiches direkt meßbare Sauerstoffdrucke benutzt werden können, dann hat man andere Meßtechniken heranzuziehen.

III. Die indirekt meßbaren Sauerstoffdrucke 1. Art

In Abb. 1 sind die Sauerstoffdrucke einiger Grundsysteme dargestellt. Aus ihm ersieht man die ungefähre Grenze direkt meßbarer Sauerstoffdrucke am Mn_3O_4—MnO—O_2-System. Man hat hier Sauerstoffdrucke (univariant) von 1,60 Torr bei 1345° C bis 56,2 Torr bei 1525° C.

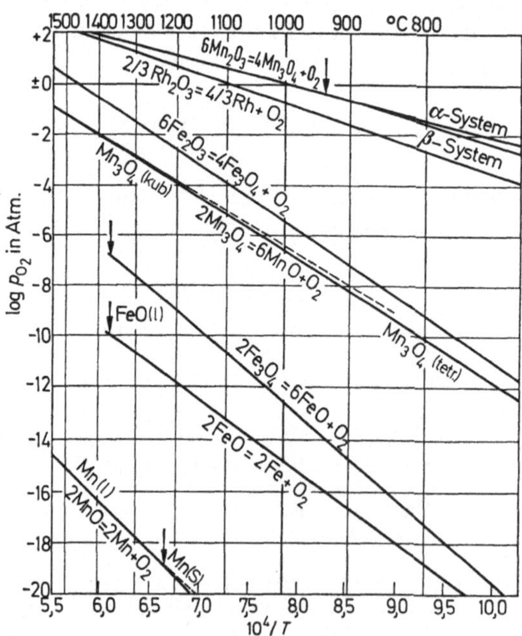

Abb. 1. Zersetzungsdrucke einiger wichtiger Grundsysteme des Mangans, Eisens, Rhodiums (Darstellung: $\log p_{O_2} = f(1/T)$)

Anstelle dieser Darstellung in $\log p = f(1/T)$ werden heute gerne die Darstellungen

$$\Delta G^0 = f(T)$$

verwendet. Dabei ist:

$$\left.\begin{matrix}\Delta G^0 \\ \Delta G\end{matrix}\right\} = -RT \ln p_{O_2\,(\mathrm{Grund})} = \Delta H_T - T \cdot \Delta S_T^0 \qquad (28)$$

so daß die Steigung der jeweiligen „Geraden" das Entropieglied, der Ordinatenabschnitt für $T = 0°K$ die Enthalpie der Reaktion liefert. Diese Darstellungen, welche sich meist auf die Bildungsreaktion, nicht auf die Zersetzung beziehen, sind durch *Richardson* (*16*) allgemeiner bekannt geworden (Abb. 2). Die Regel von *Le Chatelier* und *Matignon* (*17*), wonach die Zersetzungsentropie fester Stoffe $\Delta S_T^0 \sim 33$ Cl beträgt, würde in Abb. 2 eine Parallelität der „Geraden" erfordern. Wieweit diese Regel hier erfüllt ist, kann man aus der Einschiebung in der rechten unteren Ecke von Abb. 2 erkennen, insbesondere, daß in den hier dargestellten

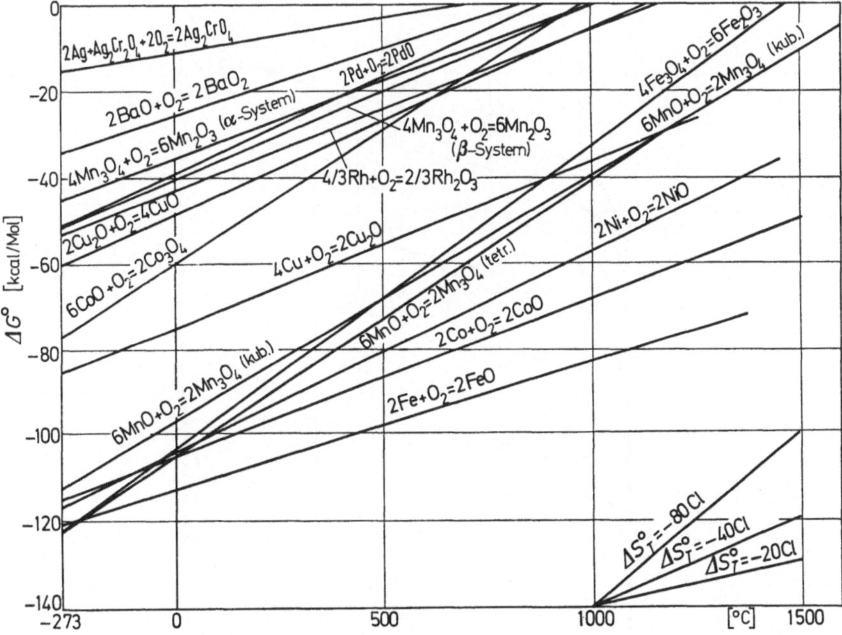

Abb. 2. Diskussion der Regel von *Le Chatelier-Matignon* für oxydische Zersetzungsdrucke (Darstellung: ΔG_B^0 $(= RT \cdot \ln p_{O_2}) = f(T)$)

Fällen oxydischer Zersetzungsdrucke Werte von etwa 25—60 Cl beobachtet werden. Sowohl Abb. 1 als auch Abb. 2 lassen die Grenze der direkt meßbaren Sauerstoffdrucke gegen die indirekt meßbaren Sauerstoffdrucke 1. Art recht deutlich erkennen.

Die indirekte Meßbarkeit von Sauerstoffdrucken läßt sich durch die Benutzung homogener Hilfsgleichgewichte, welche einen Sauerstoffdruck enthalten, erreichen. Solche Reaktionen sind insbesondere:

$$CO_2 = CO + 1/2\, O_2; \qquad D_{CO_2} = \frac{p_{CO} \cdot p_{O_2}^{1/2}}{p_{CO_2}} \tag{29}$$

$$H_2O = H_2 + 1/2\, O_2; \qquad D_{H_2O} = \frac{p_{H_2} \cdot p_{O_2}^{1/2}}{p_{H_2O}} \tag{30}$$

(D ist die Gleichgewichtskonstante für Dissoziation)

$$p_{O_2} = D_{CO_2}^2 \left(\frac{p_{CO_2}}{p_{CO}}\right)^2 \tag{31}$$

$$p_{O_2} = D_{H_2O}^2 \left(\frac{p_{H_2O}}{p_{H_2}}\right)^2 \tag{32}$$

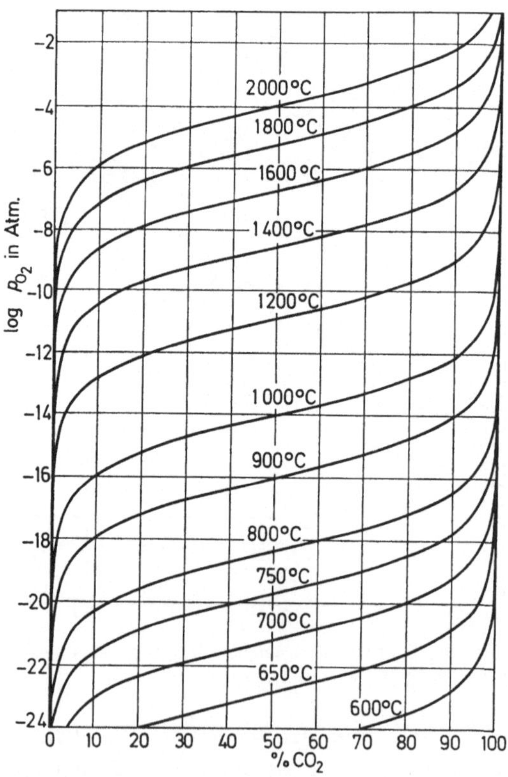

Abb. 3. Sauerstoffdrucke der CO_2/CO-Gasgemische bei verschiedenen Temperaturen (log p_{O_2} (Atm) $= f$(% CO_2))

Für das im interessierenden Bereich der Sauerstoffdrucke druckunabhängige Gleichgewicht ist für verschiedene Temperaturen die Abhängigkeit $p_{O_2} = f(\% \, CO_2)$ in den binären Gemischen dargestellt (Abb. 3). Die benutzte Temperaturfunktion für D_{CO_2} lautet:

$$\log D_{CO_2} = 14548{,}63 / T + 4{,}4044 \; (27) \tag{33}$$

Für die H_2O-Zersetzung gilt:

$$\log D_{H_2O} = 13154{,}1 / T + 3{,}0448 \; (27) \tag{34}$$

Meist wird man die Messungen mit Hilfe des CO_2/CO-Systems ausführen, denn das H_2O/H_2-System bringt in vielen Fällen die Schwierigkeit der H_2O-Kondensation mit sich. Beim CO_2/CO-System ist die Möglichkeit der Kohlung der entstehenden Metallphasen gelegentlich gegeben.

Beispiele für solche Messungen sind:

$$NiO + CO = Ni + CO_2 \; (18) \tag{35}$$

$$CoO + CO = Co + CO_2 \; (19) \tag{36}$$

$$FeO + CO = Fe + CO_2 \; (20) \tag{37}$$

$$Fe_3O_4 + CO = 3\, FeO + CO_2 \; (20) \tag{38}$$

Wie man sieht, werden indirekt meßbare Sauerstoffdrucke 1. Art dadurch gekennzeichnet, daß ein, für die direkte Messung zu kleiner Sauerstoffdruck, über ein homogenes Hilfsgleichgewicht der Messung zugänglich wird.

IV. Die indirekt meßbaren Sauerstoffdrucke 2. Art

Eine weitere Gruppe von Grundgleichgewichten ist durch die indirekt meßbaren Sauerstoffdrucke, allgemeiner, Zersetzungsdrucke zweiter Art gegeben (*7a*). Hier reagiert Sauerstoff mit direkt nicht meßbarem Druck mit einem Partner, der ebenfalls keinen direkt meßbaren Druck besitzt, zu einem gasförmigen Stoff, dessen Druck direkt meßbar ist, z.B.:

$$Cu_2S + 2\, Cu_2O = 6\, Cu + SO_2 \tag{39}$$

$$SO_2 = 1/2\, S_2 + O_2; \quad D_{SO_2} = \frac{p_{S_2}^{1/2} \cdot p_{O_2}}{p_{SO_2}} \tag{40}$$

$$p_{O_2} = D_{SO_2} \left(\frac{p_{SO_2}}{p_{S_2}^{1/2}} \right) \tag{41}$$

In diesem Falle, also bei Benutzung des Schwefeldioxydzerfallsgleichgewichtes als homogenes Hilfsgleichgewicht, ist die Kenntnis des Schwefeldruckes: $2\,Cu_2S = 4\,Cu + S_2$ notwendig, wenn man den Sauerstoffdruck messen will.

Will man nur die Kupferaktivitäten messen, so braucht man die Kenntnis des Schwefeldruckes nicht. Eng verwandt hiermit ist die interessante Gleichgewichtsreaktion:

$$3\,FeS + 2\,SO_2 = Fe_3O_4 + 5/2\,S_2 \ (\mathit{36}, \mathit{37})$$

Zur Messung besonders niedriger Sauerstoffdrucke gelangt man, wenn folgender Reaktionstyp realisierbar ist:

$$MeO + C_{Gr} = Me + CO \qquad (42)$$

$$CO = C + 1/2\,O_2 \qquad (43)$$

$$D_{CO\,(C,\,O_2)} = \frac{a_C \cdot p_{O_2}^{1/2}}{p_{CO}} \qquad (44)$$

$$p_{O_2} = D^2_{CO\,(C,\,O_2)} \cdot \left(\frac{p_{CO}}{a_C}\right)^2 \qquad (45)$$

Bei Beteiligung elementaren Kohlenstoffes mit $a_C = 1$ ergibt sich der Sauerstoffdruck aus dem CO-Druck und der Dissoziationskonstanten (Abb. 4). Die Temperaturabhängigkeit von D_{CO} wird gegeben durch:

$$\log D_{CO} = -6229{,}65/T - 5{,}1025 \ (\mathit{21}) \qquad (46)$$

Dabei wird, besonders je nach dem Temperaturbereich der Messung, ein meist kleiner, manchmal nicht zu vernachlässigender Partialdruck an CO_2 beteiligt sein. Dazu gehört ein Gleichgewicht, das in reiner Form wohl kaum meßbar, aber durch Rechnung bequem zugänglich ist:

$$CO_2 = C + O_2 \qquad (47)$$

Über den Sauerstoffdruck in Gl. (43) und Gl. (47) sind sie verknüpft (Simultangleichgewicht).

Die aufgeführten drei Fälle von oxydischen Grundgleichgewichten: direkt meßbare Sauerstoffdrucke, indirekt meßbare Sauerstoffdrucke 1. Art, indirekt meßbare Sauerstoffdrucke 2. Art, geben gleichzeitig eine allgemein anwendbare Systematik heterogener Gasgleichgewichte. Aus ihnen leiten sich durch Zusammensetzung und Verschiebung alle übrigen ab.

Bei den bisher behandelten Typen wurde dem betrachteten Oxyd Sauerstoff derart entzogen, daß ein Oxyd in ein anderes Oxyd oder in Metall überging. Die Karbonatzersetzung und die Sulfatzersetzung liefern demgegenüber beim Fortgang der Zersetzungsreaktion steigende Mengen

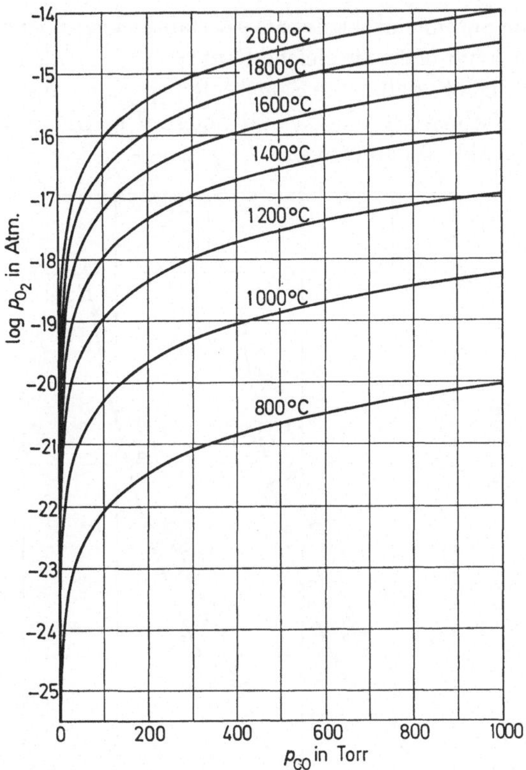

Abb. 4. Sauerstoffpartialdrucke von „reinem“ Kohlenoxyd bei verschiedenen Temperaturen in Anwesenheit von Graphit ($\log p_{O_2} = f(p_{CO})$)

an freiem Oxyd. Solche Reaktionen können benutzt werden, um die Bindungsfestigkeit zugesetzter Oxyde bei der Oxydaddition zu messen, z. B.:

$$MgSO_4 = MgO + (SO_3) \; (22) \tag{48}$$

Dabei mißt man den Summendruck, der sich z. B. bei 1000° C gemäß dem Gleichgewicht

$$SO_3 = SO_2 + 1/2\, O_2 \; (22, 23) \tag{49}$$

einstellt und der über D_{SO_3} ausgewertet werden kann. Fügt man zum $MgSO_4$ etwa Fe_2O_3 hinzu, so kann man die Spinellbildungsreaktion

$$MgO + Fe_2O_3 = MgFe_2O_4; \quad \Delta G_T = -2700 - 2{,}15 \cdot T \; (22) \qquad (50)$$

$$MgSO_4 + Fe_2O_3 = MgFe_2O_4 + (SO_3) \qquad (51)$$

studieren:

Der hier im Summendruck des SO_3-Zerfallsgleichgewichts auftretende Sauerstoffdruck hat nicht die gleiche Funktion, wie bei den obigen Fällen. Er bewirkt lediglich, daß keine Sauerstoffabspaltung aus dem $MgFe_2O_4$ oder dem überschüssigen Fe_2O_3 stattfindet. Die Univarianz-Summendrucke sind in Abb. 5 dargestellt.

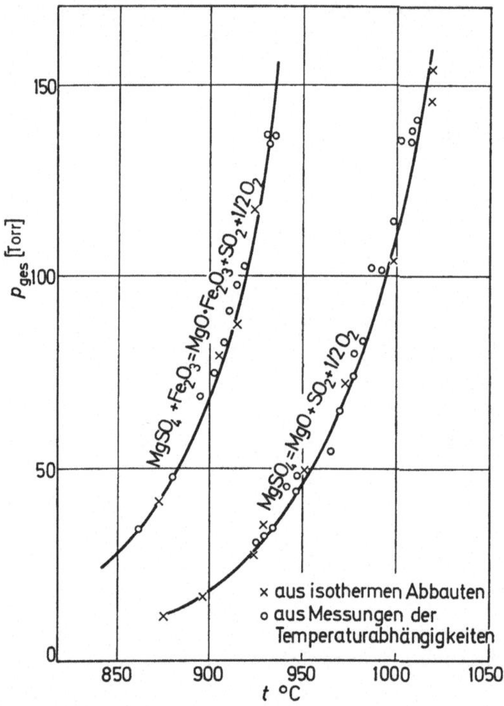

Abb. 5. Temperaturabhängigkeit der univarianten Gesamtzersetzungsdrucke sulfatischer Systeme: $MgSO_4$ und $MgSO_4$—Fe_2O_3-Gemische ($P = f(t°C)$)

In ähnlicher Weise können Karbonat-Zersetzungsdrucke benutzt werden (Abb. 6):

$$SrCO_3 = SrO + CO_2 \; (24) \qquad (52)$$

$$SrCO_3 + SrFe_2O_4 = Sr_2Fe_2O_5 + CO_2 \qquad (53)$$

$$SrFe_2O_4 + SrO = Sr_2Fe_2O_5; \quad \Delta G_T = -20100 + 10{,}2 \cdot T \; (24) \qquad (54)$$

Man hat hier auf den Modifikationswechsel des $SrCO_3$ zu achten. Auch beim $BaCO_3$-Zerfall kann man ähnliche Messungen ausführen, jedoch wird die Auswertung durch das $BaO-BaCO_3$-Eutektikum kompliziert (*22*). Beim $CaCO_3$-Zerfall werden die Messungen zu derart tiefen Tempe-

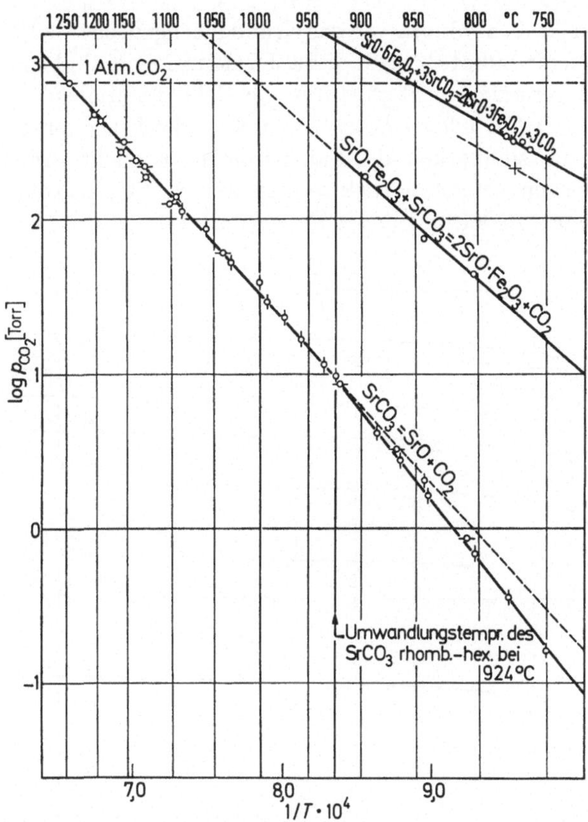

Abb. 6. Verschiebung der univarianten Zersetzungsdrucke von $SrCO_3$ durch Fe_2O_3-Zusätze (Darstellung: $\log p_{CO_2} = f(1/T)$).
ϕ *J. J. Lander* für $SrCO_3 = SrO + CO_2$, o ⌘ *O. Werber*, -o- *S. Tamaru* und *K. Siomi*

raturen verschoben, daß sie nicht mehr durchführbar sind. Hier beim CaO kann jedoch der $CaSO_4$-Zerfall gemessen werden ($CaO-Fe_2O_3$-System, *Werber* (*22*)). Man erhält so für

$$CaO + Fe_2O_3 = CaFe_2O_4 \tag{55}$$

$$\Delta G_T = -22853 + 10{,}340 \cdot T \; (22) \tag{56}$$

Bei den sulfatischen Zersetzungsdrucken ist noch eine Besonderheit zu erwähnen. Die in der Literatur (*25*) beschriebenen schweren Explosionen, welche bei der Vermischung von flüssigem Na_2SO_4 und flüssigem Al auftreten, führten zur Feststellung, daß zahlreiche Sulfate relativ hohe Sauerstoffdrucke besitzen. Sie sind bei $CaSO_4$ zwischen 800 und 1000° C meßbar gemäß: $CaSO_4 + 4\ CO = CaS + 4\ CO_2$ (98—99% CO_2). Sie liegen in derselben Größenordnung wie das Grundgleichgewicht NiO/Ni (Gl. 35). Für die weiteren Sulfate: Na_2SO_4, $BaSO_4$, $MnSO_4$ gilt ähnliches (*26*). Die Reaktionen verlaufen nicht ganz frei von Nebenreaktionen.

Bei den CO_2/CO-Gleichgewichten entsteht die Frage, bis zu welchem Grenzwert die Meßbarkeit der Sauerstoffdrucke reicht. Anders ausgedrückt: Welchen Sauerstoffdruck vermag „reines“ CO_2 auszuüben. Neben der allgemeinen Bedeutung dieser Frage („Schutzgas CO_2“) ist sie für die

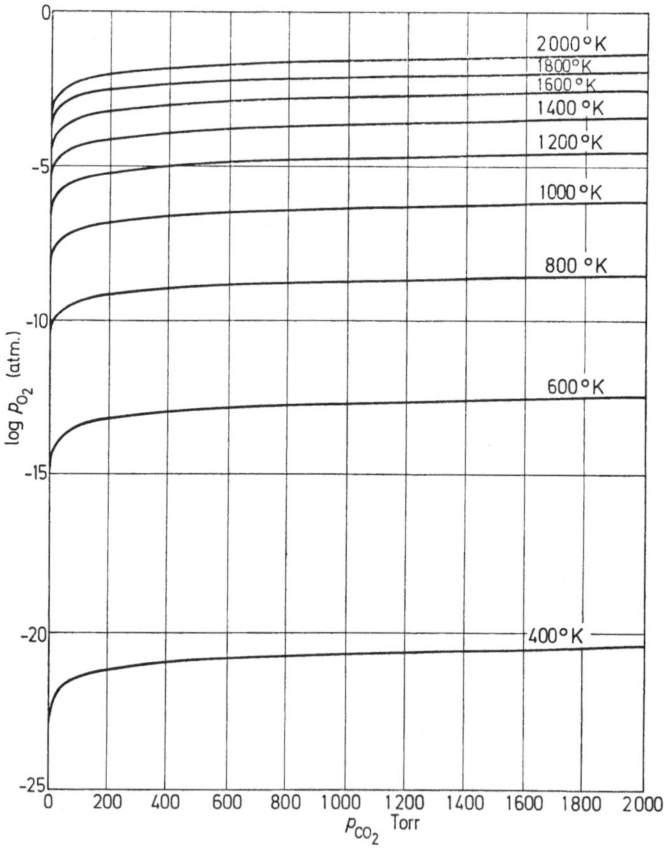

Abb. 7. Sauerstoffpartialdruck von „reinem“ Kohlendioxyd bei verschiedenen CO_2-Drucken und Temperaturen ($\log p_{O_2}$ (Atm) $= f(p_{CO_2})$)

Messung über carbonatischen Systemen von Wichtigkeit. Dazu setzt man einen stöchiometrischen CO_2-Zerfall an

$$CO_2 = CO + 1/2\, O_2 \tag{57}$$

$$p_{CO} = 2\, p_{O_2} \tag{58}$$

$$D_{CO_2} = \frac{p_{CO} \cdot p_{O_2}^{1/2}}{p_{CO_2}} = \frac{2\, p_{O_2}^{3/2}}{p_{CO_2}} \tag{59}$$

$$\log p_{O_2} = 2/3\, (\log D_{CO_2} - \log 2 + \log p_{CO_2}) \tag{60}$$

$$\log D_{CO_2} = -14548{,}6/T + 4{,}4044 \; (27) \tag{61}$$

Das Rechenergebnis zeigt Abb. 7. Auch für einen Dampfdruck von reinem Wasserdampf kann man analog den Sauerstoffdruck ausrechnen.

V. Probleme univarianter Grundgleichgewichte

In der Frühzeit der Messung heterogener Gasgleichgewichte sah man es meist als ausreichenden Beweis für die Univarianz eines Systems an, wenn eine weitgehend geradlinige Darstellung von $\log p = f(1/T)$ bzw. $\log K_p = f(1/T)$ erzielt werden konnte. Die Tatsache der Geradlinigkeit sagt aber im allgemeinen über die beteiligten Phasen des Gleichgewichts noch nicht viel aus. So konnte es zur lange geglaubten Annahme kommen, daß Gleichgewichte mit RhO und Rh_2O existieren, während in Wirklichkeit Rh_2O_3 unmittelbar mit Rh-Metall im Gleichgewicht steht (*2*). Die Charakterisierung eines univarianten Gleichgewichtes bezüglich der beteiligten Phasen kann gleichgewichtsmäßig nur über einen isothermen Abbau erreicht werden, bei dem z. B. im Rahmen der Meßgenauigkeit praktisch reines CuO neben praktisch reinem Cu_2O mit Sauerstoff koexistiert. Das bedeutet, die Horizontale (Druckkonstanz) in der isothermen Darstellung $p_{O_2} = f(n_O/n_{Me})$ reicht von CuO bis Cu_2O. In anderen Fällen, wo eine Randlöslichkeit im binären Zustandsdiagramm vorliegt, reicht die Horizontale nur bis zu der Zusammensetzung dieser Randlöslichkeit (z. B. System Fe_2O_3—Fe_3O_4, wo, je nach Temperatur, Zusammensetzungen von $FeO_{1,33}$ bis $FeO_{1,40}$ vorkommen (Abb. 8)). Dies Bild zeigt weiterhin, daß die Horizontalen sowohl bei 1269° C als auch bei 1420° C gut ausgebildet sind. Dies aber nur, wenn Platinschiffchen verwendet wurden. Bei Temperaturen bis etwa 1350° C wurden auch in Al_2O_3-Schiffchen Horizontalen erhalten, oberhalb aber nicht mehr (*13*).

Das Bild zeigt weiterhin auf der Fe_3O_4-Seite Fe_2O_3-Löslichkeiten, wie sie im wesentlichen mit früheren Messungen (*14*) übereinstimmen. Dagegen sind die früheren (*14*) Fe_3O_4-Löslichkeiten auf der Fe_2O_3-Seite sehr viel kleiner geworden. Dies ist eine Folge einer Wärmebehandlung des Fe_2O_3 vor Versuchsbeginn, die als „Gitterausheilung" verstanden wird, also eine Rekristallisation unter Beseitigung nichtstabiler Gitterbaufehler. Solche „Ausheilungen" brauchen u. U. eine recht lange Zeit, oft mehrere Wochen, vor Versuchsbeginn. Dabei sind Sauerstoffdrucke anzuwenden, welche nicht zu hoch (10—20%) über dem Wert der erwarteten Univarianzhorizontalen liegen.

Systeme, welche ohne Ausheilungen keine Messungen des thermodynamisch-stabilen Zustandes zulassen, sind: Mn_2O_3—Mn_3O_4—O_2, Co_3O_4—CoO—O_2, Rh_2O_3—Rh—O_2. Dabei ist es wichtig zu bedenken: Für thermodynamische Berechnungen braucht man die Kenntnis der

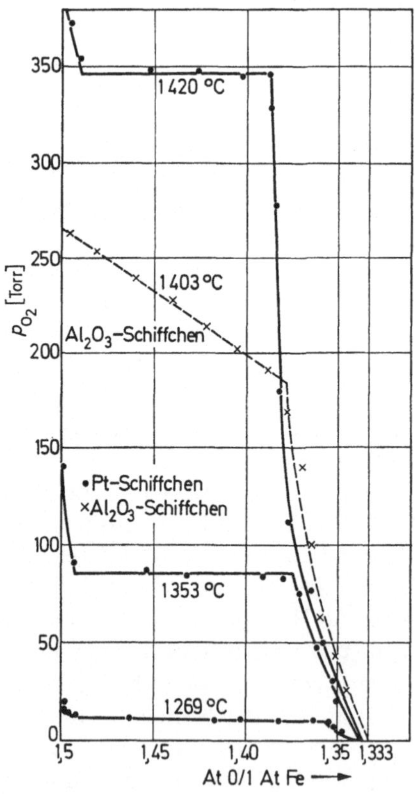

Abb. 8. Ungestörte Fe_2O_3—Fe_3O_4-Abbauten bei 1269, 1353 und 1420° C in Platinschiffchen. Gestörter Abbau durch Al_2O_3-Schiffchen bei 1403° C

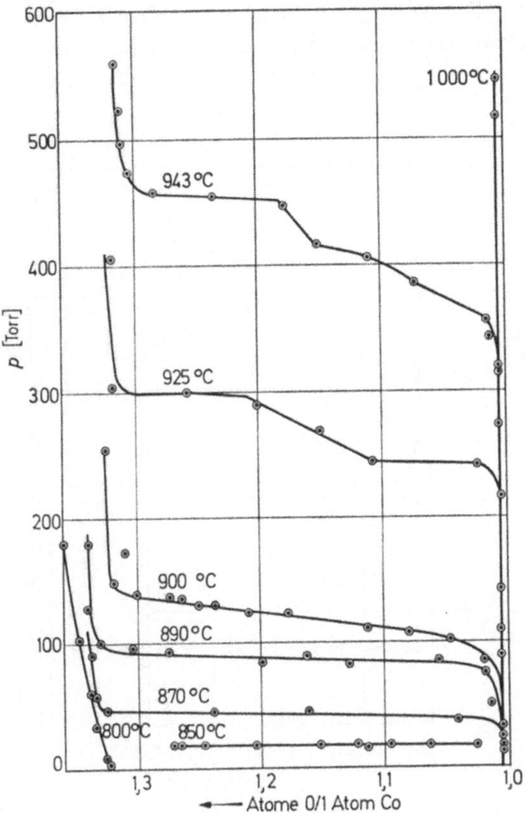

Abb. 9. Einfluß nicht ausgeheilter Zustände im Co_3O_4-Gitter auf den univarianten Co_3O_4—CoO-Abbau bei verschiedenen Temperaturen

stabilen Zustände, für das Verständnis zahlreicher praktisch interessierender Vorgänge braucht man die Kenntnis der jeweils vorliegenden metastabilen System-Zustände. Solche Unterschiede werden in Abb. 9 (Co_3O_4 nicht ausgeheilt) (*12*), Abb. 10 (Co_3O_4 ausgeheilt) (*11*) gegenübergestellt. (Eine Horizontale nach Abb. 10 wurde auch von *Roiter* und *Paladino* (*28*) gemessen.) Während des Ausheilungsvorganges kann es in den Abbaukurven zu Rückläufigkeit kommen, wo bei sinkendem Druck Sauerstoffaufnahme stattfindet (Mn_2O_3—Mn_3O_4—O_2 (*9*), vgl. (*10*)).

Die Ausheilung von Präparaten vor Versuchsbeginn hat sich in der letzten Zeit als eine wichtige Voraussetzung zur Erzielung reproduzierbarer Messungen erwiesen. Dies besonders auch in Dreistoffsystemen, wie z.B. Fe—Mn—O (*13*), Mn—Rh—O (*13, 29*), Ni—Rh—O (*30*). Auf die

Fragen der Temperaturkonstanz über die Zeit sowie über den Raum (Substanzlänge) während der Versuche kann hier nicht eingegangen werden, obschon gerade hier hohe Anforderungen zu stellen sind.

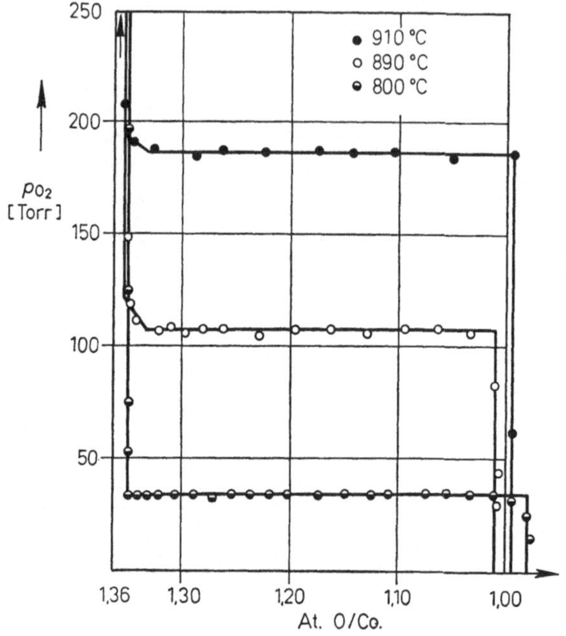

Abb. 10. Einfluß der Ausheilung des Co_3O_4 auf den isothermen Abbau (Co_3O_4—CoO) bei verschiedenen Temperaturen

Bei den Problemen univarianter Grundgleichgewichte darf die Messung des Dampfdruckes fester oder flüssiger Metalle nicht übergangen werden. Stellt doch der Dampfdruck den einfachsten Fall des Grundgleichgewichtes dar, das durch einen Partner ohne meßbaren eigenen Dampfdruck verschoben werden kann. Wenn auch in letzter Zeit die Effusionsmethoden stark in den Vordergrund getreten sind, so sind doch auf dem Gebiet der Messungen nach der Mitführungsmethode erhebliche Fortschritte erzielt worden. Sie erstrecken sich auf die theoretischen Grundlagen (u.a. auf die Frage nach der Extrapolierbarkeit auf die Strömungsgeschwindigkeit Null), den apparativen Aufbau (Benutzung der Waage während der Mitführung (*31*, *32*, *33*) sowie den Einfluß des transportierenden Gases (*34*). Auch über Besonderheiten bei der Messung mit Spiralmanometern ist berichtet worden (*35*).

VI. Die Gleichgewichtsverschiebungen durch zugesetzte Stoffe

Die bisher behandelten Grundgleichgewichte kann man am besten dadurch charakterisieren, daß man sagt, Grundgleichgewichte sind solche univariante Gleichgewichte, welche man durch zugesetzte Stoffe verschieben kann. Der einfachste Fall hierbei ist die Verschiebung des Metalldampfdruckes des Stoffes A, welchem der Stoff B zugesetzt wird. Die Beschreibung erfolgt durch das erweiterte Raoultsche Gesetz:

$$p_{A\,(\text{Mischung})} = p_{A\,(\text{rein})} \cdot N_A \cdot f_A \tag{62}$$

oder:

$$\frac{p_{A\,(\text{M})}}{p_{A\,(\text{o})}} = a_A = N_A \cdot f_A \tag{63}$$

Sie gilt für den festen bzw. flüssigen Bereich und die Temperatur T. Für Temperaturbereiche, in welchen sich $p_{A\,(\text{rein})}$ geradlinig als $\log p = f(1/T)$ darstellen läßt, hat man dann:

$$\ln p_{A\,(\text{Mischung})} = \frac{-\Delta \text{H}_{A\,(\text{Verd})\,\text{rein}}}{RT} + \left[\frac{\Delta \text{S}^0_{A\,(\text{Verd})\,\text{rein}}}{R} + \ln N_A + \ln f_A\right] \tag{64}$$

Für den Fall, daß $f_A = 1$, also, ideales Verhalten vorliegt, erhält man Parallelen zur Dampfdruckgeraden, soweit diese selbst geradlinig darstellbar ist. Bei realem Verhalten, also für $f_A \neq 1$, führt die Temperaturabhängigkeit von f_A über die Überschußenthalpie zu einer Änderung in der Steigung, über die Überschußentropie zu einer Änderung des Ordinatenabschnitts. Erst wenn beide Überschußgrößen stärker temperaturabhängig würden, könnte die Geradlinigkeit verschwinden.

Wird eine Legierung in ihren thermodynamischen Eigenschaften nicht über den Dampfdruck gemessen, sondern im Rahmen von heterogenen Gasgleichgewichten, dann gilt folgendes: Die Gleichgewichtskonstante des Rh_2O_3-Zerfalles (Gl. 18) lautet:

$$K_{(p,\,a)} = \frac{a_{\text{Rh}}^{4/3} \cdot p_{O_2}}{a_{\text{Rh}_2\text{O}_3}^{2/3}} \tag{65}$$

Sie führt mit

$$K_{(p,\,a)} = p_{O_2\,(\text{Grund})} = [p_{O_2}] \begin{cases} a_{\text{Rh}} = 1 \\ a_{\text{Rh}_2\text{O}_3} = 1 \end{cases} \tag{66}$$

zu:

$$p_{O_2\,(\text{versch})} = p_{O_2\,(\text{Grund})} \cdot \frac{a_{\text{Rh}_2\text{O}_3}^{2/3}}{a_{\text{Rh}}^{4/3}} \tag{67}$$

Dies ist die Grundform eines Verschiebungsansatzes. Fügt man nun einen Partner zum System hinzu, so wird meist aus dem Zweikomponentensystem Rh—O ein Dreikomponentensystem Rh—Pt—O bzw. Rh—Fe—O. Das Platin greift nur am Rhodiummetall an, es geht, soweit festgestellt, nicht in das Rh_2O_3 ein. Damit wird die Rhodiumoxydaktivität $a_{Rh_2O_3} = 1$ und der Ausdruck vereinfacht sich zu:

$$p_{O_2\,(\mathrm{versch})} = p_{O_2\,(\mathrm{Grund})} / a_{\mathrm{Rh}}^{4/3} \tag{68}$$

oder:

$$a_{\mathrm{Rh}} = \left(\frac{p_{O_2\,(\mathrm{Grund})}}{p_{O_2\,(\mathrm{versch})}}\right)^{3/4} \tag{69}$$

Die Prüfung, ob $a_{Rh_2O_3} = 1$ ist, erfolgt meist dadurch, daß festgestellt wird: die Konoden im Phasendreieck Rh—Pt—O laufen jeweils von der Zusammensetzung einer Legierung genau zum Phasenpunkt Rh_2O_3. Umgekehrt kennt man den Fall (*30*), daß Fe_2O_3 sich nur mit Rh_2O_3 mischt, aber nicht in das Rh-Metall eintritt. Auch dies wurde über die Konoden im Phasendreieck geprüft, kann aber auch über das der Rechnung zugängliche Austauschgleichgewicht

$$Rh_2O_3 + 2\,Fe = Fe_2O_3 + 2\,Rh \tag{70}$$

festgestellt werden. Hier reduziert sich der Verschiebungsansatz (Gl.67) zu:

$$p_{O_2\,(\mathrm{versch})} = p_{O_2\,(\mathrm{Grund})} \cdot a_{Rh_2O_3}^{2/3} \tag{71}$$

und

$$a_{Rh_2O_3} = \left(\frac{p_{O_2\,(\mathrm{versch})}}{p_{O_2\,(\mathrm{Grund})}}\right)^{3/2} \tag{72}$$

Die Beispiele zeigen: 1. Im Falle der Legierungsbildung Pt—Rh führt die Aktivitätsverminderung des Rhodiums, welche im Nenner des Verschiebungsansatzes auftritt, zu einer Erhöhung des Sauerstoffdruckes. Die Erhöhung geht mit $a_{\mathrm{Rh}}^{4/3}$, also dem Exponenten 1,333 der Rhodiumaktivität. 2. Die Mischkristallbildung Rh_2O_3—Fe_2O_3 bewirkt eine Aktivitätsverminderung des Rh_2O_3. Weil $a_{Rh_2O_3}$ im Zähler des Verschiebungsansatzes auftritt, deshalb wird Druckerniedrigung bewirkt — und diese Erniedrigung geht mit dem Exponenten 0,667. Über die Bedeutung verschiedener Verschiebungsexponenten habe ich ausführlicher berichtet (*7b, 7c*).

Nicht immer liegen die Verhältnisse so einfach, wie im vorigen dargelegt. Nicht selten laufen die Konoden im isothermen Phasendreieck von metallischen Mischkristallen zu oxydischen Mischkristallen, oder von

Mischkristallen der einen Oxydreihe zu Mischkristallen einer anderen Oxydreihe. Als Konoden bezeichnet man Geraden, welche die Zusammensetzung von Phasen verbinden, die sich im Gleichgewicht befinden. Somit sind Konoden auch Isobaren. Man erhält sie, in dem man zusammengehörige Druckwerte aus isothermen Abbauten in verschiedenen Mischungsverhältnissen in das Phasendreieck einträgt und sie geradlinig verbindet. Der einzelne Abbauversuch bei konstanter Temperatur stellt im Phasendreieck eine „Lauflinie" von der Sauerstoffecke zur gegenüberliegenden Metallkante dar (Abb. 11 und Abb. 12).

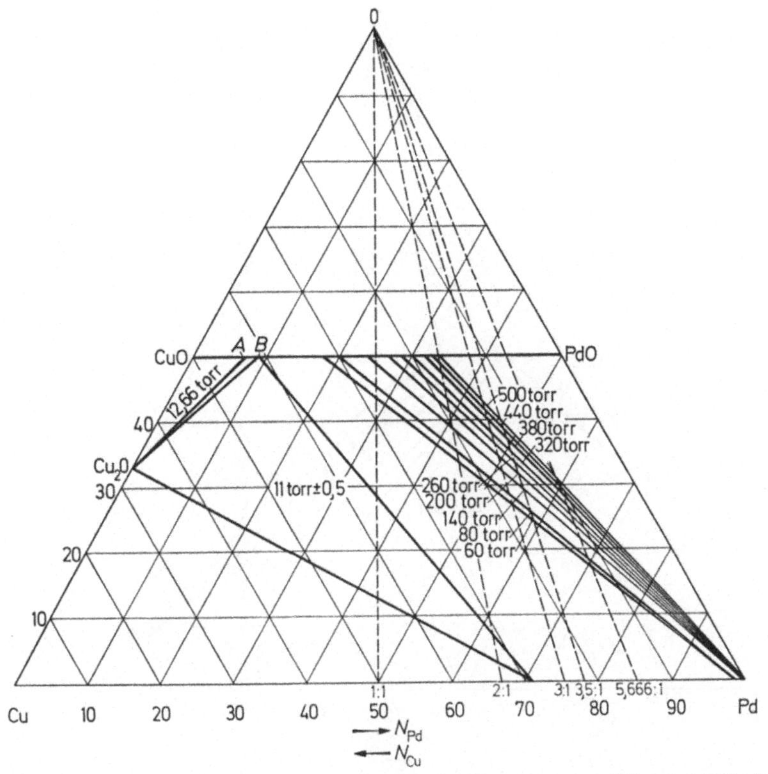

Abb. 11. Phasendreieck Cu—Pd—O bei 900° C. Konoden der Mischkristallreihe PdO—CuO in Koexistenz mit kupferarmem Pd-Metall

Die Fußpunkte der Konoden liefern die Zusammensetzungen der Legierungsphasen Cu—Pd, die Kopfpunkte die Zusammensetzungen der nahezu vollständigen tetragonalen PdO—CuO-Mischkristallreihe.

In Abb. 11 (900° C) weichen die Legierungszusammensetzungen nur wenig von $N_{Pd} = 1$ ab. Man kann daher für 900° C ansetzen: $a_{Pd} = N_{Pd}$ und damit die Aktivitätskoeffizienten des PdO im Mischkristall für den beobachteten Bereich ermitteln. Hierfür hat man, wie beim Rh_2O_3 (Gl. 67) den vollständigen Verschiebungsansatz aufzustellen (vgl. Gl. 9 bis 11). Bei Cu—Pd—O und 1000° C ist die Legierung wesentlich kupferreicher.

Setzt man versuchsweise die Palladiumaktivität ideal an ($f_{Pd} = 1$), dann wird die glatte Fortführung der bei 900° C errechneten a_{PdO}-Kurve erhalten. Aus Messungen von a_{Pd} anderer Autoren nach anderen Ver-

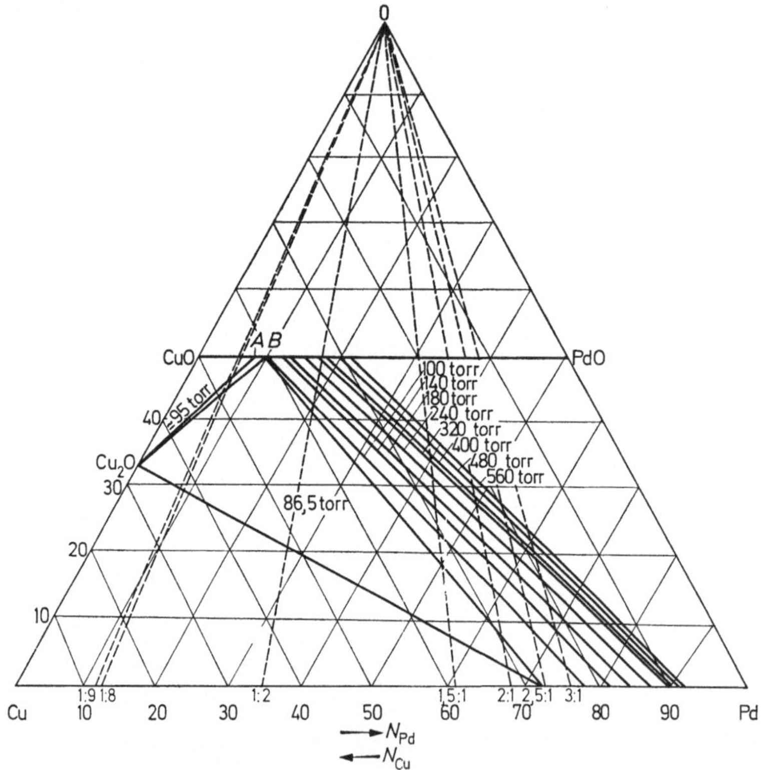

Abb. 12. Phasendreieck Cu—Pd—O bei 1000° C. Konoden der Mischkristallreihe CuO—PdO in Koexistenz mit Pd—Cu-Legierungen

fahren stellt man dann fest, daß für den benutzten Bereich dies zulässig ist. Man hat also in der Benutzung von Konoden die Möglichkeit, nicht nur die Zusammensetzung der beteiligten Phasen zu ermitteln, sondern auch in vielen Fällen die Möglichkeit, den Aktivitätsverlauf in einer der beiden Mischreihen zu ermitteln (ausführliche Darstellung in (*3*)). Man kann hier geradezu von Auswertungen nach der Konodenmethode sprechen. Eine weitere wichtige Hilfe liegt in der Tatsache, daß in solchen Fällen eine Austausch-Konstante gelten muß:

$$PdO_{(tetr)} + Cu = CuO_{(tetr)} + Pd \tag{73}$$

mit

$$K_a = \frac{a_{CuO\ (tetr)} \cdot a_{Pd}}{a_{PdO\ (tetr)} \cdot a_{Cu}} \tag{74}$$

Hier hat man allerdings zu berücksichtigen, daß das CuO im tetragonalen Mischkristall ebenfalls über einen tetragonalen Bezugszustand anzusetzen ist.

In anderen Fällen kann es von Nutzen sein, bei der Auswertung mit der Konodenmethode Aktivitäten zu benutzen, welche aus benachbarten Teildreiecken innerhalb desselben Gesamtdreieckes erhalten worden sind.

VII. Messung metallischer Aktivitäten

a) Über Metalldampfdrucke

Wenn auch im folgenden vorwiegend von Aktivitätsmessungen über heterogene Gasgleichgewichte im engeren Sinne zu sprechen ist, so kann doch die Messung metallischer Dampfdrucke nicht ganz ausgeklammert werden. Für solche Messungen eignen sich besonders Systeme mit einem Partner relativ hohen Dampfdruckes: Magnesium, Zink, Cadmium, Blei, Quecksilber, Kalium, Natrium usw.

Als Beispiele seien genannt die Systeme: Kupfer-Magnesium (*32, 33*), Nickel-Magnesium (*32, 33*), Silber-Quecksilber (*38*). Von den Ergebnissen anderer Autoren sei nur auf die Silberdampfdruckmessungen im System Pd—Ag hingewiesen (*39*), von denen noch zu sprechen ist. Welche Schwierigkeiten jedoch auftreten können, wenn bei der Versuchstemperatur beide Partner Dampfdrucke besitzen, zeigt eine Arbeit von *Roeder* und *Morawietz* (*40*), bei der insbesondere auch HgK_3-Moleküle im Dampfraum auftreten. Auch bei Mg—Pb treten besonders auf der bleireichen Seite Schwierigkeiten auf.

b) Über direkt meßbare oxydische Zersetzungsdrucke

Weil bei den Aktivitätsmessungen metallischer binärer Systeme die Metallaktivität meist nur im Nenner des Verschiebungsansatzes auftritt, führen solche Messungen zu Erhöhungen des Sauerstoffdruckes. Man hat deshalb den Grunddruck des jeweiligen Systems über die Temperatur derart festzulegen, daß, unter Berücksichtigung des Verschiebungsexponenten, ein genügend großer Konzentrationsbereich für die Messungen resultiert. Bei hohen Exponenten, z.B. für 6, wird es notwendig, verschiedene Konzentrationsbereiche bei verschiedenen Temperaturen zu messen.

Als geeignete Grundsysteme für die direkte Messung hat man: $Rh_2O_3/Rh/O_2$, $PdO/Pd/O_2$, $Cu_2O/Cu/O_2$ (sowie $CuO/Cu/O_2$ für bestimmte Teilbereiche (*5*)), $Ag_2CrO_4/Ag_2Cr_2O_4/Ag/O_2$.

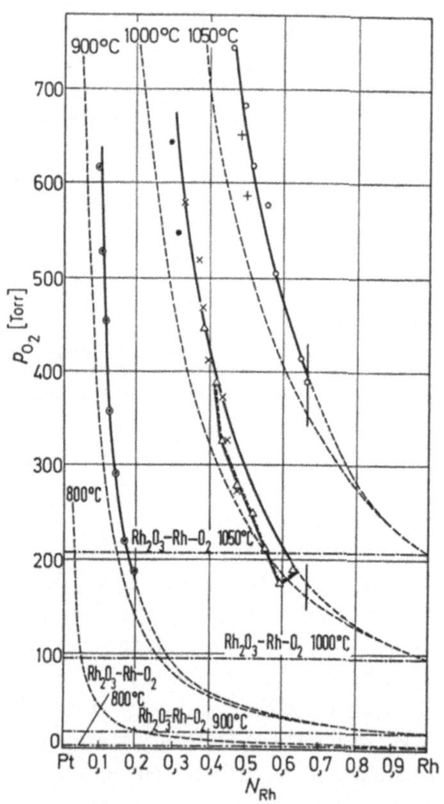

Abb. 13. Verschiebung des Grunddruckes im $Rh_2O_3/Rh/O_2$-System durch Legierungsbildung mit Platin. $p_{O_2} = f(N_{Rh})$ bei Anwesenheit von reinem Rh_2O_3

Vers. Nr.	Rh_2O_3/Pt		Vers. Nr.		
+ 1	4 : 8	1050 C	● 4	1,75 : 7	1000 C
○ 2	4 : 4	1050 C	× 5	1,5 : 3	1000 C
3	1,5 : 12	1050 C	△ 6	1 : 3	1000 C
			◎ 7	1 : 8	900 C

——————— Idealkurven für Legierungsbildung

Das Rhodiumsystem läßt sich durch die edleren Metalle Platin und Palladium variieren. Die weiter in Frage kommenden Metalle Silber und Gold haben zu wenig Neigung zur Legierungsbildung. Beim Gesamtsystem Rh—Ag—O ist jedoch die Möglichkeit zur Bildung der Verbindung $Ag_2Rh_2O_4$ gegeben, welche bis oberhalb 900° C in Luft beständig ist (*6*, *41*) gemäß einem sich sehr langsam einstellenden Gleichgewicht:

$$2\,Ag_2Rh_2O_4 = 4\,Ag + 2\,Rh_2O_3 + O_2$$

Das System Rh—Pt—O ist wegen seiner Beziehung zur katalytischen Ammoniakoxydation (*42*) einerseits und wegen der Verzunderung des Platin-Rhodium-Schenkels in Thermoelementen von besonderem Interesse. Eine eingehende Untersuchung dieses Systems sowie des Rh—Pd—O-Systems ist in (*2*) gegeben. Abb. 13 zeigt bei 900, 1000 und 1050° C die Sauerstoffdrucke, welche sich mit den angegebenen Legierungszusammensetzungen Pt/Rh und reinem Rh_2O_3 im Gleichgewicht befinden. Weiter sind in dies Bild gestrichelte Kurven eingetragen, welche sich ergeben würden, wenn das Rhodium in den Legierungen sich ideal verhielte, also in Gl. (68) die Aktivität gleich dem Molenbruch gesetzt wird. Die Auswertungen der Messung auf a_{Rh} ist in Abb. 14 gegeben und es bestätigt

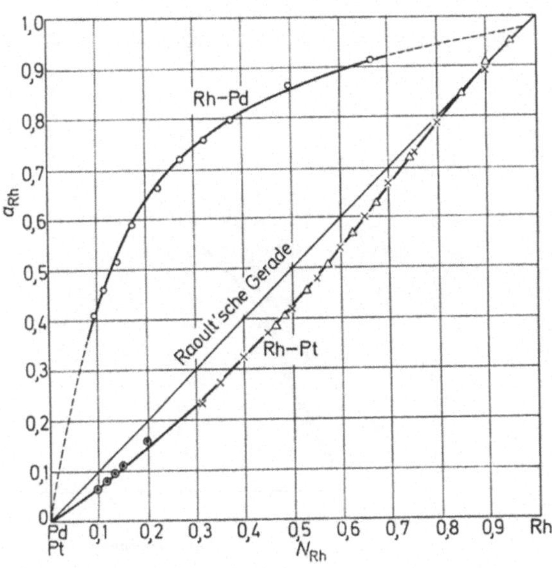

Abb. 14. Aktivitätsverlauf $a_{Rh} = f(N_{Rh})$ in Rhodium-Legierungen mit Platin und Palladium bei verschiedenen Temperaturen

sich, daß die Abweichung von der Raoultschen Geraden nicht sehr groß ist. In dasselbe Bild ist für 1050° C das Verhalten des Rhodiums in Rhodium-Palladium-Legierungen eingetragen. Die erhebliche, positive Abweichung von der Raoultschen Geraden deutet auf eine Tendenz zur Entmischung. Die Entmischung selbst ist seit einiger Zeit bekannt (*43*) und die Mischungslücke beginnt bei 845° C. Die Gesamtheit der Erscheinungen läßt sich beschreiben, wenn man den Verschiebungsansatz koppelt mit der Temperaturfunktion für den Sauerstoffdruck des Rh_2O_3-Grundsystems:

$$\log p_{O_2\,(\mathrm{Atm})} = -11608/T + 8{,}214 \tag{75}$$

$$\log p_{O_2\,(\mathrm{versch})} = -11608/T + 8{,}214 - 1{,}33 \log a_{\mathrm{Rh}} \tag{76}$$

Für das Platin-Rhodium-System macht man keinen allzu großen Fehler, wenn man anstelle der Aktivität mit dem Molenbruch rechnet. Für das Palladiumsystem ist das nicht möglich. Es sei erwähnt, daß hier die Beteiligung einer spinellartigen Phase aus PdO und Rh_2O_3 erwartet worden war, welche jedoch nicht gefunden wurde.

Für die gebräuchlichen Thermoelemente Platin/Platin-Rhodium mit 10 Gewichtsprozent Rhodium (19,2 At %) im Rh-haltigen Schenkel er-

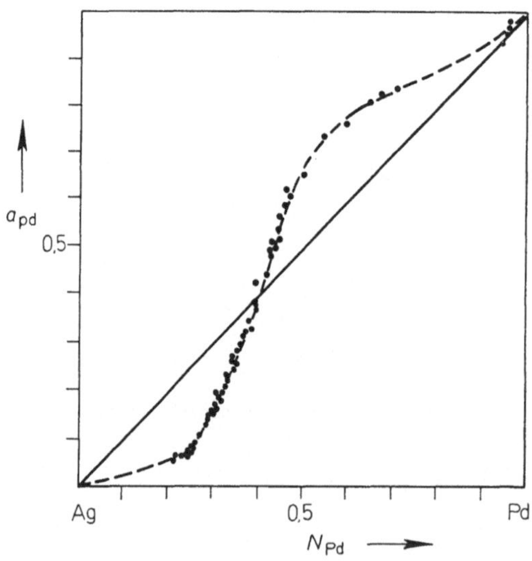

Abb. 15. Aktivitätsverlauf $a_{\mathrm{Pd}} = f(N_{\mathrm{Pd}})$ in Palladium-Silber-Legierungen bei 650, 700 und 750° C

gibt sich, daß in Luft Rh_2O_3-Bildung auf der Legierung nur bis 884° C stattfinden kann. Zu tiefen Temperaturen hin wird die Oxydationsgeschwindigkeit zunehmend kleiner, so daß die Legierung bei tiefen Temperaturen blank bleibt. Thermoelemente, welche an der Heißlötstelle oberhalb 900° C bei verschiedenen Temperaturen sehr lange Zeit betrieben werden, brechen erfahrungsgemäß einige Zentimeter von der Heißlötstelle entfernt im rhodiumhaltigen Schenkel. Man darf wohl annehmen, daß in dieser Zone durch Rhodiumoxydbildung und -zerfall eine Gefügeänderung stattfindet, welche zur Brüchigkeit führt.

Ein anderer Fall von Aktivitätsmessungen an Legierungen über direkt meßbare Sauerstoffdrucke liegt im System Pd—Ag—O vor. Im Temperaturbereich von 650—750° C hat sich der Univarianzdruck des reinen PdO/Pd-Systems durch Ag-Zusatz in auswertbarer Weise erneut eingehend messen lassen. Dies ist für spezielle Fragen der Brennstoffelemente von gewisser Bedeutung (*44*). Das Ergebnis der Aktivitätsmessung (*45*) des Palladiums zeigt Abb. 15. Es weicht von den früher mitgeteilten Ergebnissen (*76*) grundsätzlich nur wenig dadurch ab, daß im PdO eine kleine Ag_2O-Löslichkeit zu berücksichtigen ist. Eine Aktivitätsmessung des Silbers in Pd—Ag-Legierungen über Dampfdruckmessungen des Silbers von *Myles* (*39*) stimmt mit dem Integrationsergebnis nach *Gibbs-Duhem* weitgehend, wenn auch nicht vollständig überein. Die Richtigkeit der neuen Messungen der Palladiumaktivität ist von *Brodowski* (*46*) wahrscheinlich gemacht worden und steht im Widerspruch zu den Angaben von *Pratt* (*47*). Weitere Systeme bei (*7b*, *30*).

c) Über indirekt meßbare Sauerstoffdrucke

Wenn man von den relativ edlen Metallen Rh, Pd, Cu, Ag zu weniger edlen Metallen übergeht, dann gelangt man zunächst in den Bereich indirekt meßbarer Sauerstoffdrucke 1. Art. Weil auch hier die Legierungsbildung mit edleren Partnern eine Anhebung des Sauerstoffdruckes, also eine Steigerung des CO_2-Gehaltes in der CO_2/CO-Atmosphäre bewirkt, sollte bei der Auswahl geeigneter Meßsysteme darauf geachtet werden, daß zu höheren CO_2-Gehalten oberhalb des Grundgleichgewichtes für die Messungen genügend Spielraum bleibt. Hier liegen die Verhältnisse meist nicht besonders günstig. Zwar hat das FeO_{1+x}—Fe-Gleichgewicht bei 900° C, also einer günstigen Meßtemperatur, etwa 30% CO_2 im CO_2—CO-Gleichgewicht. Aber bei etwa 77% CO_2 wird das Fe_3O_4—FeO_{1+x}-Gleichgewicht überschritten. Das hat den univarianten Übergang FeO—Fe_3O_4 bei Koexistenz mit einer Legierung konstanter Zusammensetzung zur Folge.

Über das auch bei diesen Temperaturen der exakten Berechnung zugängliche (metastabile) Grundgleichgewicht Fe_3O_4—Fe kann die Auswertung auf Legierungsaktivität in diesem Bereich erfolgen. Aber im FeO—Fe-Bereich ändert sich die Zusammensetzung des FeO bei ansteigenden Gehalten am edleren Legierungspartner und damit ist die zu fordernde Konstanz in a_{FeO} nicht mehr genau gegeben. Glücklicherweise kann man durch ein nicht ganz einfaches Verfahren diesen Fall eliminieren (bisher unveröffentlicht) und die stattfindende Korrektur in a_{Fe} hält sich in mäßigen Grenzen.

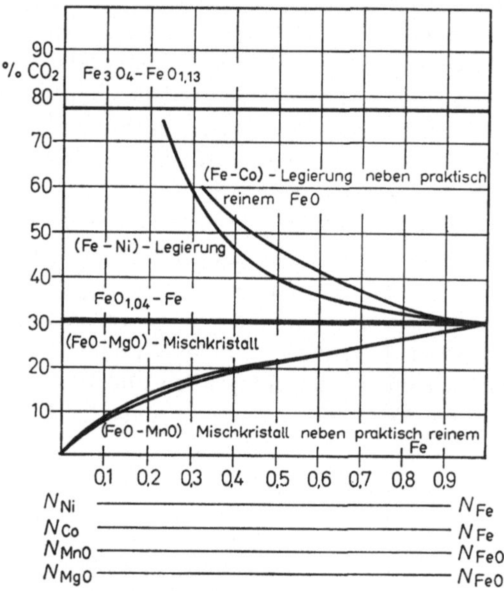

Abb. 16. Anhebung des CO_2/CO-Grundgleichgewichtes FeO—Fe durch Legierungsbildung des Eisens mit Ni und Co sowie Absenkung durch Mischkristallbildung des FeO mit MgO und MnO (900° C)

In Abb. 16 ist in der oberen Bildhälfte der CO_2-Gehalt im Gleichgewichtsgas bei 900° C als Funktion der Legierungszusammensetzung neben FeO_x dargestellt. Dabei ist der Bereich der Koexistenz mit Fe_3O_4 aus speziellen Gründen fortgelassen. Kobalt und Nickelzusätze zeigen ähnliche, aber nicht gleiche Wirkungen. Teilweise rührt das daher, daß die dargestellten Kobaltlegierungen im Bereich der α-Strukturen, die Nickellegierungen bei 900° C praktisch vollständig im γ-Bereich liegen. Eine vollständige Aktivitätsauswertung für a_{Fe} im Fe—Ni-System ist in Abb. 17 wiedergegeben (*48a, 48b*). Wenn man zu NiO/Ni und CoO/Co als Grundsystem übergeht, dann wird der Spielraum für Gleichgewichts-

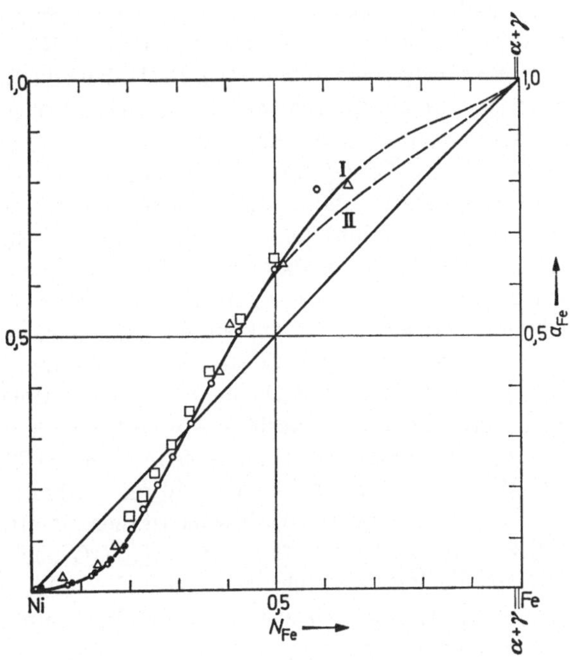

Abb. 17. Eisenaktivitäten in Eisen-Nickel-Legierungen bei 900° C. I Meßkurve a_{Fe}: ○ nach neuer Auswertemethode, □ nach alter Auswertemethode im Bereich FeO—Fe, ● nach alter Auswertemethode im Bereich Fe_3O_4—Fe, △ Ergebnisse von *Ringsdorf*. II Modellrechnung mit $D = 2 \cdot 10^{-2}$ für Ni_3Fe

verschiebungen recht klein. Denn das Co-System hat bei 900° C im Grundsystem etwa 88% CO_2, das Nickelsystem etwa 99% CO_2. Trotzdem ist es *Muan* u. Mitarb. (*49, 50, 51*) möglich gewesen, Aktivitäten von Ni, Co und Fe in den Legierungspaaren: Ni—Pt, Ni—Pd, Co—Pt, Co—Pd, Fe—Pd, Fe—Pt auf Grund dieser Gleichgewichtsverschiebungen zu messen.

Auf andere Grundsysteme, z.B. mit H_2O/H_2 oder mit SO_2 Gasatmosphären, kann nicht eingegangen werden.

VIII. Aktivitätsmessungen in einfachen oxydischen Mischkristallsystemen

Bereits im allgemeinen Teil ist gesagt worden, daß man das $Rh_2O_3/Rh/O_2$-System nicht nur durch Metallzusätze anheben kann, sondern auch durch Oxydzusätze absenken kann. Als Zusatz für eine einfach auswertbare Gleichgewichtsverschiebung eignet sich das mit Rh_2O_3 isomorphe Fe_2O_3. Die Mischkristalle koexistieren mit praktisch reinem Rh-Metall, eine Spinellbildungsreaktion ist nicht aufgetreten. Deshalb ist die Bestimmung von $a_{Rh_2O_3}$ über einen weiten Konzentrationsbereich möglich gewesen (*30*).

Bei den indirekt meßbaren Sauerstoffdrucken gilt das für die Verschiebung der NiO/Ni-, CoO/Co-Gleichgewichte mit CO_2/CO-Mischungen Gesagte für die oxydischen Mischkristalle nicht, d.h. anstelle der Anhebung durch Legierungsbildung tritt nun die Absenkung durch Mischkristallbildung mit den jeweiligen Oxyden. Fügt man z.B. zum FeO—Fe-System andere isomorphe Oxyde wie MgO, MnO, dann tritt entsprechend den Verschiebungsansätzen eine Absenkung der CO_2-Gehalte im Gleichgewichtsgas ein, bei 900° C von 30% CO_2 zu tieferen Werten. Die Aktivitätskurven für a_{FeO} in den binären FeO—MgO- bzw. FeO—MnO-Systemen zeigen eine recht ähnliche, geringe positive Abweichung von der Raoult-Geraden. Die CO_2-Gehalte über den mit praktisch reinem Eisen koexistierenden XO-Mischkristallen sind in Abb. 16 mit enthalten. Die Abweichung von a_{FeO} in den FeO—CoO-Mischkristallen ist etwas größer. (Zu MgO (*52*), zu MnO und CoO (*48a*), zu FeO—MgO auch (*53*).) Am System NiO/Ni ist die Verschiebung mit MgO und MnO von *Muan* u. Mitarb. (*54*) untersucht, am CoO/Co-System mit MgO, MnO, FeO (*55*) (alles CO_2/CO-Gleichgewichte).

IX. Systeme mit „ungewöhnlichen" Mischkristallbildungen; die Kryptomodifikationen

Die bisher behandelten Systeme waren vorwiegend solche mit „gewöhnlicher" Mischkristallbildung. Das soll sagen: Im Sinne der älteren Grimmschen Regeln über die lückenlose Mischkristallbildung (die ja in erster Linie für Ionenkristalle gelten sollten) hat man: Gleichheit des Formeltyps, Gleichheit des Gittertyps, die Unterschiede der Gitterkonstanten halten sich in mäßigen Grenzen. Demgegenüber sollen „ungewöhnliche" Mischkristallbildungen solche sein, bei denen Verschiedenheit des Gittertyps vorliegt. Erwartungsgemäß liegt in solchen Fällen meist keine Lückenlosigkeit der Mischkristallbildung vor, man hat mehr oder weniger große Randlöslichkeiten je nachdem, wie weit das Wirtsgitter seinem „Gast" sein Gitter aufzwingen kann.

Solche Dinge haben sich unter Benutzung von Kupfer(II)-oxyd in grundsätzlich wichtiger Weise untersuchen lassen. Das CuO hat als stabile Modifikation den monoklinen Tenorit. Die Struktur wurde von *Tunnel* u. Mitarb. (*56*) (vgl. auch (*57*)) beschrieben.

Der Tenorit nimmt am univarianten Grundgleichgewicht $CuO/Cu_2O/O_2$ teil, das bei 1000° C einen Sauerstoffdruck von 96 Torr hat. Dies Grundgleichgewicht läßt sich durch Zugabe von NiO (*8, 59*), MgO (*58, 59, 60*) und CoO (*11, 57*) abwandeln. Während beim NiO-System keine Verbindungsphase beobachtet wurde, trat beim MgO die Verbindung: Cu_3MgO_4 und beim CoO die Verbindung Cu_2CoO_3 auf.

Bei allen drei Fällen tritt eine Auflösung von CuO in den kochsalzkubischen Wirtsgittern auf. Die CuO-Löslichkeit ist von System zu System verschieden, sie ändert sich deutlich mit der Temperatur. Man hat bei 1000° C:

$$\left.\begin{array}{l} \text{MgO}-\text{CuO}: N_{\text{CuO}} = 0{,}21 \\ \text{NiO}-\text{CuO}: N_{\text{CuO}} = 0{,}33 \\ \text{CoO}-\text{CuO}: N_{\text{CuO}} = 0{,}43 \end{array}\right\} \text{Sättigung bei } 1000^\circ\,\text{C}$$

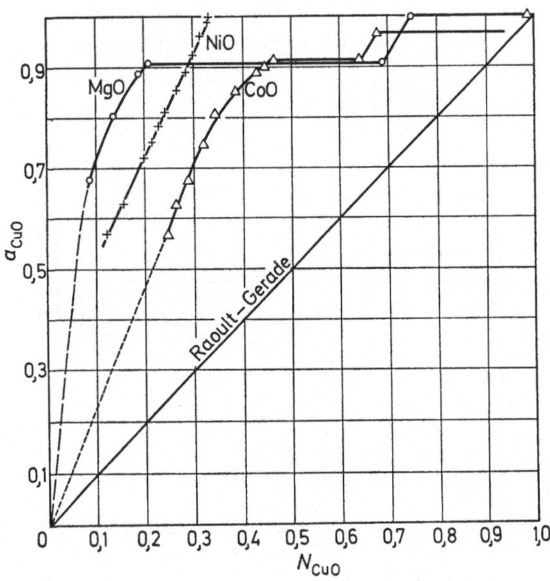

Abb. 18. Aktivitätsverlauf für CuO in seinen Mischkristallen mit NiO, MgO, CoO bei 1000° C. Bezugszustand: $a_{\text{CuO monoklin}}$

Die Gesamtheit aller, über den Mischkristallen neben reinem Cu_2O auftretenden Sauerstoffdrucke, läßt sich durch die Gleichung beschreiben:

$$\log p_{O_2\,\text{versch}}\,(\text{Atm}) = -13158/T + 9{,}439 + 4 \log a_{CuO} \qquad (77)$$

Dabei ist a_{CuO} den Messungen in den verschiedenen Systemen zu entnehmen. Sie sind für 1000° C in Abb. 18 nach den Messungen dargestellt. Die röntgenographische Untersuchung der XO-Mischkristalle (*57*, *59*) ergab, daß im gesamten MK-Bereich steinsalzkubisches Gitter vorliegt. Der Verlauf der Gitterkonstante mit der Konzentration ist in Abb. 19 dargestellt. Aus den drei Meßreihen kann man geradlinig auf reines kubisches CuO extrapolieren. Man erhält so die Gitterkonstante eines bisher nicht bekannten, reinen, kubischen CuO mit der Gitterkonstante 4,245 ± 0,005 Å. Von großer Bedeutung dabei ist, daß alle drei Mischreihen zu einem einzigen, gemeinsamen Extrapolationsergebnis führen. Die Bestimmung der Gitterkonstanten muß für diesen Zweck mit großer Genauigkeit ausgeführt werden, da die Unterschiede in den Mischreihen relativ klein sind. Für die reinen Oxyde hat man (Neubestimmung der Gitterkonstanten (*57*)):

NiO	$a = 4{,}1771$	
MgO	$a = 4{,}2123$	±0,0002 Å
CoO	$a = 4{,}2626$	

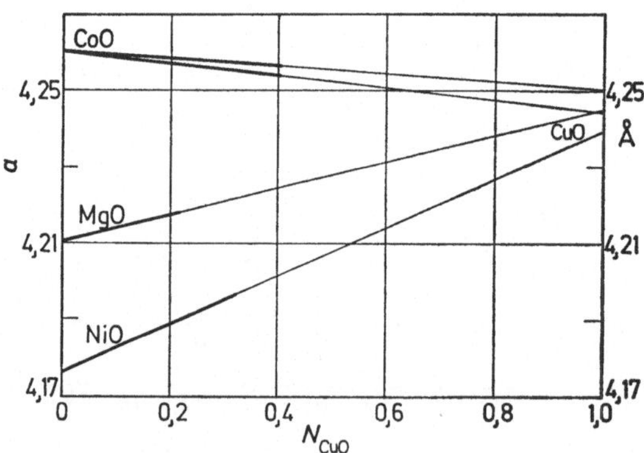

Abb. 19. Gitterkonstante *a* der kubischen Mischkristalle des NiO, MgO mit CuO. Extrapolation auf ein kubisches CuO

Es ist nun einleuchtend, daß man bei der Aktivitätsdiskussion für diese Mischreihen nicht mit dem thermodynamisch-stabilen Bezugszustand, nämlich dem des monoklinen CuO zu arbeiten hat, sondern dem „vergleichbaren“ Bezugszustand des kubischen CuO. Der Übergang ist folgendermaßen zu vollziehen:

$$CuO_{monokl} \rightarrow CuO_{kub} \tag{78}$$

$$\overset{*}{a}_{CuO} = \frac{p_{CuO\ kub}}{p_{CuO\ monokl}} = \frac{a_{CuO\ monokl}}{a_{CuO\ kub}} \tag{79}$$

$$\Delta G_{Umw} = RT \cdot \ln \overset{*}{a}_{CuO} \tag{80}$$

Man kann hier ein ΔG_{Umw} (1000° C) von ca. 2,3 kcal ansetzen, wenn man davon ausgeht, daß durch den geringen Unterschied der Gitterkonstante von CoO und CuO_{kub} angenähert ideales Verhalten in der Mischung vorliegt, wobei eine geringe positive Abweichung abgeschätzt wird.

Die hier benutzten Oxyde MgO, NiO, CoO, in welchen sich das CuO auflöst, haben keine direkt meßbaren Sauerstoffdrucke. Demgegenüber hat das $PdO/Pd/O_2$-System im Bereich 800—1000° C Sauerstoffdrucke von der Größenordnung 1 Atm.

Beim eingehenden Studium des Dreistoffsystems Pd—Cu—O (*3*) ergeben sich Verhältnisse, welche in vieler Hinsicht interessant sind (vgl. Abb. 11, 12). Die isothermen Phasendreiecke für 900 und 1000° C weisen verschiedene Gebiete auf:

1. Ein Gebiet zwischen CuO, Cu_2O und der Phase *A*. Es hat den kaum veränderten Grunddruck des $CuO/Cu_2O/O_2$-Systems.

2. Ein Gebiet, in welchem Cu_2O mit Legierungen vom reinen Cu bis zu solchen mit $N_{Cu} = 0{,}715$ koexistiert und welches mit der angewandten Meßtechnik wegen zu kleiner Drucke nur zu kleinen Teilen zugänglich ist.

3. Sieht man von dem kleinen Zwischenbereich A—B—Cu_2O ab, dann folgt ein großes Univarianzfeld mit 86,5 Torr bei 1000° C. In ihm koexistieren die Phase B, welche einen Mischkristall CuO—PdO mit $N_{PdO} = 0{,}175$ darstellt, mit Cu_2O und einer Legierung Pd—Cu mit $N_{Pd} = 0{,}715$.

4. Das nächste Feld entspricht der Koexistenz von CuO—PdO-Mischkristall zwischen $N_{PdO} = 0{,}175$ und $N_{PdO} = 1$ sowie Legierungen von $N_{Pd} = 0{,}715$ bis $N_{Pd} = 1$.

Nun hat das PdO ein tetragonales Gitter (Cooperit PdS) mit $a_0 = 3{,}043$ Å und $c_0 = 5{,}338$ Å, $c/a = 1{,}754$ (Neubestimmung *Eikerling* (*57*)). Nach dem Vorangegangenen ist schon zu erwarten, daß der aus den Gleichgewichtsmessungen (*3*) erhaltene Mischkristallbereich von $N_{PdO} = 1$ bis $N_{PdO} = 0{,}155$ ebenfalls tetragonal ist. Dies wird bestätigt durch

Röntgenaufnahmen von CuO—PdO-Mischungen, welche bei 750° C mit $p_{O_2} = 1$ Atm hergestellt, abgeschreckt und bei Zimmertemperatur aufgenommen wurden (Abb. 20 nach (*57*)). Die röntgenographische Löslich-

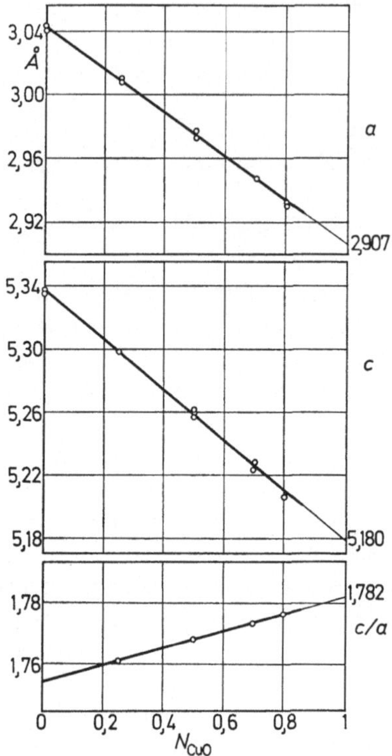

Abb. 20. Gitterkonstante der tetragonalen Mischkristallreihe PdO—CuO und Extrapolation auf ein tetragonales CuO

keitsbestimmung liefert für 750° C: $N_{CuO} = 0{,}860 \pm 0{,}005$. Weiterhin kann hier (über einen kleinen Bereich hinweg) die Extrapolation auf ein tetragonales CuO vorgenommen werden mit:

$$a = 2{,}907 \text{ Å} \qquad c/a = 1{,}782$$
$$c = 5{,}180 \text{ Å}$$

Die Auswertung der Gleichgewichtsmessungen kann, wie auf Seite 604 beschrieben, auf PdO-Aktivitäten vorgenommen werden (Abb. 21). Die Auswertung reicht naturgemäß bis zur Mischungslücke CuO—PdO, also bis $N_{PdO} = 0{,}155$. An dieser Stelle wird $a_{PdO} = \text{const.}$ bis zum praktisch reinen CuO (horizontales Stück in Abb. 21).

Extrapoliert man jedoch die Aktivitätskurve bis zum reinen CuO und integriert nach *Gibbs-Duhem*, dann erhält man den Verlauf von a_{CuO} nicht für monoklines CuO, sondern für tetragonales CuO. Auf dieser

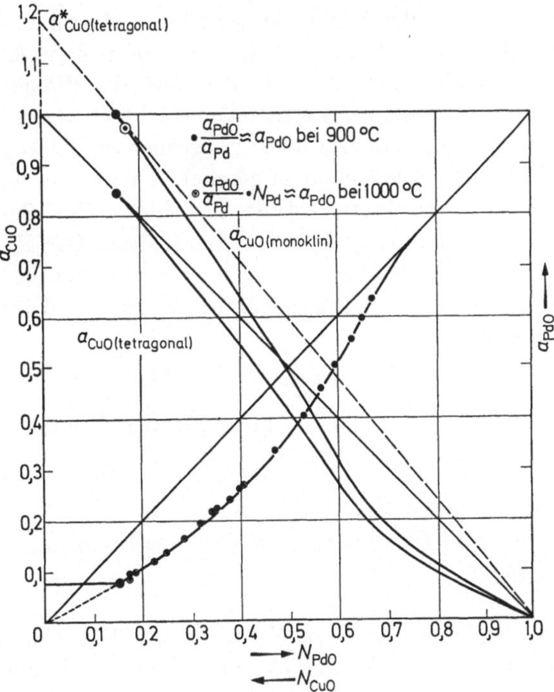

Abb. 21. Aktivitätsverlauf des PdO in PdO—CuO-Mischkristallen. Übergang auf die Aktivitäten mit den Bezugszuständen $CuO_{tetragonal}$ und $CuO_{monoklin}$

neuen Kurve ist nun die Mischungslücke, die an der Stelle $N_{PdO} = 0{,}155$ beginnt, als Horizontale einzuzeichnen. Man erhält damit einen Wert von $a_{CuO} = 0{,}845$. Dieser Wert besagt, daß das monokline CuO bezogen auf $a_{CuO\,(tetr)} = 1$ eine kleinere Aktivität besitzt, als dieses. Der reziproke Wert von 0,845 liefert

$$\overset{*}{a}_{CuO\,(tetr)} = 1{,}183 \text{ für } 1000^\circ \text{ C},$$

also einen Ausdruck, der die Ermittlung des Aktivitätsverlaufes für das monokline CuO ermöglicht:

$$\overset{*}{a}_{CuO\,(tetr)} = \frac{p_{CuO\,(tetr)}}{p_{CuO\,(monokl)}} = \frac{a_{CuO\,(monokl)}}{a_{CuO\,(tetr)}} \qquad (81)$$

mit:

$$\Delta G_{\text{Umw}}\,(1000^\circ\,\text{C}) = RT \cdot \ln 1{,}183 = 0{,}43\ \text{kcal} \tag{82}$$

Gl. (81) zeigt, daß die a-Kurve für den monoklinen Zustand oberhalb der a-Kurve für den tetragonalen verlaufen muß.

Man hat somit für das Kupfer(II)-Oxyd zwei Zustände durch Gitterdaten und freie Umwandlungsenthalpie beschrieben, welche im reinen Zustand bisher nicht bekannt sind. Während die Wahrscheinlichkeit, reines kubisches CuO einmal herzustellen, nicht allzu groß sein sollte, dürfte diese für das tetragonale CuO etwas größer sein. Durch Anwendung hoher Drucke kann dies jedoch nicht geschehen, da die tetragonale Struktur weniger dicht gepackt ist als die monokline ($D_x = 6{,}03$ gegenüber $D_x = 6{,}61$ g/cm³). Für die Gesamtheit des Systems Cu—Pd—O ist noch zu erwähnen, daß man die Auswertungen nicht nur über das $PdO/Pd/O_2$-Gleichgewicht vornehmen kann, sondern auch über ein hypothetisches Grundgleichgewicht:

$$2\,\text{CuO}_{(\text{tetr})} = 2\,\text{Cu} + \text{O}_2 \tag{83}$$

Dieses Grundgleichgewicht ist auch für das Univarianzfeld anzuwenden.

X. Die Kryptomodifikationen und der vergleichbare Bezugszustand

Am Beispiel kupferoxydhaltiger Mischkristallreihen waren Fälle von sog. ungewöhnlichen Mischkristallbildungen behandelt worden. Es wurde ersichtlich, daß zur sinnvollen Beschreibung des thermodynamischen Verhaltens dieser Mischungen der thermodynamisch stabile Bezugszustand wenig geeignet ist, daß man vielmehr den „vergleichbaren" Bezugszustand braucht. Dieser vergleichbare Bezugszustand ergibt sich aus einem solchen Zustand des betrachteten Mischungspartners, wie er in der betrachteten Mischung vorliegt. Er wird in seinen thermodynamischen Eigenschaften zugänglich, wenn er aus genügend weiten Konzentrationsbereichen der Mischung auf den reinen Zustand extrapoliert werden kann. Solche, bei der Versuchstemperatur normalerweise im reinen Zustand nicht auftretende Modifikationen, welche insbesondere über Extrapolation aus Mischreihen erhalten werden können, sollen als Kryptomodifikationen bezeichnet werden. Kryptomodifikationen werden im allgemeinen „vergleichbare Bezugszustände" sein. Man muß geradezu von einem „Prinzip des vergleichbaren Bezugszustandes" sprechen, weil es in keiner Weise auf die dargestellten Fälle beschränkt ist.

Ehe darauf eingegangen wird, seien noch Fälle erwähnt, wo man bei anderen Temperaturen, als der Meßtemperatur, die Kryptomodifikation gut kennt. Der tetragonale Hausmannit Mn_3O_4 hat bei 1160 bis 1170° C einen wohlbekannten Umwandlungspunkt zur spinell-kubischen Modifikation. Gleichgewichtsmessungen im System Rh—Mn—O (*13*) bei 1100° C zeigen u. a. die Koexistenz von Rhodiummetall mit einer Mischreihe $MnRh_2O_4$—Mn_3O_4, welche im Bereich $1{,}0 > N_{MnRh_2O_4} > 0{,}33$ beobachtbar war.

Die innerhalb der genannten Mischreihe vermutete Mischungslücke wurde an abgeschreckten Präparaten bei Zimmertemperatur nicht gefunden, vielmehr ein weiter kubischer Bereich auf der $MnRh_2O_4$-Seite, der anscheinend ohne Unterbrechung über eine tetragonale Aufspaltung der Linien zum Gitter des Mn_3O_4 führte. Die Extrapolation der a-Werte im kubischen Bereich liefert dann die Gitterkonstante des spinellkubischen Mn_3O_4 bei Zimmertemperatur (*29*). Somit ist bei 1100° C Mn_3O_4 (kubisch) als Kryptomodifikation aufzufassen.

Auch bei anderen Systemen mit Umwandlungspunkten hat man Analogien: Die α—γ-Umwandlung des Eisens bei 910° C wird durch Nickelzusatz zu tieferen Temperaturen hin verschoben. In dem dadurch entstehenden, weiten γ-Bereich unterhalb von 910° C zwingt das kubischflächenzentrierte Nickel dem Eisen sein Gitter auf; der vergleichbare Bezugszustand ist der des γ-Eisens, der hier nicht thermodynamisch stabil ist. Beim Kobalt-Eisen jedoch ist der α-Bereich weiter ausgedehnt, hier wird dem Nickel ein raumzentriertes Gitter im Mischkristall aufgezwungen, welches nun als Kryptomodifikation zu behandeln ist.

Besondere Verhältnisse ergeben sich, wenn man die α-Phase des Systems Ag—Hg betrachtet. Die α-Phase hat das kubische, flächenzentrierte Gitter des Silbers, und reicht bis zu etwa 50 Gewichtsprozent Hg über einen weiten Temperaturbereich. Das Quecksilber hat man hier zunächst vom flüssigen auf den festen Zustand umzurechnen. Dann hat man das feste Quecksilber im Quecksilbergitter auf ein Quecksilber im Silbergitter umzurechnen. Das Hg im Ag-Gitter ist dann sowohl Bezugszustand wie Kryptomodifikation.

Sehr eindrucksvoll ist die Behandlung der Gaslöslichkeit, etwa des Ammoniaks, in Wasser. Man betrachtet die Vermischung des reinen flüssigen Ammoniaks mit flüssigem Wasser. Die aus der Literatur bekannten Löslichkeitswerte (*61*) bei verschiedenen Temperaturen werden auf Molenbrüche N_{NH_3} umgerechnet und aufgetragen: $p_{NH_3} = f(N_{NH_3})$ (Abb. 22 oben, p_{NH_3} in Atmosphären). Dann dividiert man die herrschenden Ammoniakdrucke durch die Sättigungsdrucke des reinen, flüssigen Ammoniaks und erhält eine Darstellung von $a_{NH_3} = f(N_{NH_3})$ (Abb. 22 unten). Das Bild zeigt im Falle NH_3—H_2O die enge Beziehung der Gaslöslichkeit zum (erweiterten) Raoultschen Gesetz (Gl. (62), (63)) und läßt erkennen, wie klein der Bereich der Anwendbarkeit des Henryschen Gesetzes ist. Eine Modellbetrachtung für den Aktivitätsverlauf (*32*) macht es wahrscheinlich, daß hier die Wechselwirkung NH_3-H_2O vorwiegend über NH_4OH-Bildung erfolgt und — wenn überhaupt, dann nur in untergeordneter Weise über die aus dem Erstarrungsdiagramm bekannte Verbindung $1\ H_2O \cdot 2\ NH_3$. Auch die Dissoziation in Ionen spielt bei der vorliegenden Betrachtungsweise eine untergeordnete Rolle.

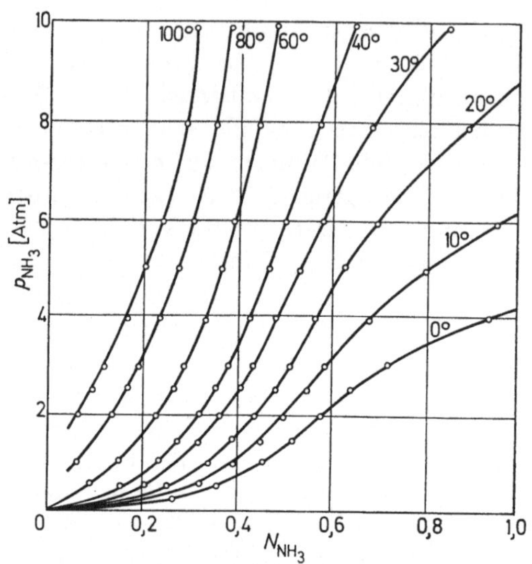

Abb. 22a. Molenbruchdarstellung der Ammoniaklöslichkeit in Wasser ($p_{NH_3} = f(N_{NH_3})$)

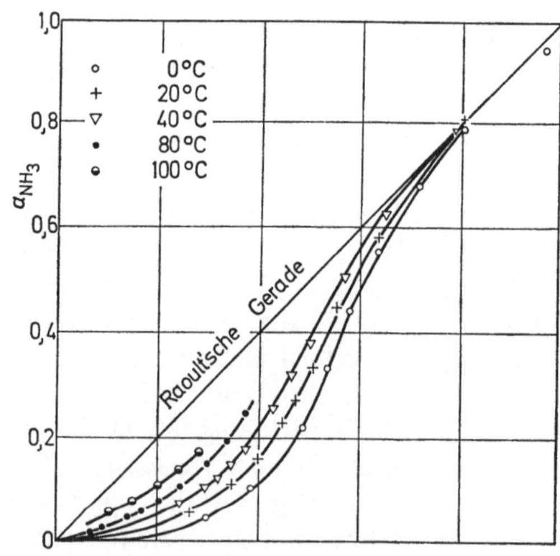

Abb. 22b. Aktivitätsverlauf des flüssigen NH_3 in den NH_3-H_2O-Mischungen bei Temperaturen von 0 bis 100° C

Die dargestellte Behandlungsweise der Gaslöslichkeit in Flüssigkeiten erscheint zunächst beschränkt auf Systeme, bei denen das gelöste Gas bei unterkritischen Temperaturen betrachtet wird: Zwei besonders interessante Fälle sind hier jedoch noch anzudeuten: a) der Fall SO_2-H_2O, bei dem eine weite Mischungslücke sich unterhalb der kritischen Temperatur schließt; b) der Fall CO_2-H_2O, wo umfangreiche Messungen in der Literatur sowohl unterkritisch ($<31°$ C) als auch überkritisch bis zu sehr hohen Drucken bekannt sind.

XI. Die Oxydadditionen

Unter Oxydadditionen sollen im folgenden Vorgänge verstanden werden, bei denen sich zwei feste Oxyde (binär) zu einem neuen Oxyd im festen Zustand (ternär) verbinden, z.B.:

$$AO + B_2O_3 = AB_2O_4$$

$$2\,AO + BO_2 = A_2BO_4$$

Aber auch Fälle des bereits besprochenen Typs

$$SrO + SrFe_2O_4 = Sr_2Fe_2O_5$$

seien hier mit einbegriffen.

Mit solchen Oxydadditionen hat sich auf elektrochemischer Grundlage besonders *Schmalzried* (*62, 63*) beschäftigt.

Der einfachste Fall der Oxydaddition liegt vor, wenn ein Grundgleichgewicht dadurch verschoben wird, daß ein zugesetzter Stoff nur an einem Oxyd des Systems angreift und dieses univariant verschiebt (vgl. oben: $MgSO_4-Fe_2O_3$). Andere Fälle sind von *R. Schenck* und *Finkener* (*64*) beschrieben, bei denen BeO, MgO, ZnO, CaO am Rh_2O_3 innerhalb des $Rh_2O_3/Rh/O_2$-Gleichgewichts angreifen. Es hat jedoch den Anschein, als wenn anstelle der Verbindungen $MeRh_2O_4$ in nicht völlig definierter Weise Phasen anderer Zusammensetzung am Gleichgewicht beteiligt sind. Deshalb ist die, grundsätzlich mögliche, Auswertung auf die Bildungsgrößen z.Z. noch nicht ausgeführt.

Im Falle der Eisentitanate ist man nicht nur in der Lage, die verschiedenen Oxydadditionen nach der CO_2/CO-Gleichgewichtsmessung auszurechnen, sondern darüber hinaus sie mit den elektrochemischen Messungen von *Schmalzried* zu vergleichen. Die Ergebnisse sind im Rahmen der angegebenen Zifferngenauigkeit bei 1000° C identisch (Tabelle I bei *Taylor–Schmalzried* (*63*)), während die Entropieglieder (Tabelle III) kleine Unterschiede aufweisen.

Die gemessenen Univarianzsysteme (*65*) sind:

$$Fe_2TiO_4 + CO = FeTiO_3 + CO_2 + Fe \quad (84)$$

$$FeTiO_3 + CO = Fe + TiO_2 + CO_2 \quad (85)$$

zusammen mit:

$$\text{„FeO"} + CO = Fe + CO_2 \quad (86)$$

kann man über die Temperaturfunktionen:

$$\left.\begin{aligned} \Delta G_1^0 &= -2905 + 5{,}63 \cdot T \\ \Delta G_2^0 &= +5081 + 1{,}47 \cdot T \end{aligned}\right\} (65) \quad \begin{aligned} (84\,a) \\ (85\,a) \end{aligned}$$

$$\Delta G_3^0 = -4185 + 5{,}11 \cdot T \quad (66)^1 \quad (86\,a)$$

Daraus errechnet man für:

$$2\,\text{„FeO"} + TiO_2 = Fe_2TiO_4 \qquad \Delta G_4 = -10546 + 3{,}11 \cdot T$$
$$\Delta G_4\,(1000°\,C) = -6{,}6\ \text{kcal} \quad (87)$$

$$\text{„FeO"} + TiO_2 = FeTiO_3 \qquad \Delta G_5 = -9266 + 3{,}64 \cdot T$$
$$\Delta G_5\,(1000°\,C) = -4{,}6\ \text{kcal} \quad (88)$$

$$\text{„FeO"} + FeTiO_3 = Fe_2TiO_4 \qquad \Delta G_6 = -1280 - 0{,}52 \cdot T$$
$$\Delta G_6\,(1000°\,C) = -1{,}9\ \text{kcal} \quad (89)$$

$$0{,}5\ TiO_2 + 0{,}5\ Fe_2TiO_4 = FeTiO_3 \qquad \Delta G_7 = -3993 + 2{,}08 \cdot T$$
$$\Delta G_7\,(1000°\,C) = -1{,}3\ \text{kcal} \quad (90)$$

In anderen Fällen von Spinellbildungen hat man nach *Dillenburg* (*68*) an Reaktionen des Typs:

$$FeAl_2O_4 + CO = Fe + Al_2O_3 + CO_2$$

für 900° C folgende Werte erhalten:

$$\text{„FeO"} + Al_2O_3 = FeAl_2O_4 \qquad \Delta G_{900} = -\ 6{,}09 \pm 0{,}46\ \text{kcal}$$
$$\text{„FeO"} + Cr_2O_3 = FeCr_2O_4 \qquad \Delta G_{900} = -\ 8{,}6 \pm 0{,}96\ \text{kcal}$$
$$\text{„FeO"} + V_2O_3 = FeV_2O_4 \qquad \Delta G_{900} = -\ 8{,}9 \pm 0{,}96\ \text{kcal}$$
$$\text{„FeO"} + WO_3 = FeWO_4 \qquad \Delta G_{900} = -10{,}3 \pm 1{,}2\ \text{kcal}$$

---

[1] Aufgestellt nach Meßwerten, die bei *Darken* und *Gurry* (*66*) tabelliert und im wesentlichen von *R. Schenck* (*67*) übernommen sind.

Voraussetzung für diese Auswertbarkeit ist im allgemeinen das Auftreten eines geeigneten Univarianzfeldes. Die hier beteiligten, niedrigen CO_2-Gehalte im Gleichgewichtsgas erfordern eine sehr sorgfältige Messung. Sie führen zu den angegebenen Fehlergrenzen.

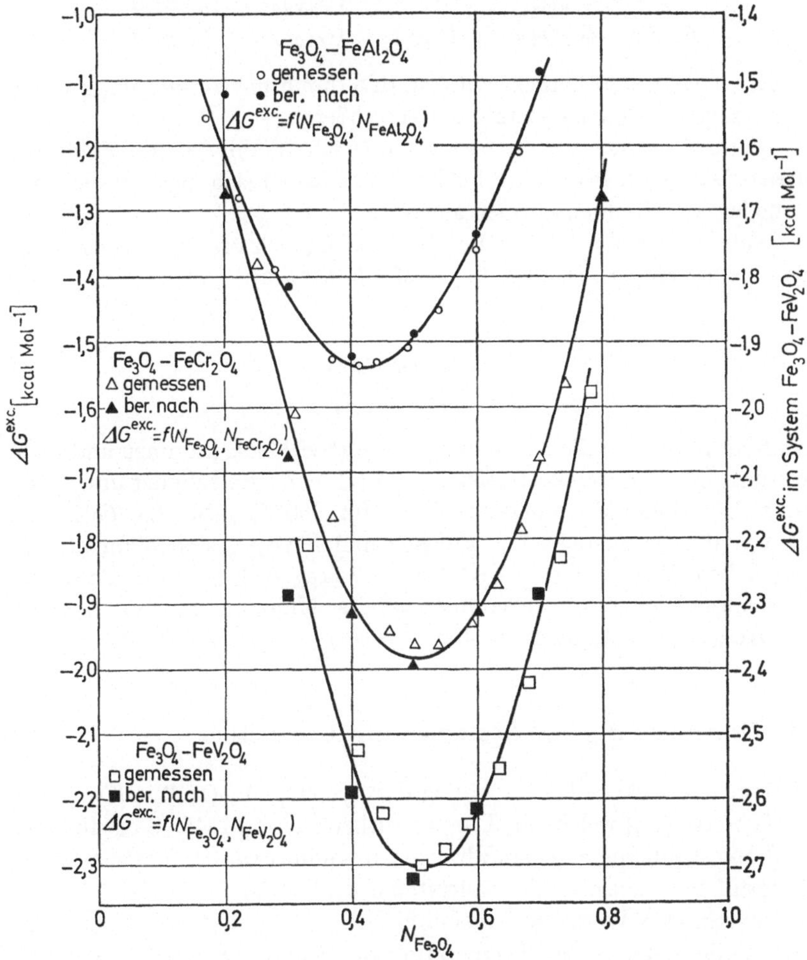

Abb. 23. Integrale freie Zusatz-Mischungsenthalpien in den binären Systemen Fe_3O_4—$FeAl_2O_4$, Fe_3O_4—$FeCr_2O_4$, Fe_3O_4—FeV_2O_4 bei 900° C

Die Dinge werden etwas schwieriger, wenn der chemische Angriff auf beiden Seiten des Grundgleichgewichtes erfolgt. Die Auswertung ist dann nur möglich, wenn eine hinreichende Anzahl von Univarianzsystemen herangezogen werden kann. Solche Fälle sind in den Systemen: Cu—Cr—O, Cu—Rh—O, beschrieben worden. Man hat hier z.B. für 1000° C:

$$CuO + Cr_2O_3 = CuCr_2O_4 \quad \Delta G_{1000} = -4{,}5 \text{ kcal}$$
$$Cu_2O + Cr_2O_3 = Cu_2Cr_2O_4 \quad \Delta G_{1000} = -8{,}7 \text{ kcal}$$
$$CuO + Rh_2O_3 = CuRh_2O_4 \quad \Delta G_{1000} = -5{,}1 \text{ kcal}$$
$$Cu_2O + Rh_2O_3 = Cu_2Rh_2O_4 \quad \Delta G_{1000} = -7{,}8 \text{ kcal}$$

Es ist jedoch zu berücksichtigen, daß durch die Verknüpfung vieler Gleichungen die Fehlerbreiten sich vergrößern.

Nicht selten hat man in der Nachbarschaft univarianter Felder in Dreistoffsystemen bivariante Felder. Diese lassen sich nicht selten über Konoden auf Mischungsgrößen auswerten.

Während die Mischungen Fe_3O_4—Fe_2TiO_4 sich praktisch vollständig ideal verhalten (*65*), ist dies für die Mischungspaare

$$Fe_3O_4\text{—}FeAl_2O_4,$$
$$Fe_3O_4\text{—}FeCr_2O_4,$$
$$Fe_3O_4\text{—}FeV_2O_4$$

nicht der Fall. Über die Aufstellung von Aktivitätsdiagrammen und Auswertung der Aktivitätskoeffizienten kommt man zum Bild der integralen freien Überschuß-Mischungsenthalpien für 900° C (Abb. 23 (*68*)). Die Kurven für die Systeme mit FeV_2O_4 und $FeCr_2O_4$ sind symmetrisch und haben Minima bei $-1{,}98$ bzw. 2,7 kcal während die $FeAl_2O_4$-Mischungskurve etwas unsymmetrisch ihr Minimum bei $N_{Fe_3O_4} = 0{,}4$ und $\Delta G_{900^\circ C} = -1{,}53$ kcal besitzt.

XII. Untersuchung von Systemen mit Leerstellen

Die bereits erwähnte Untersuchung des Systems $Mn_3O_4/MnO/O_2$ (siehe *D. Hennings* (*13*)) welche im Temperaturbereich von 1345° C bis 1625° C bei direkt meßbaren Sauerstoffdrucken ausgeführt wurde, führte zwangsläufig auf die Frage nach der Sauerstofflöslichkeit im MnO (Abb. 24 (*13*)). Den maximalen Wert der Sauerstofflöslichkeit im festen MnO erreicht man bei der eutektischen Temperatur von 1560° C mit $MnO_{1,145}$.

Dieser Wert der maximalen Sauerstofflöslichkeit liegt in der Größenordnung ähnlich wie beim Wüstit. Eine Auswertung nach der Leerstellentheorie zeigt, daß keine statistische Verteilung der Leerstellen vorliegt. Die Wechselwirkung der Leerstellen ist erheblich und kann über $K_\square$ beschrieben werden. Über die Behandlung nach der Leerstellentheorie hinaus ist es aber auch möglich, den Bereich von Mn_1O_1 bis $Mn_1O_{1,145}$ nach einem Mischungsmodell zu beschreiben, welches die Mischung aus

Mn_1O_1 und $Mn_{0,75}O_1$ aufbaut. Dabei ist $Mn_{0,75}O_1$ eine kubische Kryptomodifikation mit Leerstellen. Sowohl der Aktivitätsverlauf von Mn_1O_1 als auch der von $Mn_{0,75}$ kann beschrieben werden, desgleichen kann die freie Umwandlungsenergie von $Mn_{0,75}O_1$ (Spinell) $\rightarrow$ $Mn_{0,75}O_1$ angegeben werden. Beide Betrachtungsweisen sind über den Sauerstoffdruck ineinander überführbar (vgl. *Hennings* (*13*)).

Eine entsprechende Behandlung kann für die Fe_2O_3-Löslichkeit im Fe_3O_4 ausgeführt werden (vgl. Abb. 8). Aber auch der klassische Fall des Wüstits ist so zugänglich.

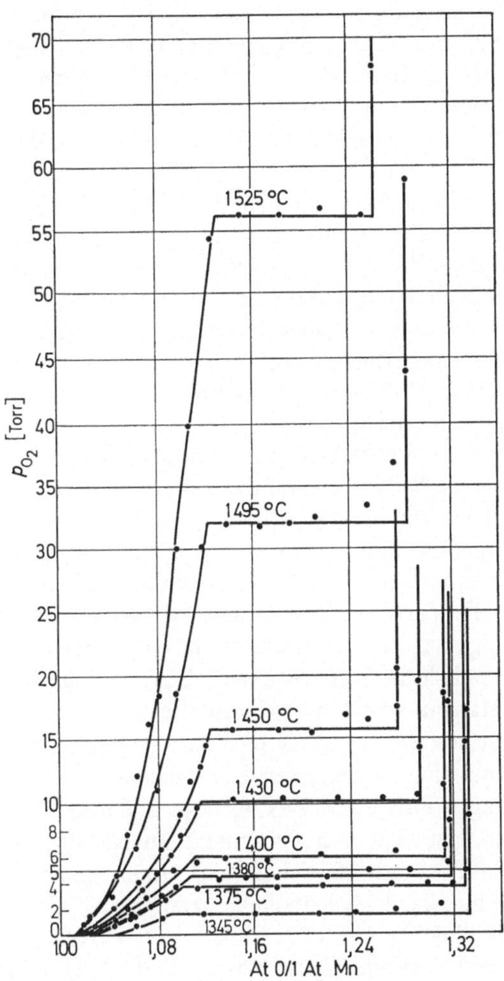

Abb. 24. Isotherme Aufoxydation des MnO zu Mn_3O_4 bei Temperaturen von 1345 bis 1525° C (Löslichkeit des Mn_3O_4 im MnO)

XIII. Weitere Möglichkeiten der Untersuchung oxydischer Mischphasen

Ein Überblick über Untersuchungen an oxydischen Mischphasen mit Hilfe heterogener Gasgleichgewichte macht es erforderlich, noch einige weitere Teilgebiete zu skizzieren. Da ist zunächst die Stabilisierung anormaler Wertigkeitsstufen zu erwähnen. Die bisherigen Darlegungen haben gezeigt, daß es mit Hilfe von Gleichgewichtsverschiebungen möglich ist, die Aktivität von Stoffen wesentlich zu senken, wenn man sie in Mischphasen einbezieht. Bei wenig beständigen Stoffen heißt das, diese zu stabilisieren. So kann, wie besonders *R. Schenck* (*6*) gezeigt hat, das Silberoxyd Ag_2O mit Hilfe von V_2O_5, Cr_2O_3, CrO_3, Rh_2O_3 und Mn_2O_3 bis zu recht hohen Temperaturen über verschiedene Oxydadditionen stabilisiert werden. Wenn auch im Fall des Mn_2O_3 später von *Schmahl* und *Eckert* (*69*) sowie von *Rienäcker* (*70*) gezeigt wurde, daß die auftretende Verbindung die merkwürdige Zusammensetzung $AgMn_2O_4$ (und nicht $Ag_2Mn_2O_4$) besitzt, so ist auch hier der Stabilisierungseffekt gegeben. Die Frage der Wertigkeit ist hier noch ungeklärt, bemerkenswert ist eine vermutlich analoge Verbindung $LiMn_2O_4$. Andere, auffällige Stabilisierungseffekte betreffen das PtO_2, welches besonders als Ba_2PtO_4 bis über 1200° C beständig ist (*Bartholomaeus* (*71*), *Ali Khan* (*12*)), während Platinoxyde im reinen Zustand bei $p_{O_2} = 1$ Atm nicht über 560° C beständig sind (*Wöhler* (*72*), *Lafitte* und *Grandadam* (*73*)). Zahlreiche andere Beispiele ließen sich anführen.

Bei erfolgreichen Versuchen, das nicht sehr beständige MnO_2 durch Oxyde zweiwertiger Metalle zu stabilisieren, wurde bei der Reaktion von 2 Mol BaO_2 mit 1/2 Mol Mn_2O_3 gefunden, daß bei 1000° C der Sauerstoffgehalt der Präparate weit über den des erwarteten Ba_2MnO_4 hinausging (*69*). Die beobachteten Sauerstoffgehalte entsprachen fünfwertigem Mangan. Über die Variation des Verhältnisses $BaO_2 : Mn_2O_3$ wurde auf eine Verbindung $Ba_4Mn_2O_9$ geschlossen. Kurz zuvor hatte *Lux* (*74*) 1946 eine kristallisierte kristallwasserhaltige Natriumverbindung mit fünfwertigem Mangan erhalten. Auf unsere Bitte hin hat *W. Klemm* (*75*) über Messungen des Magnetismus die Fünfwertigkeit bestätigt. Darüber hinaus hat er bei einer erweiterten Untersuchung festgestellt, daß hier zwei Verbindungen auftreten: $Ba_3(MnO_4)_2$ und $Ba_5(MnO_4)_3OH$, deren Zusammensetzungen sich von der zuerst angegebenen unterscheiden. Später sind die auftretenden Gleichgewichte erneut gemessen worden (*76*).

Über ähnliche Gleichgewichtsmessungen gelang die Auffindung der Verbindung $Ba_2Co^{IV}O_4$ bei 575° C und der Verbindung $Ba_2Co_2^{III}O_5$ welche bis zu 1000° C beständig ist (*15*). Auch die Verbindung $Sr_2Co_2^{III}O_5$ wurde so gefunden. Während beim Kobalt die Stufe des vier- und des dreiwertigen Kobalts bei höheren Temperaturen gefunden wurden, gelang beim Nickel die Stabilisierung der dreiwertigen Stufe in den Verbindungen: $Ba_2Ni_2^{III}O_5$ und $Sr_2Ni_2^{III}O_5$.

Man hat also hier bei Mn^V, Co^{IV}, Co^{III}, Ni^{III} Fälle, in denen über Gleichgewichtsmessungen neue wasserfreie Verbindungen in anomalen Wertigkeitsstufen gefunden worden sind. Die thermodynamische Behandlung solcher Fälle ist bisher nicht durchgeführt, sollte aber für die Zukunft interessante Ergebnisse erwarten lassen.

Es ist einleuchtend, daß die Veränderung der chemischen Eigenschaften, wie sie über die dargestellten Gleichgewichtsverschiebungen erzielt werden können, weitreichende Konsequenzen für die Katalyse allgemein, im besonderen aber für die heterogene Gaskatalyse haben müssen. Dies führt auf die Frage: Was kann die chemische Thermodynamik über die *heterogene Gaskatalyse* aussagen?

Hat man eine Gasreaktion, welche zu einem Gleichgewicht führen kann, dann wird der Katalysator die Tendenz haben, dies Gleichgewicht mehr oder weniger angenähert einzustellen. Ein solcher Fall liegt bei der Wassergaskatalyse vor:

$$CO + H_2O = CO_2 + H_2.$$

Nun lassen sich, wie gezeigt, CO_2/CO- oder auch H_2O/H_2-Verhältnisse als Sauerstoffdrucke behandeln. Der Katalysator muß also, um wirksam werden zu können, in der Lage sein, die fraglichen Sauerstoffdrucke einzustellen und dabei Sauerstoff abzugeben und aufzunehmen. Gleichgewicht würde dann vorliegen, wenn die Strömungsgeschwindigkeit des umzusetzenden Gasgemisches Null würde, oder, wenn die Einstellgeschwindigkeit des Gleichgewichtes im strömenden Gase am Kontakt unendlich groß wäre.

Über derartige Ansätze kann man in zahlreichen Fällen zu Aussagen über die Eigenschaften eines wirksamen Katalysators kommen. Diese Dinge sind ausführlich behandelt in (*42*).

Ein anderes Gebiet, bei welchem die Beziehungen zwischen Gleichgewicht und Kinetik mit Nutzen herangezogen werden können, betrifft die Reduktion von Eisenerzen mit Kohlenoxyd oder kohlenoxydhaltigen Gasen (77). Man geht dazu aus von der Gleichgewichtskurve: $\%\ CO_2 = f(n_O/n_{Fe})$ (z.B. nach *R. Schenck* und *Th. Dingmann* (*67*)) für eine gegebene Temperatur z.B. 900° C. Von dieser geht man unter Ansetzung einer gegebenen Menge Fe_2O_3 welche z.B. 3 g Fe enthält über auf die Darstellung $\%\ CO_2 = f(l_{CO})_{Verbrauch}$. Der CO-Verbrauch ist die zu CO_2 umgesetzte CO-Menge. Weil nun zur Einstellung des FeO—Fe-Gleichgewichtes (bei 30% CO_2) mehr CO aufgewendet werden muß als „verbraucht" wird, schließt sich die Darstellung $\%\ CO_2 = f(l_{CO})_{Aufwand}$ an. Über die Strömungsgeschwindigkeit des reinen CO kann dann der Zeitmaßstab eingeführt werden: $\%\ CO_2 = f(t)$. Versuche von *O. Zieger* (*78*) an Fe_2O_3-

Pulver zeigen, daß bei Strömungsgeschwindigkeiten von 1—4 Litern CO/Stunde die Annäherung an die Verhältnisse, wie sie sich aus der Gleichgewichtsberechnung ergeben, unerwartet gut ist. Erst bei größeren Strömungsgeschwindigkeiten werden die Abweichungen etwas größer. Geht man von feinen Pulvern zu stückigem Material über, so wird dadurch die Diffusion im Festkörper und die des Gases in und aus den Poren des Festkörpers ins Spiel gebracht (physikalischer Einfluß).

Hat man ein (unreines) Erz, dann kann aus der Kenntnis der Gleichgewichtsverhältnisse bei diesem die Relation zur Pulverkinetik des reinen Fe_2O_3 hergestellt werden. Der Unterschied zwischen der Pulverkinetik für das unreine Erzpulver und dem reinen Fe_2O_3-Pulver liefert den chemischen Einfluß der Beimengungen. Der Unterschied zwischen der Messung am Erzpulver und am Erzstück liefert den physikalischen Einfluß auf die Erzreduktion. Solche Betrachtungen sind bisher kaum ausgeführt worden, versprechen jedoch wichtige Aussagen zur Bewertung der Eisenerze. Bei den hierzugehörigen Messungen spielen jedoch apparative Gegebenheiten eine wesentliche, bisher nicht immer beachtete Rolle.

Diese Beispiele, nicht zuletzt aus dem eigenen Arbeitskreis, mögen die rasche Entwicklung des Gesamtgebietes andeuten.

XIV. Literatur

1. *Darken, L. S.*, and *R. W. Gurry:* Physical Chemistry of Metals, S. 226—231. New York: McGraw-Hill Comp. Inc. 1953.
2. *Schmahl, N. G.*, u. *E. Minzl:* Z. Phys. Chem. N. F. *41*, 84 (1964).
3. — — Z. Phys. Chem. N. F. *47*, 146 (1965), dort auch: *L. Wöhler* sowie *R. Schenck* u. *F. Kurzen.*
4. *Kiukkola, K.*, and *C. Wagner:* J. Electrochem. Soc. *104*, 383 (1957), vgl. auch 5.
5. *Schmahl, N. G.*, u. *E. Minzl:* Z. Phys. Chem. N. F. *47*, 170 (1965).
6. *Schenck, R., A. Bathe, H. Keuth* u. *S. Süss:* Z. Anorg. Allgem. Chem. *249*, 88 (1942).

7a. *Schmahl, N. G.:* Naturf. u. Medizin in Deutschland 1939—1946, S. 12—47. Band 27, Anorg. Chemie Teil V.

7b. — Z. Anorg. Allgem. Chem. *266*, 447 (1951).

7c. — Angew. Chem. *65*, 447 (1953).

8. —, u. *F. Müller:* Z. Anorg. Allgem. Chem. *332*, 219 (1964).
9. —, and *B. Stemmler:* J. Electrochem. Soc. *112*, 365 (1965).
10. —, u. *F. Shenouda:* Arch. Eisenhüttenw. *34*, 511 (1963).
11. *Stemmler, B.:* Dissertation Saarbrücken 1965.
12. *Ali Khan, I.:* Dissertation Aachen (Saarbrücken) 1960.
13. *Hennings, D.:* Dissertation Saarbrücken 1967.
14. *Schmahl, N. G.:* Z. Elektrochem. *47*, 821 (1941).
15. *Arnoldy, G.:* Dissertation Marburg 1951.
16. *Richardson, F. D.*, and *J. H. E. Jeffes:* J. Iron Steel Inst. (London) *160*, 263 (1948).
17. *Le Chatelier* u. *Matignon* siehe bei *W. Nernst:* Die theoretischen und experimentellen Grundlagen des neuen Wärmesatzes, S. 123. Halle/Saale: Wilhelm Knapp 1924.

18. *Fricke, R.*, u. *G. Weitbrecht:* Z. Elektrochem. *48*, 87—110 (1942).
19. *Watanabe, M.*, zit. nach: *Landolt Börnstein:* 3. Erg.-Bd. Teil 3, S. 2557 (1936).
20. Vgl. 67.
21. *Siebert, G.:* Dissertation Aachen 1957.
22. *Werber, O.:* Dissertation Aachen 1954.
23. *Bodenstein, M.*, u. *W. Pohl:* Z. Elektrochem. *11*, 373 (1905).
24. *Schmahl, N. G.*, u. *O. Werber:* unveröffentlicht (Dipl.-Arbeit *O. Werber*, Marburg (Aachen) 1952).
25. *Kohlmeyer, E. J.:* Z. Aluminium (Oktoberheft) 1942.
26. Dipl.-Arbeit *E. Gilles*, Aachen 1953/54.
27. *Chipman, J.:* In: Basic open Hearth Steelmaking. The American Institute of Mining and Metallurgical Engineers, S. 571. New York 1951.
28. *Roiter, B. D.*, u. *A. E. Paladino:* J. Am. Ceram. Soc. *45*, 128—133 (1962).
29. *Schneider, W.:* Dissertation Saarbrücken (in Kürze).
30. *Kremp*, J.: Dissertation Saarbrücken (in Kürze).
31. *Schmahl, N. G., J. Barthel* u. *H. Kaloff:* Z. Phys. Chem. N. F. *46*, 160 (1965).
32. —, and *P. Sieben:* National Physical Laboratory Nr. 9, The Physical Chemistry of Metallic Solutions and Intermetallic Compounds, S. 1—16, Vol. I., 2 K. London 1959.
33. *Sieben, P.*, u. *N. G. Schmahl:* Giesserei, Tech.-Wiss. Beih. Giessereiw. Metallk. *18*, 197—211 (1966).
34. *Kiefer, F.:* Dissertation Saarbrücken 1967.
35. *Schmahl, N. G., J. Barthel* u. *H. Kaloff:* Z. Phys. Chem. N. F. *46*, 183 (1965).
36. — Arch. Eisenhüttenw. *25*, 315—19 (1954).
37. *Morawietz, W.:* Z. Elektrochem. *57*, 539—48 (1953).
38. *Kaloff, H.:* Dissertation Saarbrücken 1964.
39. *Myles, K. M.:* Acta Met. *13*, 109 (1965).
40. *Roeder, A.*, u. *W. Morawietz:* Z. Elektrochem. *60*, 431 (1956).
41. *Schmahl, N. G.*, u. *E. Minzl:* Z. Phys. Chem. N. F. *47*, 358 (1965).
42. — Z. Phys. Chem. N. F. *42*, 13 (1964).
43. *Raub, E., H. Beeskow* u. *D. Menzel:* Z. Metallk. *50*, 428 (1959).
44. *Küssner, A.:* Revue „Epe" Vol. I, 3 (1965).
45. *Schmahl, N. G.*, u. *W. Schneider:* Z. Phys. Chem. N. F. *57*, 218 (1968).
46. *Brodowski, H.:* Z. Naturforsch. *22a*, 130 (1967).
47. *Pratt, I. N.:* Trans. Faraday Soc. *56*, 975 (1960).
48a. *Ringsdorf, W.:* Dissertation Saarbrücken 1964.
48b. *Speck, E.:* Dipl.-Arbeit Saarbrücken 1967 (bisher unveröffentlicht).
49. *Schwerdtfeger, K.*, and *A. Muan:* Acta Met. *12*, 905 (1964); *13*, 509 (1965).
50. *Aukrust, E.*, and *A. Muan:* Acta Met. *10*, 555 (1962).
51. *Taylor, R. W.*, and *A. Muan:* Trans. Met. Soc. AIME *224*, 500 (1962).
52. *Schmahl, N. G., B. Frisch* u. *G. Stock:* Arch. Eisenhüttenw. *32*, 297—302 (1961).
53. *Hahn, W. C.*, and *A. Muan:* Trans. Met. Soc. AIME *224*, 416 (1962).
54. — — J. Phys. Chem. Solids *19*, 338 (1961).
55. *Aukrust, E.*, and *A. Muan:* Trans. Met. Soc. AIME *227*, 1378 (1963).
56. *Tunnel, G., E. Bonjak* u. *C. J. Ksanda:* Z. Krist. *90*, 120 (1935).
57. *Eikerling, G.:* Dissertation Saarbrücken 1966.
58. *Schmahl, N. G.*, u. *E. Minzl:* Z. Phys. Chem. N. F. *41*, 66 (1964).
59. —, *J. Barthel* u. *G. Eikerling:* Z. Anorg. Allgem. Chem. *332*, 230 (1964).
60. — — — Radex Rundschau 313 (1964).

61. *D'Ans, J.*, u. *E. Lax:* Taschenbuch f. Chemiker u. Physiker, Tab. 332632/12c, S. 972. Berlin: Springer 1943. Vgl. *Landolt Börnstein:* Zahlenwerte u. Funktionen, 6. Aufl., 2. Bd., 2. Teil, Bandteil α, S. 378. Berlin–Göttingen–Heidelberg: Springer 1960.
62. *Schmalzried, H.:* Z. Phys. Chem. N. F. *25*, 178 (1960).
63. *Taylor, R. W.*, and *H. Schmalzried:* J. Phys. Chem. *68*, 2446 (1964).
64. *Schenck, R.*, u. *F. Finkener:* Ber. Deut. Chem. Ges. *75*, 1962 (1942).
65. *Schmahl, N. G., B. Frisch* u. *E. Hargarter:* Z. Anorg. Allgem. Chem. *305*, 40 (1960).
66. Gl. (86a) ist aufgestellt nach Meßwerten, welche bei *Darken, L. S.*, u. *R. W. Gurry:* J. Am. Chem. Soc. *67*, 1403 (1945) tabelliert sind, im wesentlichen von *R. Schenck* u. *Th. Dingmann* (67) übernommen sind.
67. *Schenck, R.*, u. *Th. Dingmann:* Z. Anorg. Allgem. Chem. *166*, 113 (1927).
68. *Dillenburg, H.:* Dissertation Saarbrücken 1967.
69. *Eckert, W.:* Dissertation Marburg 1950.
70. *Rienäcker, G.*, u. *K. Werner:* Monatsber. Deut. Akad. Wiss. Berlin, Heft 8, S. 499, *2* (1960).
71. *Bartholomaeus, E.:* Dissertation Marburg 1951.
72. *Wöhler, L.:* Z. Elektrochem. *15*, 770 (1909).
73. *Lafitte, P.*, et *P. Grandadam:* Ann. Chim. Phys. (11) *4*, 83 (1935); Compt. Rend. *198*, 1925 (1934); *200*, 456 (1935).
74. *Lux, H.:* Z. Naturforsch. *1*, 281 (1946).
75. *Klemm, W.:* Angew. Chem. *66*, 468 (1954) (vgl. auch: *63*, 396 (1951)).
76. *Meyer, Gerhard:* Dissertation Aachen 1957.
77. *Schenck, H., N. G. Schmahl* u. *G. Funke:* Die Reduzierbarkeit von Eisenerzen, Bild 1—3 u. 14. Köln–Opladen: Westdeutscher Verlag 1958.
78. *Zieger, O.:* Dissertation 1956 (Bild 1).

Eingegangen am 1. Februar 1968

Zur Strukturchemie der Halogenide der Platinmetalle

Dr. G. Thiele und Prof. Dr. K. Brodersen

Institut für Anorganische Chemie der Universität Erlangen-Nürnberg

Inhalt

I. Einleitung

Wegen ihrer ähnlichen chemischen Eigenschaften faßt man traditionsgemäß die sechs Elemente Ruthenium, Osmium, Rhodium, Iridium, Palladium und Platin unter den Namen „Platinmetalle" zusammen.

Die Halogenide der Platinmetalle haben in der anorganischen Chemie wiederholt eine wichtige Rolle bei theoretischen und präparativen Untersuchungen gespielt. Allein aus der außerordentlich großen Anzahl von *Komplexverbindungen* der Halogenide geht ihre Bedeutung für präparative Arbeiten hervor (*63*). Für das Studium des trans-Effektes sind kinetische Untersuchungen des Ligandenaustausches bei quadratisch-planaren Komplexverbindungen von besonderem Interesse (*16, 120*). Im Jahre 1962 fand *N. Bartlett* (*11*), daß Platinhexafluorid mit Xenon unter Bildung von Xenonhexafluoroplatinat(V) $Xe^{+}PtF_6^{-}$ reagiert. Diese Verbindung war der Ausgangspunkt für die stürmische Entwicklung der *Chemie der Edelgase*.

Das Auffinden von Pt_6Cl_{12}-Gruppen sowohl in der Struktur des festen kristallinen $PtCl_2$ (*29*) als auch in der Gasphase beim Verdampfen der Verbindung im Hochvakuum (*147*), führte zu neuen Überlegungen über die Natur der Bindungen innerhalb dieser *Metallcluster*.

Bei der Darstellung und Reinigung der Halogenide der Platinmetalle ist meist die Anwendung festkörperchemischer Arbeitsmethoden erforderlich, da der überwiegende Teil der Verbindungen nicht ohne chemische Folgereaktionen sublimierbar oder in Lösungsmitteln auflösbar ist. Viele Folgerungen in älteren Arbeiten wurden nur aus chemischen Verhältnisanalysen gewonnen, ohne röntgenographische Kontrolle der untersuchten Proben.

In der Literatur werden zur Darstellung verschiedener Halogenide Methoden empfohlen, die auf der Abspaltung von Halogenwasserstoff, Halogen oder Wasser aus Hexahalogenometall(IV)-säuren beruhen. Die IR-Spektren der auf diesem Wege gewonnenen Präparate zeigen deutlich OH-Banden, die auf die Verunreinigung mit Oxid- oder Hydroxidhalogeniden oder den Einbau von OH-Gruppen in das Kristallgitter zurückzuführen sind. Oft sind gute Röntgenbeugungsaufnahmen dieser Proben nicht zu erhalten, da der Gitteraufbau noch stark gestört ist.

Einige Verbindungen treten jedoch in mehreren Modifikationen auf, die sich in ihren physikalischen Eigenschaften teilweise erheblich unterscheiden. Diese *Polymorphieerscheinungen* erklären eine Reihe scheinbarer Widersprüche in der älteren Literatur bei den Angaben über Farbe, Magnetismus u.ä.

Die fehlende röntgenographische Kontrolle war auch der Grund dafür, daß ein Teil der in der Literatur als definierte Verbindungen beschriebenen Produkte später als Gemische mehrerer Feststoffe identifiziert werden mußte. So haben sich z.B. alle Angaben über die Darstellung von Monohalogeniden der Platinmetalle nicht bestätigen lassen. Andererseits ist der überwiegende Teil der als stabil zu erwartenden Halogenide noch nicht in kristalliner Form dargestellt worden; besonders gilt das für die Jodide der Platinmetalle. Die in jüngster Zeit von uns aufgenommenen Untersuchungen der Systeme Platinmetall-Jod erscheinen besonders interessant, da hier mit dem Auftreten von Phasenbreiten zu rechnen ist. Nach *Kettle* (*100*) sind die Halogenide Ru_6J_8, Os_6J_8, Rh_6J_{14}, Ir_6J_{14} isoelektronisch mit den aus der Chemie des *Niobs* und *Tantals* bekannten Ionen $(Ta_6Cl_{12})^{2+}$ und $(Mo_6Cl_8)^{4+}$. Bisher konnten derartige niedere Jodide der Platinmetalle allerdings noch nicht dargestellt werden.

II. Strukturchemie der Halogenide der Platinmetalle

1. Oktahalogenide

Es konnte noch nicht mit Sicherheit entschieden werden, ob Oktahalogenide der Platinmetalle existieren. *Weinstock* und *Malm* (*174*) wiesen 1958 nach, daß es sich bei dem von *Ruff* und *Tschirch* (*138*) als OsF_8 beschriebenen Fluorierungsprodukt des Osmiums um das verunreinigte Hexafluorid handelt. Kürzlich wurde von *Glemser* und Mitarbeitern (*62*) bei Elektronenspinresonanzuntersuchungen an OsF_7-Proben, die bei der Fluorierung von Osmium unter hohen Fluordrucken hergestellt wurden, das Ausbleiben der paramagnetischen Signale beobachtet. Die Autoren vermuten, daß sich hierbei das thermisch äußerst instabile OsF_8 gebildet haben könnte.

Ein $OsCl_8$ — *Claus* (*42*) sowie *Moraht* und *Wischin* (*125*) glaubten es beobachtet zu haben — existiert wohl mit hoher Sicherheit nicht.

2. Heptahalogenide

Die Existenz des Osmiumheptafluorids konnte von *Glemser* und Mitarbeitern (*62*) nachgewiesen werden. Es entsteht bei der Fluorierung von Osmium bei höheren Temperaturen und Fluordrucken in Form blaßgelber, flüchtiger, äußerst hygroskopischer Nadeln, die bereits oberhalb $-100°$ C unter Bildung des Hexafluorids Fluor abspalten. Die Verbindung zeigt das der Elektronenkonfiguration $5d^1$ entsprechende magnetische Moment ($\mu_{eff} = 1.08$ bei 90° K) und besitzt nach Aussage des IR-Spektrums wahrscheinlich die Symmetrie D_{5h} (pentagonal-bipyramidale Anordnung) (*62*).

Weitere Heptahalogenide sind bisher nicht beschrieben worden.

3. Hexahalogenide

Mit Ausnahme des Palladiums bilden alle Edelmetalle Hexafluoride. Sie entstehen als Primärprodukte bei der direkten Fluorierung der Metalle; wegen ihrer thermischen Unbeständigkeit müssen sie jedoch aus der Gasphase ausgefroren werden. Die Beständigkeit nimmt in der Reihe Os > Ir > Pt und Ru > Rh ab (*180*). Sie sind stark reaktive Verbindungen, jedoch nur PtF_6 und RhF_6 reagieren bei Raumtemperatur mit Glas. Platinhexafluorid besitzt ein *extremes Oxydationsvermögen* (*172*). Es ist in der Lage molekularen Sauerstoff (*12*) und Edelgase (*11*) zu oxydieren. Aus diesem Grunde spielte PtF_6 eine große Rolle bei der Erschließung der Chemie der Edelgasverbindungen.

Nach *Moffit* (*122*) liegt das Platin im PtF_6 schon bei 20° C in einem angeregten Zustand vor. Durch einen d_{t2g}—d_{eg}-Übergang wird das Oktaeder aufgeweitet und dadurch die Abspaltung von elementarem Fluor verhindert. Bei 150° C dagegen tritt eine Elektronenübertragung vom Fluor-Anion zum stark polarisierend wirkenden Zentralatom (Pt^{6+}) ein, wodurch die Abspaltung von F_2 und Bildung von PtF_4 begünstigt wird (*14, 172, 176*). In Übereinstimmung mit diesen Überlegungen steht der temperaturunabhängige Paramagnetismus des PtF_6 (*191*).

Die Flüchtigkeit der Verbindungen nimmt mit steigender Massenzahl ab; sie deutet bereits auf einen Aufbau aus diskreten MeF_6-Oktaedern hin (*175*). Im Gaszustand kann beim OsF_6 und RuF_6 ein „dynamischer Jahn-Teller-Effekt" (*95*) beobachtet werden (*38, 118, 175, 179, 181*). Im festen Zustand bei tiefen Temperaturen wurde eine Symmetrieerniedrigung gefunden (*20, 77*). Durch Elektronenbeugungsuntersuchungen im Gaszustand konnten beim OsF_6 (*173, 175, 178*) und IrF_6 (*173*) die Metall-Fluor-Abstände zu 1.83 bzw. 1.833 Å bestimmt werden.

Die Hexafluoride bilden kubische Hochtemperatur- und rhombische Tieftemperaturmodifikationen (*37, 161*). Die Strukturen der Hochtemperaturmodifikationen können als eine raumzentrierte Anordnung von frei rotierenden MeF_6-Oktaedern beschrieben werden. Unterhalb der Umwandlungstemperatur in die rhombische Tieftemperaturmodifikation wird die freie Rotation eingefroren; diese Annahme konnte durch die Bestimmung der kalorischen Daten belegt werden (*35, 178*). Die rhombische Tieftemperaturmodifikation besitzt eine dem UF_6-Typ (*83*) analoge Atomanordnung; eine Bestimmung der freien Parameter der Strukturen wurde jedoch bisher noch nicht vorgenommen (*161*). Die Metallatome besetzten $^1/_6$ der Oktaederlücken einer doppelt hexagonaldichten Packung (Schichtfolge ABAC) der Fluoratome.

Weitere Hexahalogenide der Edelmetalle sind bisher nicht bekannt.

4. Pentahalogenide

Die Pentafluoride der Platinmetalle entstehen bei der schonenden Reduktion oder der thermischen Zersetzung der Hexafluoride, bei der Fluorie-

Tabelle 1. *Die Hexafluoride der Platinmetalle*

	RuF_6	RhF_6	OsF_6	IrF_6	PtF_6
Farbe	dunkelbraun	schwarz	gelb	gelb	dunkelrot
Fp ° C	54	70	33	44	61.3
Kp ° C	—	—	46	53	—
Darstellg.	Direkte Fluorierg. (*40*)	Direkte Fluorierg. (*179*)	Direkte Fluorierg. bei 250° C	Direkte Fluorierg. bei 270° C (*49, 75, 142, 174*)	Direkte Fluorierg. unter spez. Bedingg. (*12, 14, 172*)
Magnetismus	—	—	$\mu_{eff} = 1.5$ B.M. bei 240° C (*50, 75*)	$\mu_{eff} = 2.9$ B.M. bei 20° C	temperaturunabhäng. Paramagnetismus
Gitterkonstanten d. kub. Hochtemp.-Modifikation (in Å)	6.11 (*40, 161*)	6.13 (*37*)	6.25 (*161, 174*)	6.23 (*161, 184*)	6.21 (*161*)
Umwandlungstemp. (° C)	2.5	—	1.4	1.2	3
Gitterkonstanten d. rhomb. Elementarzelle (in Å)	$a = 9.44$ $b = 8.59$ $c = 4.98$ (*161*)	9.40 8.54 4.96 (*37, 161*)	9.59 8.75 5.04 (*161*)	9.58 8.73 5.04 (*161*)	9.55 8.71 5.03 (*161*)

rung von Halogeniden niederer Oxydationszahl (z.B. $PtCl_2$, RuF_3) oder der Metalle unter Bedingungen, bei denen die Hexafluoride nicht stabil sind.

Palladium scheint kein Pentafluorid zu bilden; Versuche zur Darstellung blieben ohne Erfolg.

Die intensiv farbigen Verbindungen schmelzen bei niedrigen Temperaturen zu viscosen, farbigen Flüssigkeiten; im Dampfzustand sind die Pentafluoride jedoch farblos. Dieser Farbwechsel beim Verdampfen wird auf eine Dissoziation der wahrscheinlich auch im flüssigen Zustand tetrameren Verbindungen zurückgeführt.

Holloway, Peacock und *Small* (*86*) fanden durch Röntgenbeugungsaufnahmen, daß die Pentafluoride Kristallgitter des monoklinen MoF_5-Typs (*49*) bilden.

Die Struktur wird aus tetrameren $[MeF_4F_{2/2}]_4$-Einheiten aufgebaut, die aus über jeweils zwei benachbarte Ecken verknüpften MeF_6-Oktaedern gebildet werden (s. Abb. 1). Die vier in Form eines Rhombus angeordneten Metallatome sind durch vier *nicht lineare* Fluorbrücken (∢ Me—F—Me 127°) zu einem achtgliedrigen Ring verknüpft.

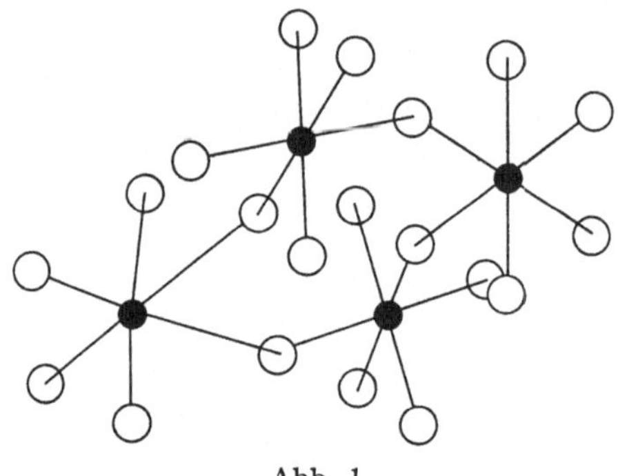

Abb. 1

Im Gegensatz dazu sind in der MoF_5-Struktur (*49*) ebenso wie beim NbF_5 *lineare* Fluorbrücken gefunden worden. Es ist deshalb zweckmäßig, die Platinmetallpentafluoride einem besonderem RuF_5-Typ zuzurechnen.

Für die Me—F-Abstände wurden Werte zwischen 1.7 und 1.8 Å für einfach und 2.0 bis 2.1 Å für doppelt koordiniertes Fluor gefunden.

Die Gitterkonstanten des PtF_5 (*14*) und OsF_5 (*86*) wurden bisher noch nicht veröffentlicht.

Die Ergebnisse der magnetischen Messungen deuten auf Me—Me-Wechselwirkungen hin (*84*), da gegenüber den Erwartungen zu niedrige magnetische Momente gefunden wurden (*56*). Es ist anzunehmen, daß es sich hierbei um einen Superaustausch über die Fluorbrücken handelt und nicht um direkte Metall-Metall-Bindungen.

Tabelle 2. *Die Pentafluoride der Platinmetalle*

	RuF_5	RhF_5	OsF_5	IrF_5	PtF_5
Farbe	dunkelgrün	dunkelrot	blaugrau	gelb	dunkelrot
Fp ° C	86.5	95.5	70	104.5	80
Kp ° C	227	—	225.5 (*35*)	—	—
Darstellg.	Fluorierg. v. Rn mit BrF_3 (*79, 80, 85, 86, 140*)	Fluorierg. v. RhF_3 bei 400° C (*87*)	Reduktion v. OsF_6 mit $W(CO)_6$ (*76*)	Fluorierg. d. Metalls bei 380° C (*15*)	Fluorierg. v. $PtCl_2$ (*9*)
Magnetismus	$\mu_{eff} = 3.6$ B.M. bei 20° C (*84, 85*)	$\mu_{eff} = 2.93$ B.M. bei 20° C (*87*)	$\mu_{eff} = 1.73$ B.M. bei 101° K $\mu_{eff} = 2.06$ B.M. bei 297° K (*76*)	$\mu_{eff} = 1.31$ B.M. bei 296° K $\mu_{eff} = 0.73$ B.M. bei 75° K	paramagnetisch (*9*)
Gitterkonstanten der monoklinen Elementarzelle (in Å)	$a = 12.47$ $b = 10.01$ $c = 5.42$ $\beta = 99.8$ (*86*)	12.28 9.85 5.48 99.2 (*87*)	nicht bestimmt	12.5 10.0 5.40 (*15*) 99.8	nicht bestimmt

Pentachloride und -bromide konnten bisher noch nicht hergestellt werden. Bei der Bildung und dem chemischen Transport von Osmium(IV)-chlorid (*106*) und Ruthenium(III)-chlorid wurden jedoch Hinweise auf die Existenz höherer, flüchtiger Halogenide gefunden. Es könnte sich jedoch auch um Oxidchloride handeln, wie sie bereits seit längerer Zeit bekannt sind (*144, 148*).

5. Tetrahalogenide

5.1. Überblick

Alle Platinmetalle bilden in der Oxydationsstufe +4 stabile Komplexverbindungen der Zusammensetzung $Me_2^{1\oplus}$ $Me^{4\oplus}X_6$ (X = Halogen, $Me^{1\oplus}$ = Alkalimetall), deren Strukturen meist aus der in der Art des Antifluorit-Typs angeordneten $Me^{1\oplus}$-Kationen und MeX_6^{2-}-Anionen aufgebaut sind.

Die Tetrahalogenide sind jedoch wesentlich instabiler als diese Komplexe. Die Kenntnisse über Darstellung, Eigenschaften und Strukturen dieser Verbindungen sind deshalb sehr lückenhaft. Viele der in der Literatur angegebenen Darstellungsmethoden für die Tetrahalogenide benutzen die thermische Zersetzung der Hexahalogenometallate(IV). Hierbei entstehen leicht Gemische der Ausgangsprodukte mit den Platinmetallen, Halogeniden niederer Oxydationsstufen oder Tetrahalogenometallaten(II), deren analytische Zusammensetzung das Vorliegen von Tetrahalogeniden vortäuscht.

Versuche zur Darstellung auf nassem Wege führten meist zu Halogenwasserstoff enthaltenden Substanzen, die dann versehentlich als Tetrahalogenide beschrieben wurden.

Die Tabelle 3 soll einen Überblick über die Tetrahalogenide geben, die in den letzten Jahren untersucht und mit Hilfe physikalisch-chemischer Methoden charakterisiert wurden. Auf die Ergebnisse älterer Arbeiten ist, soweit sie nicht durch spätere Arbeiten bestätigt wurden, nicht näher eingegangen. Es sei auf vorliegende Zusammenstellungen verwiesen (*63*).

5.2. Tetrafluoride

Durch direkte Fluorierung der Metalle sind nur PdF_4 (*13*) und PtF_4 (*14*) zu erhalten; besser gelingt die Darstellung von Tetrafluoriden durch Reduktion der Hexa- bzw. Pentafluoride. Obwohl über die Darstellung des IrF_4 mehrfach berichtet wurde (*139, 184*), erscheint seine Existenz nicht gesichert (*15, 79*). Meist wurden verunreinigte Pentafluorid-Proben als Tetrafluorid angesprochen.

Tabelle 3. *Die Tetrafluoride der Platinmetalle*

	RuF_4	RhF_4	PdF_4	OsF_4	IrF_4	PtF_4
Farbe	gelb	purpurrot	ziegelrot	gelb		gelb-braun
Fp (° C)	—	—	—	230	—	—
Darstellg.	Reduktion v. RuF_5 mit J_2 (*84*)	Fluorierg. v. $RhBr_3$ mit BrF_3 (*127, 159*)	Fluorierg. v. PdF_3 bei 300° C (*13*)	Redukt. v. OsF_5 mit $W(CO)_6$ (*76*)	nicht gesichert (*15, 79, 139, 142, 184*)	Fluorierg. v. $PtBr_4$ mit F_2 (*14, 127, 159*)
Magnetismus	$\mu_{eff} = 3.04$ B.M. bei 20° C (*84*)		Paramagnetisch			diamagnetisch
Struktur			tetragonal $a = 6.585$ Å $c = 5.835$ Å UCl_4-Typ (?) (*13, 14*)			monoklin $a = b = 6.68$ Å $c = 5.71$ Å $\beta = 92.02°$ UCl_4-Typ (?) (*14*)

Über die Strukturen liegen nur unvollständige Angaben beim PdF_4 und PtF_4 vor. Palladium(IV)-fluorid besitzt nach *Bartlett* und *Rao* (*13*) eine tetragonale, vier Formeleinheiten enthaltende Elementarzelle. Das PtF_4 kristallisiert in einer monoklin verzerrten Version der gleichen Struktur (*14*). *Bartlett* und *Lohmann* (*14*) vermuten eine dem zuerst von *Mooney* (*51,124*) untersuchten UCl_4-Typ analoge Atomanordnung, jedoch konnten die freien Parameter der Strukturen nicht bestimmt werden. Im UCl_4-Typ besitzen die Metalle die Koordinationszahl acht, jedoch sind vier der Halogenatome in einer verzerrten tetraedrischen Anordnung näher an das Metallatom herangerückt. Diese tetraedrische Anordnung würde der im Platintetrachlorid gefundenen entsprechen, das im SnJ_4-Typ mit isolierten $PtCl_4$-Tetraedern kristallisiert (*52*).

5.3. Tetrachloride

Tetrachloride des Rhodiums, Iridiums und Palladiums konnten bisher noch nicht hergestellt werden.

Bei der Chlorierung von Ruthenium(III)-chlorid im strömenden System bei Temperaturen um 750° C bildet sich das thermisch instabile Rutheniumtetrachlorid (*105, 152, 155*). Es ist unter diesen Bedingungen flüchtig und kann bei —180° C ausgefroren werden. Bereits oberhalb —30° C spaltet es Chlor ab unter Bildung des Trichlorids.

Die entsprechende Osmiumverbindung ist thermisch stabiler und deshalb etwas besser untersucht worden. *Kolbin, Semenov* und *Shutov* erhielten bei der Chlorierung von Osmiummetall unter erhöhten Chlordrucken rote Kristalle des $OsCl_4$ (*106, 107*). Diese Angaben wurden bestätigt (*17, 148*). $OsCl_4$ spaltet oberhalb 350° C unter Bildung chlorärmerer Phasen der Zusammensetzung $OsCl_{3,1}$—$OsCl_{3,9}$ Chlor ab (*17, 106, 107, 148*).

Machmer (*116*) beschreibt zwei weitere Modifikationen des $OsCl_4$, deren Pulverdiagramme nicht mit den von *Kolbin* und Mitarbeitern genannten Daten übereinstimmen. Das bei der Reduktion von OsO_4 mit CCl_4 erhaltene schwarze $OsCl_4$ kristallisiert nach *Machmer* rhombisch ($a = 12.08$, $b = 11.96$, $c = 11.68$) und zeigt einen temperaturunabhängigen Paramagnetismus. Allerdings läßt sich das Pulverdiagramm auch durch Superposition der Debyeogramme von $OsCl_4$, (*106*) $OsCl_{3,5}$ (*148*) und Os_2OCl_6 (*148*) deuten. Die zweite, braune Modifikation wird bei der Reduktion von OsO_4 mit $SOCl_2$ erhalten (*116*). Das Pulverdiagramm dieser von *Machmer* als Tieftemperaturmodifikation bezeichneten $OsCl_4$-Proben konnte kubisch ($a_0 = 9.95$ Å) indiziert werden.

Die Frage, ob die beschriebenen „Verbindungen" drei echte Modifikationen des Osmiumtetrachlorids sind, müßte durch weitere Untersuchungen geklärt werden. Da im System Osmium-Chlor Verbindungen mit größerer Phasenbreite beobachtet wurden und außerdem mehrere Oxidchloride existieren (z. B. Os_2OCl_8 (*144*) und Os_2OCl_6) (*148*), können geringe Analysenfehler leicht zu Irrtümern Anlaß geben.

Zur Darstellung des Platintetrachlorids wird die Hexachloroplatin(IV)-Säure im Chlorstrom bei 250° C thermisch zersetzt (*111, 113, 126, 185*). Die direkte Chlorierung des Metalls verläuft bei diesen Temperaturen unvollständig (*131*), oberhalb 350° C beginnt $PtCl_4$ bereits Chlor abzuspalten.

Das gelbbraune $PtCl_4$ ist diamagnetisch (*164*). Der Meßwert von $\chi_{mol} = -54.10^{-6}$ e.m.u. deutet auf einen hohen Anteil an temperaturunabhängigen Paramagnetismus hin.

Eine Strukturbestimmung mit Hilfe von Pulveraufnahmen durch *Falqui* und *Rollier* (*52*) ergab, daß $PtCl_4$ eine dem SnJ_4-Typ (*48*) analoge Atomanordnung besitzt. In der acht Formeleinheiten enthaltenden kubischen Elementarzelle ($a_0 = 10.45$ Å) sind die Platinatome tetraedrisch von vier Chloratomen umgeben. Der angegebene Pt—Cl-Abstand von 2.26 Å ist als noch nicht endgültig anzusehen, da bisher die freien Parameter der Chloratome nicht bestimmt werden konnten.

Für das Vorliegen von gleichwertigen Pt—Cl-Bindungen im $PtCl_4$ sprechen auch Chlorierungsversuche von *Kazakov* und *Peschchevitskij* (*98*) mit radioaktiv markiertem Chlor.

5.4. Tetrabromide

Durch Umsetzung der feinverteilten Metalle mit Brom im geschlossenen System konnten $OsBr_4$ (*157*) und $PtBr_4$ (*188*) erhalten werden. Nach *Semenov* und *Kolbin* (*157*) bildet Osmiumtetrabromid schwarze Kristalle mit kubischer Symmetrie. Platintetrabromid wurde bisher noch nicht näher untersucht.

5.5. Tetrajodide

Die Angaben von *Moraht* und *Wischin* (*125*), daß OsJ_4 bei der Umsetzung von OsO_4 mit HJ im wäßrigen System zu erhalten ist, wurden später von *Fergusson* und Mitarbeitern (*55*) widerlegt. Sie fanden, daß die von *Moraht* und *Wischin* beobachtete Verbindung als $H_2OsJ_6 \cdot 2\,H_2O$ zu formulieren sei.

Platin setzt sich mit Jod im geschlossenen System bei 200° C zu Proben um, deren Zusammensetzung der des PtJ_4 nahekommen (*1*). Das Pulverdiagramm dieser Produkte und die Ergebnisse magnetischer Messungen haben *Argue* und *Banewicz* (*1*) angegeben. Die bei der Umsetzung von Hexachloroplatinaten(IV) mit J^--Ionen in wäßriger Lösung erhaltenen Präparate sind uneinheitlich zusammengesetzt (*112*).

Tabelle 4. *Tetrachloride und Tetrajodide der Platinmetalle*

Verbindung	Darstellung	Eigenschaften	Struktur
$RuCl_4$	Chlorierg. v. $RuCl_3$ bei 750° C im Chlorstrom (*152, 155, 105*)	instabil, spaltet oberhalb −30° C Cl_2 ab	–
$OsCl_4$	direkte Chlorierg. bei 600° C unter erhöhten Chlordrucken (*17, 41, 42, 43, 106, 107, 148*)	schwarze Kristalle, d. > 350° C Cl_2 abspalten	–
	$OsO_4 + CCl_4$ bei 470° C (*116*)	schwarz, temperaturunabhängiger Paramagnetismus $\chi_{mol} = 1080 \cdot 10^{-6}$ c.g.s.	rhombisch $a = 12.08$ Å $b = 11.96$ Å $c = 11.68$ Å
	$OsO_4 + SOCl_2$ bei 80° C (*116*)	braun, paramagnetisch $\chi_{mol} = 880 \cdot 10^{-6}$ *c.g.s.* bei 300° C	kubisch $a = 9.95$ Å
$OsBr_4$	Bromierg. des Metalls unter erhöhten Bromdrucken (*157*)	schwarze Kristalle, unlösl. in H_2O, d. > 350° C Brom abspalten	kubisch
$PtCl_4$	H_2PtCl_6 im Chlorstrom bei 250° C zersetzen (*72, 111, 113, 126, 185*)	gelbe Kristalle, diamagnetisch $\chi_{mol} = 54 \cdot 10^{-6}$ *c.g.s.* (*164*)	kubisch $a = 10.45$ Å SnJ_4-Typ (*52*)
$PtBr_4$	Bromierg. des Metalls bei 300° C im geschlossenen Rohr (*157*) Zersetzg. v. $H_2PtBr_6 \cdot aq.$ im Br_2-Strom bei 300° C (*119, 130*)	schwarzviolettes Pulver	–
PtJ_4	Jodierg. des Metalls bei 150° C unter Joddruck (*1, 188*); Fällg. aus H_2PtCl_6 mit J^- (*113, 170*)	schwarzes Pulver, diamagnetisch (*164*)	

6. Trihalogenide

6.1. Darstellung und Eigenschaften der Trihalogenide

6.1.1. Trifluoride

Während Rhodiumtrifluorid durch direkte Fluorierung des Metalls bei 500—600° C erhalten werden kann (*81*), sind die Trifluoride des Iridiums und Rutheniums nur indirekt durch Reduktion der Hexafluoride mit dem entsprechenden Metall bzw. Jod zugänglich. Die Trifluoride des Platins (*14*) und Osmiums konnten bisher auf keinem Wege gewonnen werden. Bei der direkten Fluorierung des metallischen Platins in Gegenwart von Glaspulver wird ein Oxidfluorid der Zusammensetzung PtO_xF_{3-x} erhalten (*14*), dessen struktureller Aufbau eine Verwandtschaft zu den Strukturen der übrigen Platinmetalltrifluoride besitzt.

Besonderes Interesse verdient das *Palladiumtrifluorid*. Es ist durch thermische Zersetzung des bei der Fluorierung von $PdBr_2$ mit BrF_3 erhaltenen Addukts (PdF_3, BrF_3) zu erhalten (*7, 13*). Nach Untersuchungen von *Bartlett* und *Rao* (*13*) ist es als Palladium(II)-hexafluoropalladat(IV) $Pd^{2+}Pd^{4+}F_6$ zu formulieren mit Palladium in den Oxydationsstufen $+2$ und $+4$. Während die Ergebnisse magnetischer Messungen am PdF_3 früher (*127*) mit dem Vorliegen der für oktaedrisch koordinierten Trifluoride ungewöhnlichen low-spin-Anordnung $t_{2g}^6 e_g^1$ gedeutet wurden, besitzt nach *Bartlett* und *Rao* (*13*) das Pd^{2+} die high-spin-Anordnung $t_{2g}^6 e_g^2$ (Paramagnetismus, 2 freie Elektronen) und das Pd^{4+} die low-spin-Anordnung $t_{2g}^6 e_g^0$ (Diamagnetismus). Das auf diese Anordnung bezogene magnetische Moment $\mu_{eff} = 2.88$ B.M. stimmt gut mit dieser Annahme überein.

Kristallographisch konnten bisher keine Unterschiede zwischen den Palladium-Atomen gefunden werden; Ergebnisse von Neutronenbeugungsuntersuchungen wurden bisher nicht bekannt.

6.1.2. Trichloride, Tribromide, Trijodide

6.1.2.1. $RuCl_3$, $RuBr_3$ und RuJ_3

Der Verlauf der direkten Chlorierung des Rutheniums wurde in den letzten Jahren von verschiedenen Autoren untersucht (*57, 58, 82, 90, 104, 121, 150*). Durch direkte Chlorierung des Metalls sind zwei Modifikationen des $RuCl_3$ darstellbar. α-$RuCl_3$ entsteht oberhalb 370° C in Form schwarzer, dünner Blättchen, die in Säuren und organischen Lösungsmitteln unlöslich sind. Dagegen bildet die durch Chlorierung des Rutheniums unterhalb 350° C erhaltene β-Form ein braunes Pulver, das in organischen Lösungsmitteln und Säuren löslich ist.

Dieses β-$RuCl_3$ ist meistens durch Rutheniummetall und weitere röntgenamorphe, hygroskopische Substanzen verunreinigt. Nach *Fletcher* und Mitarbeitern (*57, 90*) sind diese hygroskopischen Substanzen sauerstoff-haltig. Mit Verunreinigungen durch Oxidchloride oder RuO_2 ist bei allen Präparaten zu rechnen, die nicht unter vollständigem Ausschluß von Sauerstoff und Wasser hergestellt wurden. Auch bei der Hochtemperaturchlorierung oberhalb 650° C bei Anwesenheit von Glas ist mit Verunreinigungen zu rechnen, da bei diesen Temperaturen SiO_2 in Gegenwart von Metallen mit Chlor zu $SiCl_4$ reagiert (*90*). Bei magnetischen Messungen, besonders am β-$RuCl_3$, führten diese Verunreinigungen zu erheblichen Verfälschungen der Ergebnisse.

Um 450° C wandelt sich β-$RuCl_3$ irreversibel in die Hochtemperaturform um (*163*); die genauen Umwandlungsbedingungen konnten bisher nicht bestimmt werden.

Die von *Gutbier* und *Trenker* (*71*) untersuchte Bromierung des Rutheniums im strömenden System verläuft nicht vollständig; die Proben sind noch metallhaltig. Dagegen liefert die erstmals von *Schukarev, Kolbin* und *Ryabov* (*154*) beschriebene Bromierung von Ruthenium im geschlossenen System bei Temperaturen um 500° C und Bromdrucken von 20 at formelreine $RuBr_3$-Präparate. Durch chemischen Transport im Temperaturgefälle 700 → 650° C können aus diesen Präparaten schwarze, leicht in Achsenrichtung auffasernde Kristallnadeln des $RuBr_3$ (bis zu einigen Millimetern Länge) erhalten werden (*32, 149*).

Die bei der Umsetzung von $Ru(OH)_3$ mit Bromwasserstoffsäure entstehenden Reaktionsprodukte (*109*) besitzen zwar die Zusammensetzung des $RuBr_3$, enthalten jedoch noch größere Mengen an Wasser und HBr im Kristallgitter.

Da Ruthenium(III)-jodid schwer löslich in Wasser ist, kann es durch einfache Fällungsreaktionen hergestellt werden (*71, 97*). Diese Proben enthalten jedoch ebenfalls noch OH-Gruppen im Kristallgitter, außerdem sind sie röntgenamorph und deshalb für röntgenographische Untersuchungen nicht geeignet. Im Gegensatz zu den Angaben von *Schukarev, Kolbin* und *Ryabov* (*153*) setzt sich Ruthenium bei Temperaturen von 350° C und erhöhten Joddrucken fast vollständig zu RuJ_3 um. Einkristalle von RuJ_3 konnten bisher auch durch chemischen Transport noch nicht erhalten werden.

6.1.2.2. $RhCl_3$, $RhBr_3$ und RhJ_3

Die Chlorierung des Rhodiums bei Temperaturen um 800° C liefert Rhodium(III)-chlorid in Form dünner, kupferroter Kristallblättchen (*73, 92*).

Die erstmals von *Gutbier* und *Hüttlinger* (*73*) beschriebene Bromierung des Rhodiums beginnt oberhalb 200° C; sie verläuft jedoch auch bei Erhöhung der Temperatur bis auf 400° C unter Normaldruck unvollständig. Beim Arbeiten unter erhöhten Bromdrucken im geschlossenen System entsteht bei 350—400° C $RhBr_3$ in Form dunkelbrauner, dünner Blättchen (*31*).

Wasserfreies Rhodium(III)-chlorid und -bromid sind in Säuren und organischen Lösungsmitteln unlöslich, durch Laugen werden die Halogenide langsam zersetzt. Wasserlösliche Präparate, die durch Entwässerung der Hexahalogenorhodium(IV)-säuren im Halogenstrom erhalten werden, enthalten noch OH-Gruppen im Kristallgitter. Durch chemischen Transport im geschlossenen System können diese Proben in eine säureunlösliche Form gebracht werden.

Die direkte Jodierung des Rhodiums gelingt durch mehrtägiges Erhitzen von Rhodiumpulver mit Jod auf 400° C im Druckrohr (*31*). Die nach älteren Verfahren (*66*) aus wäßrigen Rh^{3+}-Lösungen mit J^--Ionen erhaltenen RhJ_3-Produkte sind röntgenamorph und verunreinigt.

Die Rhodiumtrihalogenide sind recht stabil. Die thermische Zersetzung in die Elemente beginnt erst bei verhältnismäßig hohen Temperaturen von 970° C ($RhCl_3$), 805° C ($RhBr_3$) und 675° C (RhJ_3) (*31*).

6.1.2.3. $PdCl_3$, $PdBr_3$ und PdJ_3

Alle Versuche zur Darstellung von Trichloriden, Tribromiden und Trijodiden des Palladiums schlugen fehl. Beim thermischen Abbau der Hexachloropalladate(IV) wird stets das Palladium(II)-chlorid erhalten.

6.1.2.4. $OsCl_3$, $OsBr_3$ und OsJ_3

Das System Osmium-Chlor wurde in letzter Zeit von *Kolbin, Semenov* und *Shutov* (*106, 107*) sowie *Schäfer* und *Huneke* (*148*) eingehend untersucht. Das durch thermische Zersetzung des Tetrachlorids bei 470° C in Cl_2-Atmosphäre entstehende $OsCl_3$ besitzt eine größere Phasenbreite; von *Bell* und Mitarbeitern (*17*) wurden Zusammensetzungen von $OsCl_{3,1}$ bei $OsCl_{3,9}$ gefunden. Die Ergebnisse von *Schäfer* und *Huneke* (*148*) sprechen zwar gegen eine so große thermodynamisch stabile Phasenbreite, jedoch wurden auch hier Zusammensetzungen um $OsCl_{3,5}$ gefunden. In den Eigenschaften zeigen die schwarzen Kristalle Ähnlichkeit mit den α-$RuCl_3$ (*106, 107*). Sie sind in Säuren und organischen Lösungsmitteln unlöslich. Bei 450° C tritt Zersetzung in die Elemente ein. Die Pulveraufnahmen deuten auf eine Isomorphie mit α-$RuCl_3$ hin (*106, 107, 148*).

Die nach einem älteren Verfahren von *Charronat* (*36*) durch Reduktion von OsO_4 mit Alkohol in HCl und anschließender Trocknung im Cl_2-Strom erhaltenen $OsCl_3$-Produkte sind nicht einheitlich, sie enthalten neben $OsCl_4$ auch $[Os(OH)Cl_3]_n$ und Oxidchloride (*106, 107*).

Die thermische Zersetzung von Osmiumtetrabromid liefert nach *Schukarev, Kolbin* und *Semenov* (*156*) ein dunkelgraues, wasserunlösliches Pulver, dessen Zusammensetzung der des $OsBr_3$ nahekommt. Die Abweichungen in der Stöchiometrie könnten entweder auf den Gehalt an $OsBr_4$ zurückzuführen sein oder auf das Vorliegen einer Phasenbreite, ähnlich wie sie beim $OsCl_3$ beobachtet wurde.

Fergusson, Robinson und *Roper* (*55*) erhielten OsJ_3 bei der thermischen Zersetzung von $H_2OsJ_6 \cdot 2\,H_2O$, das aus OsO_4 und HJ leicht zugänglich ist. Auch beim Erhitzen von OsJ_2 mit einem Überschuß an Jod erhielten die Autoren das OsJ_3.

6.1.2.5. $IrCl_3$, $IrBr_3$ und IrJ_3

Iridium wird im geschlossenen System bei Temperaturen um 850° C unter erhöhtem Chlordruck zu Iridium(III)-chlorid (*24, 108, 110*) chloriert. Das hierbei entstehende olivgrüne, feinkristalline $IrCl_3$ kann ebenso wie das durch Entwässerung von Hexachloroiridium(IV)-säure im Chlorstrom entstehende, durch Erhitzen in einer Quarzampulle auf Temperaturen oberhalb 900° C und langsamen Abkühlen auf Normaltemperatur in Kristalle umgewandelt werden.

Brodersen und *Deigner* (*24*) fanden, daß zwei Modifikationen gebildet werden. α-$IrCl_3$ bildet honigbraune, pseudohexagonale Blättchen, β-$IrCl_3$ dunkelrote, bipyramidale Säulen. Das α-$IrCl_3$ kann in reiner Form durch direkte Chlorierung des Metalls bei 600° C erhalten werden. Auch bei längerem Erhitzen der β-Form auf 660° C wandelt sich diese in die α-Modifikation um. Das β-$IrCl_3$ entsteht beim Tempern der α-Form bei 750° C und nachfolgendem Abschrecken (*4*). Beide Modifikationen wandeln sich offenbar nur über die Gasphase (Chemischer Transport) (*145*) ineinander um; ein fester Umwandlungspunkt α-$IrCl_3 \rightarrow \beta$-$IrCl_3$ wurde nicht gefunden. Wahrscheinlich ist die β-Modifikation mit etwas geringerer Röntgendichte die Hochtemperaturform.

Versuche zur Darstellung von Iridium(III)-bromid blieben lange erfolglos. Durch thermische Zersetzung von $(NH_4)_2IrBr_6$ konnte *Deigner* (*47*) im Jahre 1965 $IrBr_3$ erhalten, jedoch sind die auf diesem Wege erhaltenen Proben ebenso wie die durch thermische Zersetzung der Hexabromoiridium(IV)-säure gewonnenen, noch verunreinigt. Die direkte Bromierung des Metalls gelingt, wenn die Umsetzung im geschlossenen System in einem Temperaturgefälle 900 → 450° C vorgenommen wird (*33*). In der 450° C-Zone findet man dunkelgrüne Kristallblättchen mit hexagonalem Habitus.

Zur Darstellung von IrJ_3 kann nach *Krauss* und *Gerlach* (*110*) sowie *Deigner* (*47*) von der thermischen Zersetzung des $(NH_4)_2IrJ_6$ ausgegangen werden. Die hierbei erhaltenen Präparate sind jedoch meist nicht formelrein. Die direkte Jodierung des Metalls verläuft auch im geschlossenen System bei erhöhten Joddrucken nicht vollständig; im Temperaturgefälle 1000 → 400° C gelingt jedoch die Darstellung von mit Metall verunreinigten Kristallen des IrJ_3 (*33*).

6.1.2.6. $PtCl_3$, $PtBr_3$ und PtJ_3

Die thermische Zersetzung von Platin(IV)-chlorid bei Temperaturen um 400° C liefert nach *Wöhler* und *Streicher* (*186*) Platin(III)-chlorid. Diese

Angaben wurden später von *Krustinson* (*111*) bezweifelt. Beim thermischen Abbau von $PtCl_4$ konnte *Thiele* (*165*) auch durch röntgenographische Untersuchungen keinen Hinweis auf die Existenz von $PtCl_3$ finden. Die entstehenden Abbauprodukte liegen meist als Feststoffgemische von $PtCl_4$, $PtCl_2$ und metallischem Platin vor; die Zusammensetzung dieser Gemische kann der des $PtCl_3$ nahekommen. Das Auftreten mehrerer Modifikationen bei vielen Platinmetallhalogeniden erschwert die röntgenographische Kontrolle der Reaktionsprodukte außerordentlich, zumal die einzelnen Modifikationen sehr linienreiche Pulverdiagramme besitzen. Ähnliches gilt für das $PtBr_3$, das *Wöhler* und *Müller* (*188*) beim thermischen Abbau der Hexabromoplatin(IV)-säure erhielten. Sie weisen bereits auf starke Schwankungen bei den Analysenergebnissen hin, welche auf das Vorliegen von Gemischen aus $PtBr_2$ und $PtBr_4$ hindeuten.

Nach *Wöhler* und *Müller* (*188*) bildet sich Platin(III)-jodid bei der direkten Jodierung von Platin im Druckrohr bei ca. 350° C unter Jodüberschuß. Hingegen erhielten *Argue* und *Banewicz* (*1*) bei der Jodierung des Metalls bei 150° C PtJ_4, dessen thermische Zersetzung nur unter genau definierten Joddrucken PtJ_3 liefert. Nach *Argue* und *Banewicz* (*1*) wird bereits bei 270° C reines PtJ_2 gebildet; die Autoren geben jedoch keine Joddrucke an. Bei der Zugabe von KJ-Lösungen zu einer kalten Lösung von H_2PtCl_6 soll nach *Argue* und *Banewicz* (*1*) PtJ_3 gebildet werden. Magnetische Messungen an diesem Präparat ergaben Diamagnetismus. Dieses Ergebnis könnte darauf hindeuten, daß Platin(III)-jodid als Platin(II)-hexajodoplatinat(IV) zu formulieren ist oder daß in der Struktur Metallcluster enthalten sind.

6.2. Strukturen der Platinmetall-Trihalogenide

6.2.1. Überblick

Bei den Trihalogeniden der Platinmetalle wurden bisher vier Strukturtypen gefunden. Gemeinsam ist ihnen eine oktaedrische Koordination der Metalle durch die Halogenatome. Sie unterscheiden sich in der Art der Verknüpfung der MeX_6-Koordinationspolyeder.

Eine Verknüpfung über gemeinsame Oktaederspitzen führt zu den dreidimensionalen Gerüststrukturen der Trifluoride (s. Abb. 2a).

Die Mehrzahl der übrigen Trihalogenide bilden Schichtengitter aus; die Schichten werden aus über drei gemeinsame Kanten verknüpften MeX_6-Oktaedern aufgebaut (s. Abb. 2b).

In der Struktur des β-$IrCl_3$ wird prinzipiell der gleiche Aufbau aus über Kanten verknüpften Oktaedern gefunden, die Unterschiede liegen in der Anordnung der Oktaeder zueinander.

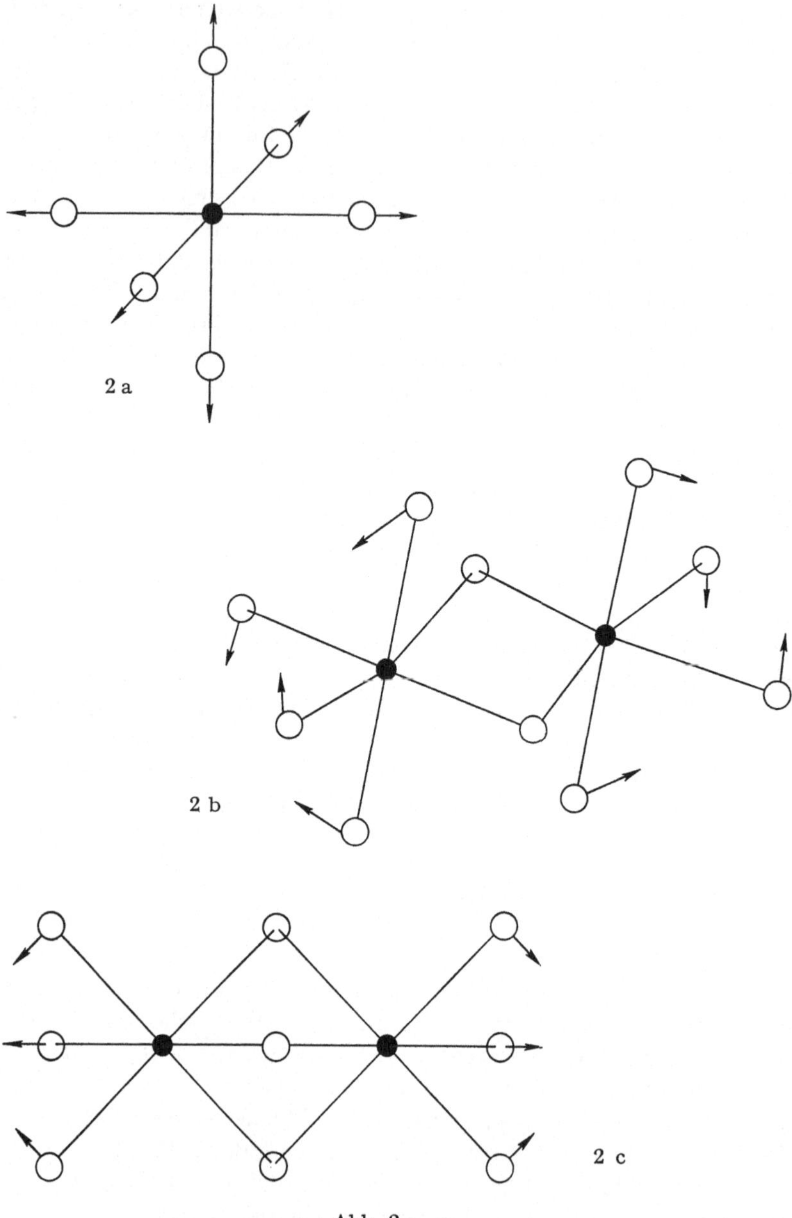

Abb. 2 a—c

Eine Verknüpfung der Koordinationspolyeder über gemeinsame Flächen führt zu den Kettenstrukturen der Rutheniumtrihalogenide β-$RuCl_3$, $RuBr_3$ und RuJ_3 (s. Abb. 2c).

Tabelle 5. *Trifluoride der Platinmetalle*

	RuF_3	RhF_3	PdF_3 ($Pd^{2\oplus}Pd^{4\oplus}F_6$)	IrF_3	$Pt(O,F)_3$
Farbe	braun	rot	schwarz	schwarz	schwarz
Darstellg.	Redukt. v. RuF_5 mit J_2, 250° C (*2*)	Direkte Fluorierg. od. v. $RhCl_3$, 500—600° C	Fluorierg. v. $PdBr_2$. Zersetzg. d. gebildeten PdF_3—BrF_3-Addukts (*7, 13*)	Redukt. v. IrF_6 mit Ir-Metall bei 50° C (*81,136*)	Fluorierg. v. PtO_2 oder Metall bei Gegenwart v. Glaspulver (*14*)
Magnetismus			Paramagnet. $\mu_{eff} = 2.88$, bezogen auf $PdPdF_6$ (*13*)		
Struktur	VF_3 (*81*)	PdF_3 (*81*)	PdF_3	PdF_3 (*81*)	—
Gitterkonstanten d. rhomboedr. Elementarzelle	$a = 5.408$ Å $\alpha = 54.67°$	$a = 5.330$ Å $\alpha = 54.42°$	$a = 5.523$ Å $\alpha = 53.92°$	$a = 5.418$ Å $\alpha = 54.13°$	$a = 5.39$ Å $\alpha = 54.7°$
Parameter d. Fluorionen	—0.100	—0.083	—0.083	—0.083	—

6.2.2. Trifluoride

Die Strukturen der Trifluoride haben *Hepworth, Jack, Peacock* und *Westland* (*81*) untersucht. Die Trifluoride kristallisieren rhomboedrisch im VF_3-Typ (*94*) (Raumgruppe ist $R\overline{3}c$,; Nr. 167 der International Tables) (*91*). In der zwei Formeleinheiten umfassenden Elementarzelle besetzen die Metallatome die Punktlage 2(b) (000, 1/2 1/2 1/2) und die sechs Fluoratome die Punktlage 6(e) $\pm(x, 1/2-x, 1/4; 1/2-x, 1/4, x; 1/4, x, 1/2-x)$. Die Atomanordnung des VF_3-Typs zeigt eine enge Verwandtschaft zu der des ReO_3-Typs. Die Metallatome besetzen die Eckpunkte eines nahezu rechtwinkeligen Rhomboeders (Pseudozelle $a_0=3.7$ Å, $\alpha=88°$). Die Fluoratome sind jedoch gegenüber dem ReO_3-Typ durch Drehung um die dreizählige Achse aus den Lagen in den Kantenmitten der Rhomboeder verschoben. Der Me—F—Me-Winkel ist gegenüber dem ReO_3 (180°) verkleinert, er beträgt beim RuF_3 150°, beim PdF_3, RuF_3 und IrF_3 132°.

Gegenüber dem VF_3 und RuF_3 ist die Verdrehung beim PdF_3 stärker. Als Maß hierfür kann der freie Parameter x der Fluoratome benutzt werden. Für $x < -0{,}083$ liegt eine verzerrte ReO_3-Anordnung vor. Die Metallatome besetzen die Oktaederlücken einer vakanten kubisch-dichtesten Packung der Fluoratome; jeder vierte Fluorplatz bleibt unbesetzt. Für $x = -0{,}083$ kann die Anordnung der Fluoratome als die einer hexagonaldichtesten Packung ABAB bezeichnet werden. Die Metallatome sind gleichmäßig auf $^1/_3$ aller Oktaederlücken innerhalb dieser Packung verteilt, so daß eine dreidimensionale Verknüpfung der $^3_\infty[MeF_{6/2}]$-Baugruppen eintritt.

Die Koordinationsoktaeder sind bei den Edelmetalltrifluoriden nahezu unverzerrt, der Me—F-Abstand liegt beim PdF_3 bei 2.04 Å.

6.2.3. Schichtstrukturen

In den Schichtstrukturen der Platinmetalltrihalogenide bilden die Halogenatome eine nahezu dichteste Packung, die Metallatome besetzen $^2/_3$ der Oktaederlücken jeder zweiten Zwischenschicht. Auf diese Weise entsteht der typische Charakter eines Schichtengitters. Die Verteilung der Metallatome innerhalb der Schichten läßt ein graphitartiges Sechseckmuster entstehen, wie es für viele in Schichtengittern kristallisierende Übergangsmetallhalogenide charakteristisch ist (z.B., $FeCl_3$, $CrCl_3$, $AlCl_3$, $MoCl_3$) (s. Abb. 3).

Bei den Edelmetalltrihalogeniden wurden bisher nur kubisch dichteste Abfolgen ABCABC der Halogenatome gefunden (*33*); diese Schichtenfolge erzeugt auch für die Metallatome eine entsprechende Folge abc. Für die Gesamtstruktur resultiert somit die Folge AcB CbA BaC. Zur Beschreibung der Struktur kann eine orthogonale Zelle benutzt

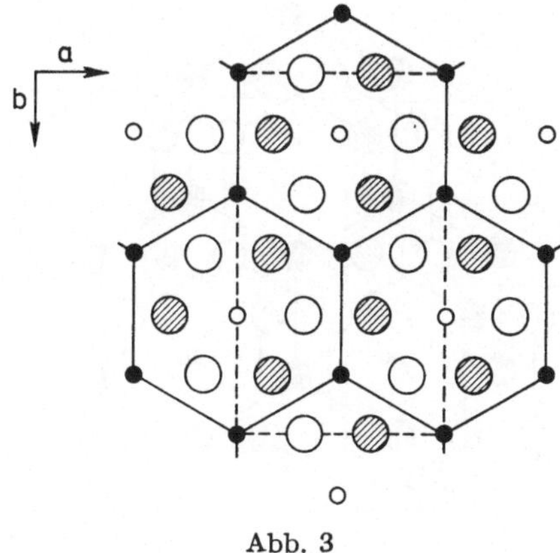

Abb. 3

werden, deren $a-b$-Fläche parallel zu den dichtest gepackten Schichten liegt. Sie enthält sechs Halogenatome und besitzt das Achsenverhältnis $a:b = 1:\sqrt{3}$ (s. Abb. 3). Da in jeder Metallschicht nur vier der sechs vorhandenen Oktaederlücken besetzt sind, bestehen in jeder Schicht drei Anordnungsmöglichkeiten. Für eine Elementarzelle mit drei Metallschichten sind zwei Strukturtypen möglich. Beim $AlCl_3$-Typ (*99*) (s. Abb. 4a) sind die aufeinanderfolgenden Metallschichten um $-b/3$ zueinander verschoben; die monoklin aufgestellte Elementarzelle (Symmetrie C 2/m) enthält eine Metallschicht. In der Struktur des $CrCl_3$-Typs (*190*) sind die aufeinanderfolgenden Metallschichten so zueinander angeordnet, daß dreizählige Schraubenachsen entstehen (s. Abb. 4b).

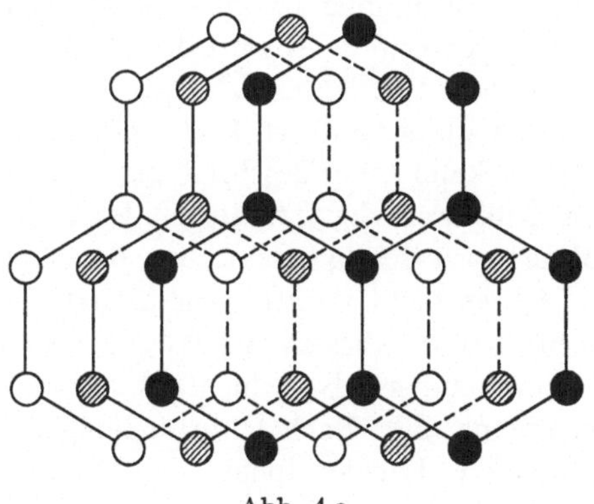

Abb. 4a

Stroganov und *Ovtchinnikov* (*163*) untersuchten 1957 die Struktur der Hochtemperaturmodifikation des Ruthenium(III)-chlorids, des α-$RuCl_3$. Sie ordneten diese dem $CrCl_3$-Typ zu. Im Gegensatz dazu beschrieben

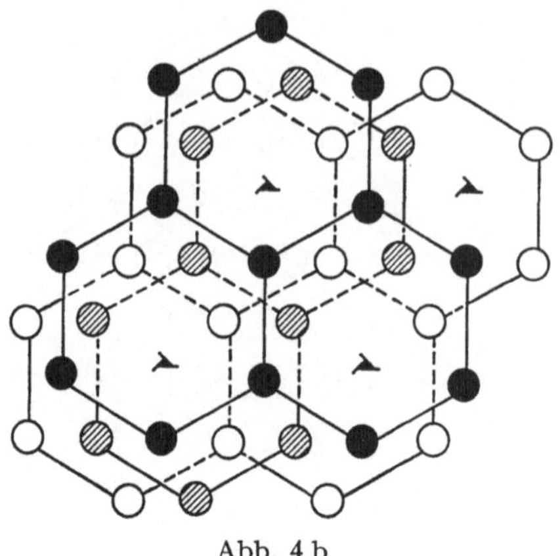

Abb. 4 b

Bärnighausen und *Handa* (*6*) die Struktur des α-$RuCl_3$ in der Aufstellung des $AlCl_3$-Typs. Die gleiche Aufstellung wurde von *Brodersen* und Mitarbeitern bei der Beschreibung der Strukturen der Verbindungen $RhBr_3$ (*31*), RhJ_3 (*31*), α-$IrCl_3$ (*28*), $IrBr_3$ (*33*) und IrJ_3 (*33*) gewählt.

Auf den Röntgenbeugungsdiagrammen dieser Verbindungen konnte zwischen intensitätsstarken, punktförmigen Reflexen und diffusen Linien unterschieden werden. Diese diffusen Reflexe werden durch Fehlordnungserscheinungen verursacht, die auf *Störungen der Stapelfolgen der Metallschichten* beruhen. In den Strukturen der Edelmetalltrihalogenide wechseln Abfolgen des $AlCl_3$-Typs mit solchen des $CrCl_3$-Typs; hierdurch wird die Translationsperiode senkrecht zu den Metallschichten gestört. Werden zur Strukturbestimmung nur die punktförmigen Reflexe der Einkristallaufnahmen verwendet, so wird die Struktur der Verbindung im $AlCl_3$-Typ beschrieben. Werden jedoch zusätzliche Bereiche stärkerer Filmschwärzung innerhalb der diffusen Linien der Einkristalldiagramme mit herangezogen, so kann eine Beschreibung im $CrCl_3$-Typ gewählt werden. Die Realstrukturen der Trihalogenide werden jedoch durch keine dieser Strukturtypen richtig beschrieben, da eine definierte Stapelfolge der Metallschichten nicht vorliegt. Die Strukturen des $CrCl_3$- und $AlCl_3$-Typs erscheinen unter diesem Aspekt als Spezialfälle einer drei Metallschichten enthaltenden AB_3-Schichtenstruktur mit einer ABC-Folge der Halogenatome (*33*). Nach Untersuchungen von *Schäfer* und *Huneke* (*148*) besitzt die Trichloridphase des Osmiums ebenfalls eine Schichtstruktur im $AlCl_3$- bzw. $CrCl_3$-Typ.

Hinweise für das Zusammentreten von Metallatomen zu Metallpaaren oder -clustern unter dem Einfluß von Metall-Metall-Wechselwirkungen, wie es etwa beim $MoCl_3$ (*146*) beobachtet wurde, konnten bisher nicht gefunden werden (*33*).

Die Ergebnisse magnetischer Messungen an den Rhodium- und Iridiumtrihalogeniden deuten auf das Vorliegen von low-spin-Anordnungen $t_{2g}^6 e_g^0$ hin, jedoch wurden größere Anteile eines temperaturunabhängigen Paramagnetismus beobachtet. α-$RuCl_3$ ist nach Untersuchungen von *Fletcher* und Mitarbeitern (*58*) antiferromagnetisch mit einem *Neel*-Punkt bei 13° K.

Tabelle 6. *Elementarzellenabmessungen von im $AlCl_3$- bzw. $CrCl_3$-Typ kristallisierenden Edelmetalltrihalogeniden in der monoklinen Aufstellung des $AlCl_3$-Typs*

	a	*b* (in Å)	*c*	*β* (in °)	Lit.
α-$RuCl_3$	5.97	10.33	6.08	109.15	(*28, 58, 163*)
$RhCl_3$	5.95	10.40	6.03	109.2	(*6*)
$RhBr_3$	6.27	10.85	6.35	109.0	(*31*)
α-$IrCl_3$	5.99	10.37	5.99	109.4	(*28*)
$IrBr_3$	6.30	10.98	6.34	108.7	(*33*)
IrJ_3	6.74	11.75	6.80	108.0	(*33*)

6.2.4. Die Struktur des β-$IrCl_3$

Die Struktur des β-$IrCl_3$ wurde von *Babel* und *Deigner* (*4*) untersucht. In einer annähernd kubisch dichtesten Packung der Chlor-Ionen ist im Gegensatz zu den Schichtstrukturen (z.B. α-$IrCl_3$) jede Zwischenschicht mit Iridiumatomen besetzt. Während bei den typischen Schichtengittern die Folge AcB CbA BaC eine leichte Spaltbarkeit parallel zu diesen Schichten ermöglicht, bildet β-$IrCl_3$ mit der Folge AcBaCbAc kompakte Kristalle. Die Verteilung der Metallatome in den Oktaederlücken der parallel zur (110)-Ebene verlaufenden, dichtest gepackten Schichten ist in Abb. 5 wiedergegeben. Es sind drei Metallschichten zu erkennen, die Verbindungslinien zwischen den Iridiumatomen entsprechen den gemeinsamen Kanten der $IrCl_6$-Oktaeder. Gegenüber den Schichtengittern ist jede Metallschicht nur halb besetzt, hierdurch werden die großen Gitterabmessungen ($a = 6.95$ Å; $b = 9.81$ Å; $c = 20.82$ Å) der 16 Formeleinheiten enthaltenden Elementarzelle erklärlich.

Die $IrCl_6$-Oktaeder sind erheblich verzerrt; die Ir—Cl-Abstände liegen bei 2.31 bzw. 2.33 bzw. 2.41 Å. Die magnetischen Eigenschaften des β-$IrCl_3$ haben *Brodersen* und *Machmer* (*26*) untersucht. Während das im Schichtengitter des $AlCl_3$-Typs kristallisierende α-$IrCl_3$ einen hohen Betrag an temperaturunabhängigem Paramagnetismus zeigt, ist dieser Anteil beim β-$IrCl_3$ viel geringer.

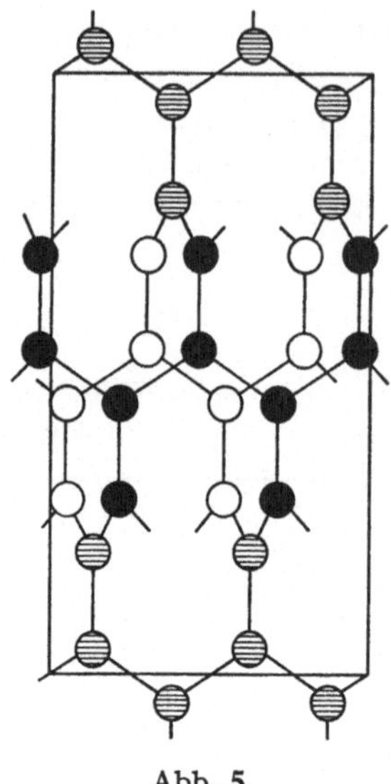

Abb. 5

6.2.5. Die Strukturen der Rutheniumtrihalogenide

Die Strukturen der Rutheniumtrihalogenide $RuBr_3$, RuJ_3 und β-$RuCl_3$ wurden von *Schnering, Brodersen, Moers, Breitbach* und *Thiele* (*149*) aufgeklärt. Alle drei Verbindungen bilden Kristallgitter des TiJ_3-Strukturtyps (*88*). In einer nahezu perfekt hexagonal dichten Packung der Halogenatome werden $^1/_3$ der Oktaederlücken in der Weise besetzt, daß lineare Ketten von über jeweils zwei gemeinsame Oktaederflächen verbundenen RuX_6-Oktaedern entstehen (Abb. 6). Im Falle des β-$RuCl_3$

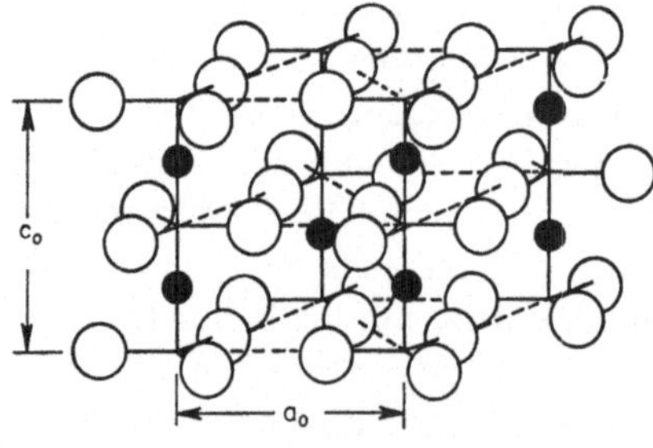

Abb. 6

wurden diese Ergebnisse später von *Fletcher, Gardner, Fox* und *Topping* (*58*) bestätigt. Die Ru—Ru-Abstände sind sehr kurz, beim β-$RuCl_3$ ist der gefundene Abstand von 2.83 Å vergleichbar mit dem im Rutheniummetall beobachteten von 2.68 Å.

Alle im TiJ_3-Typ kristallisierenden Verbindungen zeigen ein bemerkenswertes anormales magnetisches Verhalten. Die magnetischen Momente sind stark erniedrigt; $RuBr_3$ besitzt sogar einen diamagnetischen Suszeptibilitätswert (*32*).

Diese Erniedrigung der magnetischen Momente ist auf Metall-Metall-Wechselwirkungen entlang der Oktaederketten zurückzuführen. Diese Wechselwirkungen können entweder antiferromagnetischer Art sein (direkte Beeinflussung der Metallatome untereinander oder Superaustausch über die Anionen) oder durch die Ausbildung diskreter Me_2-Gruppierungen hervorgerufen werden.

Bereits *Holze* (*88*) und *Klemm* (*103*) hatten das Vorliegen von Me_2-Paaren vermutet, diese Annahme wurde später von *Dahl* und Mitarbeitern (*45*) bestritten.

Zur Beschreibung des TiJ_3-Typs wird eine zwei Formeleinheiten enthaltende hexagonale Elementarzelle (Raumgruppe D^3_{6h}) benutzt. Die zwei Rutheniumatome besetzen in dieser Aufstellung die spezielle Punktlage 2 (*b*) (0,0,0; 0 0,$^1/_2$), die Bromatome die Punktlage 6 (*g*) $\pm(x,0,{}^1/_4;\ \bar{x}, \bar{x}, {}^1/_4;\ 0, x, {}^1/_4)$. Der freie Parameter x hat beim TiJ_3-Typ etwa den Wert 0,3. In dieser Aufstellung sind innerhalb der Metallketten alle Metallatome äquidistant. Wenn Me_2-Paare ausgebildet werden sollen, müssen jeweils zwei Metalle innerhalb der Ketten zueinander rücken. Das erfordert eine Symmetrieerniedrigung, da das Rutheniumatom einen freien Parameter in z-Richtung erhalten muß.

Tabelle 7. *Gitterabmessungen der im TiJ_3-Typ kristallisierenden Ruthenium(III)-halogenide*

	β-$RuCl_3$	$RuBr_3$	RuJ_3
Gitterkonstanten d. hexagonalen Pseudozelle	$a = 6.12$ Å $c = 5.658$ Å (*58, 149*)	$a = 6.47$ Å $c = 5.855$ Å (*32, 149*)	$a = 6.98$ Å $c = 6.23$ Å (*149*)
Gitterkonstanten d. rhombischen Zelle	—	$a = 6.47$ Å $b = 11.205$ Å $c = 5.855$ Å (*32*)	—
Mittlere Ru—Ru-Abstände in der Pseudostruktur	2.83 Å	2.93 Å	3.12 Å
Ru—Ru-Abstand	—	2.74 Å und 3.12 Å	—

Auf den Einkristallaufnahmen der im TiJ_3-Typ kristallisierenden Verbindungen sind nun tatsächlich zusätzliche, schwache Reflexe zu beobachten, die scheinbar eine Verdoppelung der hexagonalen a-Gitterkonstanten erfordern (*3,149*). Daraus mußte geschlossen werden, daß durch die kleine, zwei Formeleinheiten umfassende Elementarzelle nur eine Pseudostruktur beschrieben wird.

Durch Einkristallaufnahmen konnten *Brodersen*, *Breitbach* und *Thiele* (*32*) beim Ruthenium(III)-bromid nachweisen, daß in der Struktur Ru_2-Paare enthalten sind. Die Rutheniumatome verlassen die Schwerpunkte der über gemeinsame Flächen verknüpften Oktaeder und bilden Ru_2-Paare mit einem Ru—Ru-Abstand von 2.73 Å. Der Ru—Ru-Abstand zwischen zwei Paaren innerhalb der Metallketten beträgt 3.12 Å (*32*).

Im TiJ_3-Typ nehmen die Kationen eine elektrostatisch ungünstigere Verteilung ein als bei den in Schichtengittern kristallisierenden Trihalogeniden. Mit dem Zusammenrücken zu Me_2-Paaren ist ein zusätzlicher Verlust an elektrostatischer Energie verbunden. Deshalb muß dieser durch die Bildung einer Me—Me-Bindung aufgewogen werden. Da bei allen im TiJ_3-Typ kristallisierenden Verbindungen niedrige magnetische Momente beobachtet werden, können auch hier ähnliche Verhältnisse wie beim $RuBr_3$ erwartet werden (*5*).

Tabelle 8. *Trichloride, Tribromide und Trijodide der Platinmetalle*

Verbindg.	Darstellung	Eigenschaften	Strukturtyp
α-$RuCl_3$	Chlorierg. > 370° C (*57, 58, 83, 90, 104, 121, 149, 150*)	schwarze Kristallblättchen, unlösl. in Säuren, antiferromagnetisch $\mu_{eff} = 2.28$ B.M. bei 20° C	$AlCl_3$ bzw. $CrCl_3$ (*33, 58, 163*)
β-$RuCl_3$	Chlorierg. des Metalls < 350° C (*57, 58, 90, 149*)	braun, lösl. in Säuren, temperaturunabhängiger Paramagnetismus	TiJ_3 (*58, 149*)
$RuBr_3$	direkte Bromierg. bei 500° C u. 20 at Br_2 (*32, 149, 154*)	schwarze Nadeln, $\chi_{mol} = 108 \cdot 10^{-6}$ *c.g.s.* temperaturunabhängig (*32*)	TiJ_3 (*32, 149*)
RuJ_3	direkte Jodierg. bei 350° C u. 20 at J_2 (*21, 32*)	schwarze Nadeln, temperaturunabhäng. Paramagnetismus	TiJ_3 (*149*)
$RhCl_3$	Chlorierg. bei 800° C (*73, 155*)	kupferrote Kristallblättchen, unlösl. in Säuren, diamagnetisch	$AlCl_3$ (*6*)
$RhBr_3$	Bromierg. bei 400° C unter 20 at Br_2 (*31*)	dunkelbraune Blättchen, temperaturunabhäng. Paramagnetismus $\chi_{mol} = 72 \cdot 10^{-6}$ *c.g.s.*	$AlCl_3$ (*31*)
$OsCl_{3,1-3,5}$	Therm. Zersetzg. v. $OsCl_4$ bei 470° C (*17, 106, 107, 137, 148*)	schwarze Blättchen paramagnetisch	$AlCl_3$-Typ? (*106, 107, 148*)

Tabelle 8 (Fortsetzung)

Verbindg.	Darstellung	Eigenschaften	Strukturtyp
$OsBr_3$	Therm. Zersetzg. v. $OsBr_4$ (*156*)	dunkelgraues Pulver	—
OsJ_3	Therm. Zersetzg. v. $H_2OsJ_6 \cdot 2\,H_2O$ (*55*)	schwarzes Pulver	—
α-$IrCl_3$	Chlorierg. bei 600° C	honigbraune Blättchen, temperaturunabhäng. Paramagnetismus $\chi_{mol} = 130 \cdot 10^{-6}$ *c.g.s.* (*26*)	$AlCl_3$ (*28*)
β-$IrCl_3$	Tempern des α-$IrCl_3$ bei 750° C und abschrecken (*4, 24*)	dunkelrote, kompakte Kristalle, temperaturunabhäng. Paramagnetismus $\chi_{mol} = 63 \cdot 10^{-6}$ *c.g.s.* (*26*)	β-$IrCl_3$ (*4*)
$IrBr_3$	Bromierg. im geschlossenen System im Temperaturgefälle 1000 → 450° C (*33*)	dunkelgrüne Blättchen	$AlCl_3$ (*33*)
IrI_3	Zersetzg. v. $(NH_4)_2IrJ_6$ (*47*), direkte Jodierg. des Metalls im Temperaturgefälle 1000° → 400° C (*33*)	braune Blättchen	$AlCl_3$ (*33*)
$PtCl_3$	Therm. Zersetzg. v. $PtCl_4$ b. 400° C im Chlorstrom (*186*)	schwarzgrünes Pulver	—
$PtBr_3$	Therm. Zersetzg. v. $PtBr_4$ b. 400° C im Bromstrom (*188*)	schwarzgrünes Pulver	—
PtJ_3	Jodierg. bei 350° C (*188*); Fällung aus H_2PtCl_6 mit KJ-Lösung in d. Kälte (*1*)	schwarzes Pulver, diamagnetisch (*1*)	—

7. Dihalogenide

7.1. Difluoride

Das violette Palladium(II)-fluorid kann durch Kochen von $Pd^{2\oplus}Pd^{4\oplus}F_6$ mit SeF_4 dargestellt werden (7). Es ist die einzige binäre Verbindung des $Pd^{2\oplus}$, für die Paramagnetismus ($\mu_{eff} = 1.88$ B.M.) gefunden wurde. *Bartlett* und *Maitland* (*8*) konnten die Struktur des PdF_2 dem tetragonalen Rutiltyp zuordnen. Die Pd-Atome sind oktaedrisch von sechs Fluoratomen umgeben. Jeder PdF_6-Oktaeder ist mit zwei weiteren Oktaedern über gemeinsame Kanten zu parallel zur c-Achse verlaufenden Ketten verbunden. Der Me—F—Me-Winkel innerhalb dieser Ketten ist 90°. Über gemeinsame Oktaederspitzen sind diese Ketten zu einem dreidimensionalen Netzwerk verknüpft. Der Me—F—Me-Winkel zwischen den Ketten beträgt 130°; dieser Wert ermöglicht Me—Me-Wechselwirkungen durch Superaustausch über die Fluorid-Anionen. Im Einklang hiermit steht der Antiferromagnetismus des PdF_2.

Weitere Platinmetalldifluoride konnten bisher nicht dargestellt werden. Ältere Angaben (*123, 143*) über die Existenz von PtF_2 konnten von *Bartlett* und *Lohmann* (*14*) widerlegt werden.

7.2. Dichloride

Bisher konnten nur die Dichloride des Palladiums und Platins im festen Zustand hergestellt werden. Alle Versuche, durch thermischen Abbau der Trichloride oder direkte Chlorierung der Metalle zu den Dichloriden des Rutheniums, Rhodiums, Osmiums oder Iridiums zu gelangen, schlugen fehl (*25, 27, 108*).

Soweit in älteren Arbeiten (*89*) über die Darstellung berichtet wurde, konnten diese Präparate als Gemische der Trichloride mit den Metallen identifiziert werden. *Pauling* (*128*) untersuchte Pulveraufnahmen des nach einem Verfahren von *Wöhler* und *Streicher* (*186*) durch thermische Zersetzung des $IrCl_3$ bei 770° C erhaltenen „$IrCl_2$"; er schrieb diesem Dichlorid die Struktur des $CdCl_2$-Typs zu. Nach *Brodersen* (*25*) handelt es sich jedoch auch bei diesen Präparaten um Ir—$IrCl_3$-Gemische. Die Pulveraufnahmen des im $AlCl_3$-Schichtengitter kristallisierenden $IrCl_3$ sind den Aufnahmen der im $CdCl_2$-Schichtengitter kristallisierenden Dihalogenide sehr ähnlich (*64, 65*). Hierdurch wird eine Zuordnung der Beugungsdiagramme erschwert.

Der Verlauf der Chlorierung des metallischen Palladiums wurde in den letzten Jahren mehrfach untersucht (*18, 93, 132, 162, 165*). Er beginnt bereits bei 260° C, jedoch erst oberhalb 520° C werden metallfreie Proben erhalten. Die Struktur der auf diese Weise erhaltenen dunkelroten Kristallnadeln des Palladium(II)-chlorids wurde von *Wells* (*183*) bestimmt. In der rhombischen Elementarzelle sind zwei Formeleinheiten enthalten. Jedes Palladium ist quadratisch planar von vier Chloratomen umgeben; die Koordinationsquadrate sind über gemeinsame Kanten mit zwei weiteren $PdCl_4$-Einheiten zu unendlichen Ketten verbunden. Der Pd—Cl-Abstand innerhalb dieser Einheiten beträgt 2.31 Å, vier weitere Chloratome im Abstand von 4.23 Å befinden sich mit Sicherheit außerhalb der Bindungssphäre des Pd. Der Diamagnetismus des $PdCl_2$ (*34*) stimmt mit der für eine quadratische Umgebung des Palladiums erwarteten low-spin-Anordnung $t_{2g}^6 e_g^0$ überein.

Palladium(II)-chlorid bildet nach *Thiele* (*165*) mindestens noch eine weitere Modifikation, die bei der Entwässerung von $H_2PdCl_4 \cdot aq$ bei Temperaturen unterhalb 400° C gewonnen werden kann. Diese *Tieftemperaturmodifikation* wandelt sich bei Temperaturen oberhalb 500° irreversibel in die von *Wells* (*183*) untersuchte Hochtemperaturmodifikation um. Bei differentialthermoanalytischen Untersuchungen des $PdCl_2$ durch *Soulen* und *Chappel* (*162*) sowie *Ivashentsev* und *Timonova* (*93*) wurde ein endothermer Effekt bei 510° C (Mittelwert zwischen 504° und 525° C) gefunden. Dieser könnte der Umwandlung

$$\text{Tieftemperaturmodifikation} \rightarrow \text{Hochtemperaturmodifikation}$$

zugeordnet werden. *Schäfer* und Mitarbeiter (*147*) berichteten über die Darstellung einer $PdCl_2$-Modifikation, die nach Pulveraufnahmen mit dem von *Brodersen, Thiele* und *Schnering* (*29*) beschriebenen $PtCl_2$-Typ isotyp ist. Die von *Schäfer* und Mitarbeitern (*147*) angegebenen Umwandlungsbedingungen in die Hochtemperaturmodifikation lassen vermuten, daß diese Modifikation mit der von *Thiele* (*165*) identisch ist.

Die Abmessungen der Elementarzelle und der Atomlagen sind bisher nicht bekannt.

Platin(II)-chlorid bildet sich beim thermischen Abbau von $H_2PtCl_6 \cdot aq$ (*19*) bzw. von $PtCl_4$ (*29, 109, 186, 189*) im Chlorstrom bei 400° C. Die Chlorierung des Metalls verläuft auch im geschlossenen System unter erhöhtem Chlordruck nicht vollständig. Zur Darstellung von Einkristallen kann $PtCl_2$ sowohl im geschlossenen als auch im strömenden System bei Gegenwart von Cl_2 transportiert werden (*29*). Oberhalb 550° C wird $PtCl_2$ thermisch in die Elemente zersetzt; für den chemischen Transport haben sich Temperaturen um 500° C als günstig erwiesen (*29*). Unter diesen Bedingungen entsteht $PtCl_2$ in Form dunkelroter, hexagonalprismatischer Nadeln. Magnetische Messungen ergaben Diamagnetismus mit einem relativ großen Anteil an temperaturunabhängigem Paramagnetismus von $\chi_{mol} = +50 \cdot 10^{-6}$ c.g.s. (*29, 74*).

Die Struktur des $PtCl_2$ wurde von *Brodersen, Thiele* und *Schnering* (*29*) aufgeklärt. In der hexagonalen Elementarzelle sind drei isolierte Pt_6Cl_{12}-Gruppen enthalten. Die Atomanordnung innerhalb dieser Baugruppen ist in Abb. 7 zu erkennen. Sechs Metallatome sind zu einem Me_6-Oktaeder

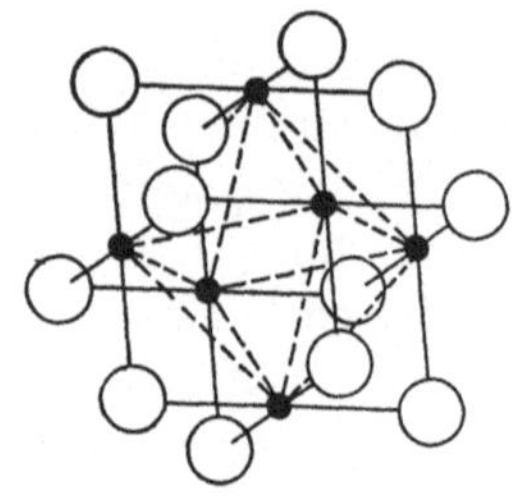

Abb. 7

zusammengetreten, vor dessen zwölf Kanten die Chloratome liegen. Jedes Me-Atom besitzt vier Cl-Nachbarn in quadratisch planarer Anordnung (Abstand Pt—Cl = 2.36 Å) sowie vier Me-Partner. Jedes Cl-Atom gehört zu zwei Me-Atomen der Gruppe. Diese Me_6Cl_{12}-Gruppen entsprechen in ihrem Aufbau denjenigen, welche in der Chemie der niederen Halogenide des Niobs und Tantals eine beherrschende Rolle spielen. Jedoch sind in den Strukturen der Niob- und Tantalverbindungen die Me_6X_{12}-Baugruppen über zusätzliche „äußere" Halogenatome untereinander verbunden (*146*). Außerdem werden dort stark verkürzte Me—Me-Abstände innerhalb der Me_6-Oktaeder beobachtet, die auf zusätzliche Me—Me-Bindungen hinweisen.

Wird eine Bindung der Cl-Anionen über die dsp^2-Orbitale der Metalle angenommen, so können die vier verbleibenden d-Orbitale jedes Metallatoms Mehrzentrenbindungen bilden (*61*). In der Me_6X_{12}-Gruppierung kombinieren somit 24 Orbitale zu 8 Dreizentrenbindungen, die über den Flächen des Me_6-Oktaeders liegen. Bei der Me_6X_8-Gruppierung, die in der Strukturchemie der Molybdän(II)-Verbindungen eine große Rolle spielt (*146*), kombinieren die d-Orbitale zu 12 vollbesetzten Einfachbindungen längs der Kanten des Me_6-Oktaeders. Im Falle des Palladiums und Platins sind die nach Bindung der Cl-Anionen verbleibenden d-Orbitale jedoch vollbesetzt; Metall-Metall-Bindungen sind deshalb nicht mehr möglich (*101*). Sollte die Bildung der Me_6-Oktaeder unter dem Einfluß derartiger Bindungen zustande kommen, so müßte eine über den M.O.-Ansatz von *Cotton* und *Haas* (*44*) hinausgehende Vorstellung entwickelt werden.

Der Zusammenhalt der Metalloktaeder könnte auch über Anionenbrücken zustande kommen. Bei zweikernigen Komplexverbindungen der Halogenide des Palladiums und Platins sind diese Anionenbrücken schon länger bekannt, z.B. in Komplexen der Zusammensetzung $M_2Pt_2X_6$ (mit M = z.B. $N(CH_3)_4^+$, $As(C_6H_5)_4^+$, X = Halogen) (*67, 117, 182*). In dem $Me_2Cl_6^{2\ominus}$-Anion dieser Komplexe sind die Koordinationsquadrate der Metalle über eine gemeinsame Kante durch Halogenbrükken verbunden:

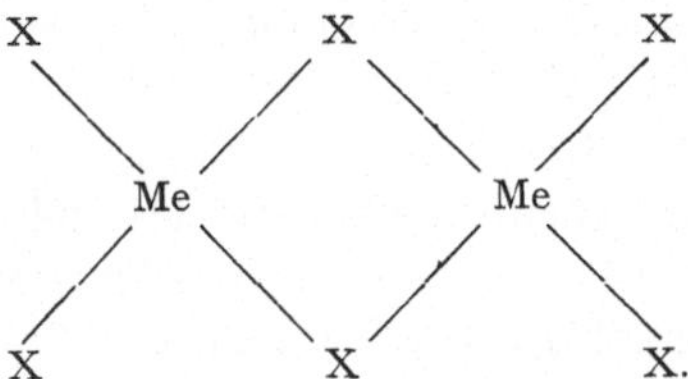

Auch in der Struktur des β-PdJ_2 wurden vor kurzem derartige Pd_2J_6-Einheiten gefunden (*168*). Die Me—Me-Abstände innerhalb der Gruppen lassen klar erkennen, daß keine direkte Bindung zwischen den Metallen besteht.

Bemerkenswerterweise konnten *Schäfer* und Mitarbeiter (*147*) kürzlich durch massenspektroskopische Untersuchungen nachweisen, daß sowohl beide Modifikationen des $PdCl_2$ als auch das $PtCl_2$ beim Verdampfen im Vakuum Me_6Cl_{12}-Moleküle liefern. Während im Falle des $PdCl_2$ nur derartige Teilchen beobachtet wurden, konnten beim $PtCl_2$ auch $Pt_4Cl_8^{\oplus}$ und $Pt_5Cl_{10}^{\oplus}$-Ionen gefunden werden. Die Existenz dieser Gruppen in der Gasphase beweist, daß die Me_6Cl_{12}-Gruppen nur durch Cl-Brücken zusammengehalten werden. *Schäfer, Wiese, Rinke* und *Brendel* (*147*) konnten auch eine begründete Vorstellung über die Entstehung der Me_6X_{12}-Gruppen geben. Durch Lösung einzelner Pd—Cl-Bindungen innerhalb der [$PdCl_{4/2}$]-Ketten des $PdCl_2$ werden Pd—Cl—Pd-Bindungen frei drehbar; die Kette kann zur Pd_6Cl_{12}-Einheit aufgewickelt werden (s. Abb. 8). Bei diesem Vorgang bleibt die Mehrheit der

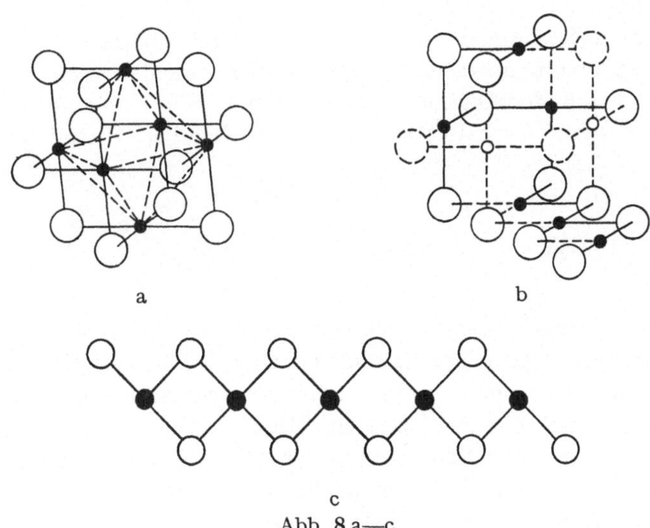

Abb. 8 a—c

Pd—Cl-Bindungen ebenso wie die Pd—Cl—Pd- und Cl—Pd—Cl-Bindungswinkel erhalten. Es konnte gezeigt werden, daß die Pd—Cl-Bindungsenergien der Kette und der Gruppe praktisch übereinstimmen.

Falqui und *Rollier* (*53*) untersuchten Pulveraufnahmen von Platin(II)-chlorid und fanden Isotypie zum α-$PdCl_2$. Leider finden sich in der Arbeit keine genauen Angaben über die Darstellungsmethode, so daß diese Arbeit bisher nicht nachgeprüft werden konnte. Es besteht die Möglichkeit, daß beim thermischen Abbau von $PtCl_4$ im Chlorstrom bei Temperaturen um 300° C eine $PtCl_2$-Modifikation mit der Kettenstruktur des α-$PdCl_2$ entsteht.

7.3. Dibromide

Dibromide des Rutheniums, Rhodiums,Osmiums und Iridiums konnten im festen Zustand bisher nicht erhalten werden. Ältere Arbeiten, die Hinweise auf die Existenz dieser Verbindungen enthalten, erwiesen sich als unrichtig (*59*).

Palladium(II)-bromid kann nach *W. Jander* (*96*) durch mehrfaches Abrauchen einer $Pd(NO_3)_2$-Lösung mit HBr gewonnen werden. Das Metall löst sich beim Kochen mit HBr und Br_2 am Rückfluß unter Bildung von H_2PdBr_4-Lösung, diese kann durch vorsichtiges Abdampfen in $PdBr_2$ umgewandelt werden (*30*). Bei der Behandlung von Palladiumpulver mit KBr—Br_2-Lösung wird das wasserunlösliche $PdBr_2$ direkt gewonnen; daneben entsteht eine Lösung von K_2PdBr_4 und K_2PdBr_6 (*169*). Durch chemischen Transport in Gegenwart von Br_2 kann das auf diesen Wegen erhaltene $PdBr_2$-Pulver in Kristalle umgewandelt werden (*30*).

Palladium(II)-bromid bildet mindestens drei Modifikationen (*169*). Das bei Zimmertemperatur stabile γ-$PdBr_2$ wandelt sich oberhalb 550° C in eine β-Modifikation um, die oberhalb 670° C in eine α-Modifikation übergeht. Oberhalb 800° C zersetzt sich $PdBr_2$ thermisch in die Elemente.

$$\gamma\text{-PdBr}_2 \xrightarrow[\text{endoth.}]{551^\circ\text{C}} \beta\text{-PdBr}_2 \xrightarrow[\text{endoth.}]{669^\circ\text{C}} \alpha\text{-PdBr}_2 \xrightarrow{800^\circ\text{C}} \text{Pd} + \text{Br}_2$$

Werden $PdBr_2$-Proben längere Zeit auf Temperaturen der angegebenen Existenzbereiche gebracht und dann rasch abgeschreckt, so können Kristalle der β- und α-Form erhalten werden; beim Verreiben wandeln sich diese teilweise ineinander um (*169*).

Die Struktur der γ-Modifikation wurde von *Brodersen, Thiele* und *Gaedcke* (*30*) untersucht. In der monoklinen Elementarzelle ($a = 12.87$ Å, $b = 3.97$, $c = 6.58$, $\beta = 102.2°$; Raumgruppe $P2_1/c$) sind vier Formeleinheiten enthalten[1]). Die Palladium-Atome sind quadratisch-planar in nahezu gleichem Abstand von vier Bromatomen umgeben (Pd—Br = 2.42 Å). Jede $PdBr_4$-Baugruppe besitzt mit zwei weiteren Einheiten gemeinsame Seiten, so daß parallel zur *c*-Richtung verlaufende Ketten entstehen. Die γ-$PdBr_2$-Struktur ist dem α-$PdCl_2$-Strukturtyp verwandt, jedoch sind die $PdBr_4$-Baugruppen innerhalb der Ketten zueinander dachförmig gewinkelt. Der Pd—Pd-Abstand von 3.29 Å läßt Me—Me-Wechselwirkungen unwahrscheinlich erscheinen.

Die Strukturen der beiden anderen Modifikationen des $PdBr_2$ konnten bisher noch nicht untersucht werden. Vorläufige Ergebnisse deuten auf eine Veränderung der Winkelung der $PdBr_4$-Einheiten innerhalb der Ketten hin.

Platin(II)-bromid kann durch thermische Zersetzung von $H_2PtBr_6 \cdot 9\,H_2O$ bei 200° C erhalten werden. Die direkte Bromierung des Metalls gelingt im geschlossenen System. Im Temperaturgefälle 920° C → 420° C wird Platin(II)-bromid transportiert, in der 420° C Zone entstehen nadelförmige Kristalle (*169*).

Bisherige Untersuchungen lassen Isotypie zum Platin(II)-chlorid (*29*) erwarten.

7.4. Dijodide

Dijodide des Rutheniums, Rhodiums und Iridiums konnten bisher nicht hergestellt werden. *Fergusson, Robinson* und *Roper* (*55*) erhielten beim Erhitzen von H_2OsJ_6 ein schwarzes, röntgenamorphes Pulver der Zusammensetzung des OsJ_2. Magnetische Untersuchungen dieses Präparates ergaben Paramagnetismus ($\mu_{eff} = 0.8$ B. M.) (*55*).

Palladium(II)-jodid bildet drei Modifikationen (*166*). Bei der Fällung von Pd^{2+}-Ionen mit J^--Ionen in wäßrigen Lösungen entsteht γ-PdJ_2 in Form eines schwarzen, sehr feinkristallinen Pulvers. Im geschlossenen System läßt sich Palladiummetall bei 140° C in HJ—J_2-Lösung zu PdJ_2 oxydieren (*168*). Hierbei fällt ein Teil des gebildeten PdJ_2 in Form der β-Modifikation als Bodenkörper an, ein weiterer Teil kann nach dem Abdampfen der Lösung in Form des γ-PdJ_2 erhalten werden (*166*).

Oberhalb 340° C wandelt sich die γ-Form irreversibel in die bei Raumtemperatur thermodynamisch stabile β-Modifikation um, die wiederum bei 560° C endotherm in α-PdJ_2 übergeht. Bei 630° C wird Palladium (II)-jodid thermisch in die Elemente gespalten.

$$\gamma\text{-}PdJ_2 \xrightarrow[\text{exoth.}]{340^\circ C} \beta\text{-}PdJ_2 \underset{}{\overset{560^\circ C}{\rightleftharpoons}} \alpha\text{-}PdJ_2 \xrightarrow{630^\circ C} Pd + J_2$$

---

[1]) In der Originalarbeit wurde die aus praktischen Gründen bei den Berechnungen verwendete Aufstellung der Elementarzelle angegeben. Als Transformation wurden $a' = [100]$, $b' = [010]$ und $c' = [\bar{2}01]$ benutzt.

Kristalle der α-Modifikation können durch Abschrecken von PdJ_2-Proben gewonnen werden, die längere Zeit oberhalb der Umwandlungstemperaturen gehalten wurden. Beim Verreiben wandelt sich α-PdJ_2 langsam in die β-Form um.

Die Struktur der rhombischen Hochtemperaturmodifikation zeigt in *c*-Richtung verlaufende Ketten von über gemeinsame Seiten verknüpften, planaren, nahezu quadratischen PdJ_4-Einheiten (Abstand Pd—J:2.60 Å, ∢ J—Pd—J:87°) (*166*). Damit ist die α-PdJ_2-Struktur nahe mit den Strukturen des α-$PdCl_2$ (*183*) und γ-$PdBr_2$ (*30*) verwandt.

Die Struktur des α-PdJ_2 kann als eine stark verzerrte Variante des Rutiltyps betrachtet werden. In der Rutil-Struktur, z.B. beim PdF_2 (*8*), sind die Koordinationsoktaeder längs der tetragonalen Achse über gemeinsame Kanten zu Oktaederketten verbunden. Die Verknüpfung dieser Ketten wird über gemeinsame Oktaederspitzen in den Richtungen der (001)-Flächendiagonalen vollzogen. Im α-PdJ_2 wird die quadratische Fläche des Rutiltyps bis auf das Verhältnis $a:b=0{,}837:1$ verzerrt. Dadurch wird der Winkel benachbarter Ketten zueinander von 90° auf 73° herabgesetzt; die Koordinationsoktaeder werden nach [010] gestreckt und nach [100] gestaucht. Dementsprechend ist beim α-PdJ_2 jedes Palladium von zwei zusätzlichen Jodatomen (Abstand Pd—J:3.52 Å) koordiniert (s. Abb. 9). Beim α-$PdCl_2$ (*183*) geht die Verzerrung noch

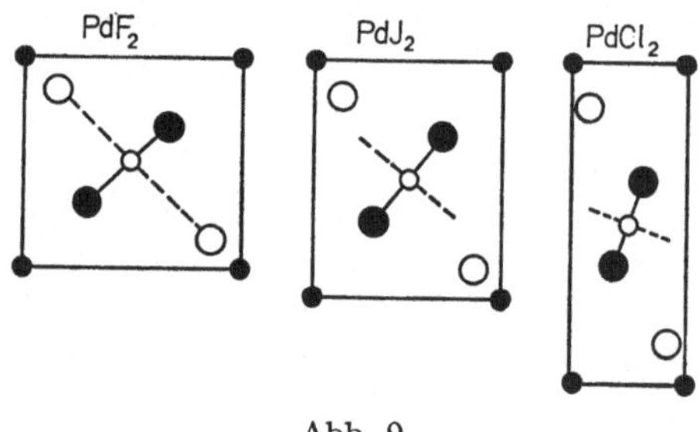

Abb. 9

weiter, bei einem Verhältnis $a:b=0.347:1$ ist der Winkel bis auf 49° verringert. Hierdurch wird einer Erhöhung der Koordination des Pd ausgewichen. Die Pd—Cl-Abstände innerhalb der Koordinationsquadrate betragen 2.31 Å, die nächsten vier Cl-Nachbarn sind 4.23 Å entfernt.

Auch in der Struktur des β-PdJ_2 (*168*) ist das Pd nahezu quadratisch von vier Jodatomen umgeben, jedoch sind zwei PdJ_4-Einheiten über eine gemeinsame Kante zu einer ebenen Pd_2J_6-Baugruppe verbunden. Vier Jodatome stellen die Verknüpfung zu vier benachbarten Pd_2J_6-Gruppen her. Die Ebenen dieser Gruppen stehen nahezu senkrecht zueinander; es entstehen deshalb parallel zur (100)-Ebene der monoklinen Zelle verlaufende Schichten aus gewellten Pd_6J_6-Zwölfringen. Diese Schichten (s. Abb. 10) werden durch Pd—J-Bindungen zusammengehalten, mit deren Hilfe die Koordination des Pd zu einem gestreckten Oktaeder ergänzt wird. Die Pd—J-Abstände innerhalb der Pd_2J_6-Gruppe sind 2.62 Å, die ergänzenden Jodatome sind 3.29 bzw. 3.49 Å entfernt.

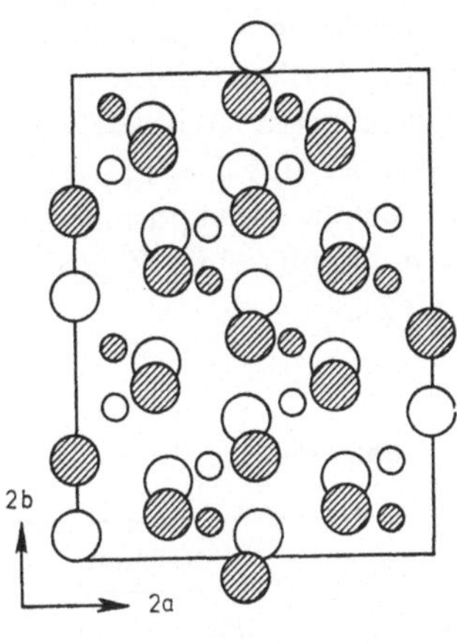

Abb. 10

Die Jodatome bilden eine stark verzerrte dichteste Packung, mit parallel zur (100)-Ebene verlaufenden Schichten. Die Pd-Atome besetzen die Hälfte der Oktaederlücken jeder Zwischenschicht. Während bei den in Schichtengittern, z.B. im $CdCl_2$- oder CdJ_2-Typ, kristallisierenden Dihalogeniden nur jede zweite Zwischenschicht mit Metallatomen besetzt wird, ist beim β-PdJ_2 eine doppelt so dichte Aufeinanderfolge nur halbbesetzter Schichten zu beobachten. Unter diesem Gesichtspunkt besteht zwischen den Strukturen des β-PdJ_2 (*168*) und des $CdCl_2$ (*128*) die gleiche Beziehung wie zwischen dem α-$IrCl_3$ (*28*) und dem β-$IrCl_3$ (*4*).

Besonders interessant ist das Auftreten der ebenen $[Pd_2J_2J_{4/2}]$-Baugruppe. Die beiden Pd-Atome innerhalb dieser Gruppe sind 3.86 Å voneinander entfernt; sie werden durch Jodbrücken miteinander verbunden.

Platin(II)-jodid soll nach *Argue* und *Banewicz* (*1*) bei der thermischen Zersetzung von PtJ_3 bei 270° C 1 at gebildet werden. Bereits *Wöhler* und *Streicher* (*186*) wiesen jedoch darauf hin, daß unter vergleichbaren Bedingungen in keinem Fall Proben definierter Zusammensetzung entstehen.

Das System Platin-Jod wurde 1925 von *Wöhler* und *Müller* (*188*) untersucht; die von den Autoren angegebenen Existenzgebiete für die Platinjodide konnten durch neuere Untersuchungen (*169*) im wesentlichen bestätigt werden. Metallisches Platin wird im geschlossenen System bei 140° C durch $KJ-J_2$-Lösung vollständig oxydiert (*167*). Ein Teil des Platins setzt sich zu einem Regulus von kristallinem Platin(IV)-jodid um, während ein anderer Teil zu K_2PtJ_6 oxydiert wird. Die Bildung von PtJ_2 konnte unter diesen Bedingungen nicht beobachtet werden. Das in Säuren unlösliche Platin(II)-jodid disproportioniert beim Erhitzen mit wäßriger KJ-Lösung teilweise in K_2PtJ_6 und metallisches Platin. Die Umkehrung dieser Reaktion kann zur Darstellung von PtJ_2 aus K_2PtJ_6 und Platin benutzt werden (*169*).

Platin(II)-jodid bildet mehrere Modifikationen; das Pulverdiagramm der durch Umsetzung von Pt mit K_2PtJ_6 erhaltenen PtJ_2-Proben ist nicht identisch mit dem Beugungsdiagramm des nach einem Verfahren von *Ramberg* (*134*) durch Fällung einer K_2PtCl_4-Lösung mit KJ erhaltenen Platin(II)-jodids (*167*).

Tabelle 9. *Dihalogenide der Platinmetalle*

Verbindg.	Darstellung	Eigenschaften	Struktur
α-$PdCl_2$	Chlorierg. des Metalls, 600° C (*183*)	dunkelrote Nadeln	rhombisch, $a = 3.81$ Å $b = 11.08$ Å $c = 3.34$ Å Raumgruppe: Pnmn (*183*)
β-$PdCl_2$	Sublimation des $PdCl_2$; Entwässerg. v. $H_2PdCl_4 \cdot aq$ bei 400° C (*96, 165, 189*)	dunkelrot diamagnetisch (*34*)	Pd_6Cl_{12}-Baugruppen? (*147*)
γ-$PdBr_2$	Entwässerg. v. $H_2PdBr_4 \cdot aq$ unterhalb 500° C (*30, 96*)	dunkelbraune Kristallnadeln, diamagnetisch	monoklin, $a = 12.87$ Å $b = 3.97$ Å $c = 6.58$ Å $\beta = 102{,}2°$ Raumgruppe: $P2_1/c$ Ketten aus dachförmig zueinander gewinkelten $PdBr_4$-Einheiten (*30*)
β-$PdBr_2$	Erhitzen v. $PdBr_2$ auf 600° C; abschrecken (*169*)	dunkelbraune Kristallnadeln	
α-$PdBr_2$	Erhitzen v. $PdBr_2$ auf 700° C, abschrecken (*169*)	dunkelbraune Kristallnadeln	

Tabelle 9 (Fortsetzung)

Verbindg.	Darstellung	Eigenschaften	Struktur
α-PdJ_2	PdJ_2 oberhalb 600° C erhitzen, abschrecken (*166*)	schwarze Kristallnadeln	rhombisch $a = 6.69$ Å $b = 8.00$ Å $c = 3.80$ Å Raumgruppe: Pnmn Ketten aus PdJ_4-Einheiten (*166*)
β-PdJ_2	γ-PdJ_2 oder α-PdJ_2 auf 500° C erhitzen (*168*)	schwarze Kristallplättchen, diamagnetisch	monoklin. $a = 6.69$ Å $b = 8.60$ Å $c = 6.87$ Å $\beta = 103{,}5°$ (*168*) Raumgruppe: $P2_1/c$ $[Pd_2J_2J_{4/2}]$-Baugruppe
γ-PdJ_2	Fällg. v. $Pd^{2\oplus}$- mit $J^{\ominus}$-Ionen aus wäßr. Lsg. (*70, 166*)	schwarzes Pulver	monoklin, $a = 6.94$ Å $b = 4.28$ Å $c = 26.46$ Å $\beta = 90{,}9°$ Raumgruppe: $P2_1/c$ $PdBr_2$-Struktur? (*167*)
α-$PtCl_2$	Therm. Abbau v. $H_2PtCl_6 \cdot aq$ (*19*) oder $PtCl_4$ bei 500° C im Chlorstrom (*29, 109, 186, 189*)	schwarze Kristallnadeln, diamagnetisch (*29, 74*)	rhomboedrisch, $a = 13.11$ Å $c = 8.59$ Å Raumgruppe: $\bar{3}$m Pt_6Cl_{12}-Baugruppen (*29*)
β-$PtCl_2$	Therm. Zersetzg. v. $PtCl_4$ im Chlorstrom bei 300° C (?) (*53*)		rhombisch, $a = 3.86$ Å $b = 11.05$ Å $c = 3.35$ Å Raumgruppe: Pnmn α-$PdCl_2$-Struktur (*53*)
$PtBr_2$	Therm. Zersetzg. v. $H_2PtBr_6 \cdot 9\,H_2O$; Bromierg. des Metalls im Temperaturgefälle 920 → 420 °C (*169*)	schwarze Kristallnadeln, diamagnetisch	rhomboedrisch, $a = 13.85$ Å $c = 9.23$ Å $PtCl_2$-Struktur (*29*)
PtJ_2	K_2PtJ_6 mit Pt umsetzen (*167*) Therm. Zersetzg. v. PtJ_4 (*1, 169, 186*) Fällung v. K_2PtCl_4-Lösung mit KJ (*134, 167*)	schwarzes Pulver diamagnetisch (*1*)	

Tabelle 9 (Fortsetzung)

Verbindg.	Darstellung	Eigenschaften	Struktur
PdF_2	$PdPdF_6$ mit SeF_4 erhitzen (*8, 10*)	violett, paramagnetisch $\mu_{eff} = 1.88$ B.M.	tetragonal, $a = 4.956$ Å $c = 3.389$ Å Rutil-Struktur (*8*)

8. Monohalogenide

Beim thermischen Abbau der höheren Platinmetallhalogenide glaubten einige Autoren Hinweise auf die Existenz von Monohalogeniden gefunden zu haben. Die Ergebnisse dieser Arbeiten konnten nicht bestätigt werden.

Beim Erhitzen von H_2OsJ_6 erhielten *Fergusson, Robinson* und *Roper* (*55*) ein Präparat der Zusammensetzung des OsJ, das durch magnetische ($\mu_{eff} = 0.5$ B.M.) und röntgenographische Untersuchungen charakterisiert wurde. Nach thermodynamischen Berechnungen (*23*) sollte OsJ nicht beständig sein.

III. Ausblick

Die Kenntnisse über die Platinmetallhalogenide sind noch lückenhaft. Da viele der binären Verbindungen in mehreren polytypen Modifikationen vorkommen, ist ihre Charakterisierung außerordentlich schwierig. Das Entstehen von Feststoffgemischen bei den üblichen Darstellungsmethoden ist Ursache mancher Unstimmigkeiten in der Literatur. Dennoch lassen sich bereits Zusammenhänge zwischen den einzelnen Strukturtypen der Platinmetallhalogenide erkennen. Eine weitere Bearbeitung dieses Gebietes erscheint lohnend.

IV. Literatur

1. *Argue, G. R.*, and *J. J. Banewicz:* J. Inorg. Nucl. Chem. *25*, 923 (1963).
2. *Aynsley, E. E., R. D. Peacock*, and *P. L. Robinson:* Chem. Ind. (London) *1952*, 1002.
3. *Babel, D.*, u. *W. Rüdorff:* Naturwissenschaften *51*, 85 (1964).
4. —, u. *P. Deigner:* Z. Anorg. Allgem. Chem. *339*, 57 (1965).
5. — Private Mitteilung.
6. *Bärnighausen, H.*, and *B. K. Handa:* J. Less-Common-Metals *6*, 226 (1964).

7. *Bartlett, N.*, and *M. A. Hepworth:* Chem. Ind. (London) *1956*, 1425.
8. —, and *R. Maitland:* Acta Cryst. *11*, 747 (1958).
9. —, and *D. A. Lohmann:* Proc. Chem. Soc. *1960*, 14.
10. —, and *J. N. Quail:* J. Chem. Soc. *1961*, 3728.
11. — Proc. Chem. Soc. *1962*, 218.
12. —, and *D. A. Lohmann:* J. Chem. Soc. *1962*, 5253.
13. —, and *P. R. Rao:* Proc. Chem. Soc. *1964*, 393.
14. —, and *D. A. Lohmann:* J. Chem. Soc. *1964*, 619.
15. —, and *P. R. Rao:* Chem. Commun. *1965*, 252.
16. *Basolo, F.*, and *R. G. Pearson:* Progr. Inorg. Chem. *4*, 381 (1962).
17. *Bell, W. E., M. Tagami, R. E. Jnyard, P. K. Gantzel*, and *J. D. Dixon:* General Atomic Division of General Dynamics Rept. GA — 3398, S. 7 (1962).
18. *Bel-Wayne, E., U. Merten*, and *M. Tagami:* J. Phys. Chem. *65*, 3 (1961).
19. *Berzelius, J. J.:* Ann. Chim. *83*, 168 (1812).
20. *Blinc, R., E. Pirkmayer, J. Slivnik*, and *I. Zupancic:* J. Chem. Phys. *45*, 1488 (1966).
21. *Breitbach, H. K.:* Dissertation Erlangen 1966.
22. *Brenner, S. S.:* Acta Met. *4*, 62 (1956).
23. *Brewer, L.*, in: Chemistry and Metallurgy of Miscellaneous Materials. New York 1950.
24. *Brodersen, K.*, u. *P. Deigner:* Angew. Chem. *73*, 437 (1961).
25. — Bull. Soc. Chim. France *1961*, 1704.
26. —, *P. Machmer:* Z. Naturforsch. *17b*, 127 (1962).
27. — Angew. Chem. *76*, 690 (1964).
28. —, *F. Moers* u. *H. G. Schnering:* Naturwissenschaften *52*, 205 (1965).
29. —, *G. Thiele* u. *H. G. Schnering:* Z. Anorg. Allgem. Chem. *337*, 120 (1965).
30. — — u. *H. Gaedcke:* Z. Anorg. Allgem. Chem. *348*, 162 (1966).
31. — —, and *I. Recke:* J. Less-Common-Metals *14*, 151 (1968).
32. —, *H. K. Breitbach* u. *G. Thiele:* Z. Anorg. Allgem. Chem. *357*, 162, (1968).
33. —, *G. Thiele, H. Ohnsorge, I. Recke*, and *F. Moers:* J. Less-Common-Metals *15*, *347* (1968)
34. *Cabrera, B.*, u. *H. Fahlenbach:* Ann. Phys. (5) *21*, 834 (1935).
35. *Cady, G. H.*, and *G. B. Hargreaves:* J. Chem. Soc. *1961*, 1568.
36. *Charronat, R.:* In: Nouveau Traite de Chemie Minerale, S. 265. Paris 1958.
37. *Chernik, C.L., H.H.Claassen*, and *B.Weinstock:* J.Am.Chem. Soc. *83*, 3165 (1961).
38. *Child, M. S.:* Mol. Phys. *3*, 601 (1960).
39. *Claassen, H. H.*, and *B. Weinstock:* J. Chem. Phys. *33*, 436 (1960).
40. — *H. Selig, J. G. Malm, C. L. Chernik*, and *B. Weinstock:* J. Am. Chem. Soc. *83*, 2390 (1961).
41. *Claus, C.:* J. prakt. Chem. *43*, 631 (1847).
42. — Bull. Acad. Sci. St. Petersburg (3) *6*, 145 (1863).
43. — J. Prakt. Chem. *90*, 83 (1863).
44. *Cotton, F. A.*, and *T. E. Haas:* Inorg. Chem. *3*, 10 (1964).
45. *Dahl, L. F., T. Chiang, P. W. Seabaugh*, and *E. D. Larsen:* Inorg. Chem. *3*, 1236 (1964).
46. *Deigner, P.:* Staatsexamens-Zulassungsarbeit, Tübingen 1961.
47. — Dissertation, Tübingen 1965.
48. *Dickinson, R. G.:* J. Am. Chem. Soc. *45*, 958 (1923).
49. *Edwards, A. J., R. D. Peacock*, and *R. W. H. Small:* J. Chem. Soc. *1962*, 4486.
50. *Eisenstein, J. C.:* J. Chem. Phys. *34*, 310 (1961).
51. *Elson, R., S. Fried, P. Sellers*, and *W. H. Zachariasen:* J. Am. Chem. Soc. *72*, 5791 (1950).

52. *Falqui, M. T.*, e *M. Rollier:* Ann. Chim. (Rome) *48*, 1156 (1958).
53. — — Ann. Chim. (Rome) *48*, 1160 (1958).
54. *Fanning, J. C.*, and *H. B. Jonassen:* Chem. Ind. (London) *1961*, 1623.
55. *Fergusson, J. E., B. H. Robinson*, and *W. R. Roper:* J. Chem. Soc. *1962*, 2113.
56. *Figgis, B. N., J. Lewis*, and *F. E. Mabbs:* J. Chem. Soc. *1961*, 3138.
57. *Fletcher, J. M., W. E. Gardner, E. W. Hooper, K. R. Hyde, F. H. Moore*, and *J. L. Woodhead:* Nature *199*, 1089 (1963).
58. — —, *A. C. Fox*, and *G. Topping:* J. Chem. Soc. *1967*, 1038.
59. *Gall, H., G. Lehmann:* Ber. Deut. Chem. Ges. *59*, 2856 (1926).
60. *Gauthier, J.:* Compt. Rend. *238*, 1999 (1954).
61. *Gillespie, R. J.:* Can. J. Chem. *39*, 2336 (1961).
62. *Glemser, O., H. W. Roesky, K. H. Hellberg* u. *H. U. Werther:* Chem. Ber. *99*, 2652 (1966).
63. *Gmelins* Handbuch der Anorganischen Chemie, Band 68 „Platin".
64. *Goldschmidt, V. M.*, and *W. Zachariasen:* Skr. Akad. Oslo *1*, 16 (1926).
65. — — Geochemische Verteilungsgesetze der Elemente *8*, 147 (1927).
66. *Goloubkine, G.:* J. Chem. Soc. *100*, 45 (1911).
67. *Goodfellow, R. J., P. L. Goggin*, and *L. M. Venanzi:* J. Chem. Soc. *A 1967*, 1897.
68. *Gortsema, F. P.*, and *R. H. Toeniskoetter:* Inorg. Chem. *5*, 1217 (1966).
69. — Inorg. Chem. *5*, 1925 (1966).
70. *Gramp, F.:* Ber. Deut. Chem. Ges. *7*, 1723 (1874).
71. *Gutbier, A.*, u. *C. Trenkner:* Z. Anorg. Allgem. Chem. *45*, 166 (1905).
72. — Z. Anorg. Allgem. Chem. *81*, 382 (1913).
73. —, u. *A. Hüttlinger:* Z. Anorg. Allgem. Chem. *95*, 247 (1916).
74. *Guthrie, A. N.*, and *L. T. Bourland:* Phys. Rev. (2) *37*, 306 (1931).
75. *Hargreaves, G. B.*, and *R. D. Peacock:* Proc. Chem. Soc. *1959*, 85.
76. — — J. Chem. Soc. *1960*, 2618.
77. *Hellberg, K. H., A. Müller* u. *O. Glemser:* Z. Naturforsch. *21b*, 118 (1966).
78. *Hepworth, M. A., R. D. Peacock*, and *P. L. Robinson:* J. Chem. Soc. *1954*, 1197.
79. —, *P. L. Robinson*, and *G. J. Westland:* J. Chem. Soc. *1954*, 4269.
80. — — J. Inorg. Nucl. Chem. *4*, 24 (1957).
81. —, *K. H. Jack, R. D. Peacock*, and *G. J. Westland:* Acta Cryst. *10*, 63 (1957).
82. *Hill, M. A.*, and *E. F. Beamish:* J. Am. Chem. Soc. *72*, 4855 (1950).
83. *Hoard, J. L.*, and *J. D. Stroupe:* U. S. at. Energy Comm. TID 5290 *1*, 325 (1958).
84. *Holloway, J. H.*, and *R. D. Peacock:* J. Chem. Soc. *1963*, 3892.
85. — — J. Chem. Soc. *1963*, 527.
86. — —, and *R. W. H. Small:* J. Chem. Soc. *1964*, 644.
87. —, *P. R. Rao*, and *N. Bartlett:* Chem. Commun. *1965*, 306.
88. *Holze, E.:* Dissertation, Univ. Münster 1956.
89. *Howe, J. L., J. L. Howe jr.*, and *S. C. Ogburn:* J. Am. Chem. Soc. *46*, 337 (1924).
90. *Hyde, K. R., E. W. Hooper, J. Waters*, and *J. M. Fletcher:* J. Less-Common-Metals *8*, 428 (1965).
91. International Tables for X-Ray Crystallography, Birmingham 1952.
92. *Ivashentsev, Y. I.*, u. *R. I. Timonova:* Zh. Neorgan. Khim. *11*, 2189 (1966).
93. — — Russ. J. Inorg. Chem. (English Transl. *12*, 308 (1967).
94. *Jack, K. H.*, and *V. Gutmann:* Acta Cryst. *4*, 246 (1961).
95. *Jahn, H. J.*, and *E. Teller:* Proc. Roy. Soc. (London) *A 161*, 220 (1937).
96. *Jander, W.:* Z. Anorg. Allgem. Chem. *199*, 319 (1931).
97. *Joly, A.:* Compt. Rend. *114*, 291 (1892).
98. *Kazakov, V. P.*, u. *B. I. Peschchevitskij:* Radiokhimiya (4) *4*, 509 (1962).
99. *Ketelaar, J. A. A., C. H. Mc Gillavry*, and *P. A. Renes:* Rec. Trav. Chim. *66*, 501 (1947).

100. *Kettle, S. F. A.:* Nature *207*, 1384 (1965).
101. — Nature *209*, 1021 (1966).
102. — J. Chem. Soc. *A 1967*, 314.
103. *Klemm, W., E. Holze,* and *W. Basualdo:* Inorg. Chem. Papers, 16th Internat. Congr. of Pure and Applied Chemistry, S. 43. Paris 1957.
104. *Kolbin, N. I.,* u. *A. N. Ryabov:* Nachr. Leningrad Univ. (4) *22*, 121 (1950).
105. — —, and *V. M. Samoilov:* Russ. J. Inorg. Chem. (English Transl.) *8*, 805 (1963).
106. —, *I. N. Semenov,* and *Y. M. Shutov:* Russ. J. Inorg. Chem. (English Transl.) *8*, 1270 (1963).
107. — — — Russ. J. Inorg. Chem. (English Transl.) *9*, 108 (1964).
108. —, and *V. M. Samoilov:* Russ. J. Inorg. Chem. (English Transl.) *12*, 619 (1967).
109. *Krauss, F.,* u. *H. Kükenthal:* Z. Anorg. Allgem. Chem. *137*, 36 (1924).
110. —, u. *H. Gerlach:* Z. Anorg. Allgem. Chem. *147*, 268 (1925).
111. *Krustinson, K.:* Z. Elektrochem. *44*, 537 (1938).
112. *Lassaigne, L.:* J. Chim. Med. *8*, 707 (1832).
113. — Ann. Chim. Phys. (2) *51*, 116 (1832).
114. *Lewis, J., D. J. Machin, R. S. Nyholm, P. Pauling,* and *P. W. Smith:* Chem. Ind. (London) *1960*, 259.
115. *Machmer, P.:* Dissertation, Aachen 1964.
116. — Chem. Commun. *1967*, 610.
117. *Mann, F. G.,* and *A. F. Wells:* J. Chem. Soc. *1938*, 702.
118. *Mattraw, H. C., N. J. Hawkins, D. R. Carpenter,* and *W. W. Sabol:* J. Chem. Phys. *23*, 985 (1955).
119. *Meyer, V.,* u. *H. Zublin:* Ber. Deut. Chem. Ges. *13*, 404 (1880).
120. *Miller, J. R.:* Advan. Inorg. Chem. Radiochem. *4*, 133 (1962).
121. *Moers, F.:* Dissertation, RWTH Aachen, 1964.
122. *Moffit, W. G., L. Goodman, M. Fred,* and *B. Weinstock:* Mol. Phys. *2*, 109 (1959).
123. *Moissan, H.:* Le Fluor et les Composes. Paris: 1900.
124. *Mooney, R. C. L.:* Acta Cryst. *2*, 189 (1949).
125. *Morath, H.,* u. *C. Wischin:* Z. Anorg. Allgem. Chem. *3*, 153 (1893).
126. *Norton, P.:* J. Pr. Chem. *2*, 469 (1870).
127. *Nyholm, R. S.,* and *A. G. Sharpe:* J. Chem. Soc. *1952*, 3579.
128. *Pauling, L.:* Proc. Acad. Nat. Acad. Washington *15*, 712 (1939).
129. *Peacock, R. D.,* and *J. H. Holloway:* J. Chem. Soc. *1963*, 528.
130. *Peters, W.:* Z. Anorg. Allgem. Chem. *77*, 167 (1912).
131. *Pigeon, L.:* Ann. Chim. Phys. (7) *2*, 453 (1854).
132. *Plaksin, I. N.,* u. *S. K. Shabarin:* Zh. Nem. Prikl. Khim. *14*, 787 (1941).
133. *Poulenc, C.:* Ann. Chim. Phys. (7), *2*, 74 (1894).
134. *Ramberg, L.:* Z. Anorg. Allgem. Chem. *83*, 36 (1913).
135. *Remy, H.:* Z. Anorg. Allgem. Chem. *137*, 365 (1924).
136. *Robinson, P. L.,* and *G. J. Westland:* J. Chem. Soc. *1956*, 3481.
137. *Ruff, O.,* u. *F. Bornemann:* Z. Anorg. Allgem. Chem. *65*, 429 (1910).
138. *Ruff, O.,* u. *F. N. Tschirch:* Ber. Deut. Chem. Ges. *46*, 926 (1913).
139. —, u. *J. Fischer:* Z. Anorg. Allgem. Chem. *138*, 70 (1924).
140. —, *E. Vidic:* Z. Anorg. Allgem. Chem. *148*, 163 (1925).
141. — Z. Angew. Chem. *41*, 738 (1928).
142. —, u. *J. Fischer:* Z. Anorg. Allgem. Chem. *179*, 161 (1929).
143. — Ber. Deut. Chem. Ges. *69*, 185 (1936).
144. *Schaaf, R. L.:* J. Inorg. Nucl. Chem. *25*, 903 (1963).
145. *Schäfer, H.:* Chemische Transportreaktionen. Weinheim 1962.
146. —, u. *H. G. Schnering:* Angew. Chem. *76*, 833 (1964).
147. —, *U. Wiese, K. Rinke* u. *K. Brendel:* Angew. Chem. *79*, 244 (1967).

148. —, and *K.-H. Huneke:* J. Less-Common-Metals *12*, 331 (1967).
149. *Schnering, H. G., K. Brodersen, F. Moers, H. K. Breitbach,* and *G. Thiele:* J. Less-Common-Metals *11*, 288 (1966).
150. *Schukarev, S. A., N. I. Kolbin* u. *A. N. Ryabov:* Zh. Neorgan. Khim. *3*, 1721 (1958).
151. — — — Zh. Neorg. Khim. *4*, 1692 (1959).
152. — — — Russ. J. Inorg. Chem. (English Transl.) *4*, 763 (1959).
153. — — — Russ. J. Inorg. Chem. (English Transl.) *5*, 923 (1960).
154. — — — Nachr. Leningrad, Univ. (5) *16*, 100 (1961).
155. — — — Russ. J. Inorg. Chem. (English Transl.) *6*, 517 (1961).
156. *Schukarev, R., N. I. Kolbin,* and *J. N. Semenov:* Russ. J. Inorg. Chem. (English Transl.) *6*, 638 (1961).
157. *Semenov, I. N.,* and *N. I. Kolbin:* Russ. J. Inorg. Chem. (English Transl.) *7*, 111 (1962).
158. *Sharpe, A. G.:* J. Chem. Soc. *1953*, 197.
159. — J. Chem. Soc. *1950*, 3444.
160. — Advan. Fluorine Chem. *1*, 29 (1960).
161. *Siegel, S.,* and *D. A. Northrop:* Inorg. Chem. *5*, 2187 (1966).
162. *Soulen, I. R.,* and *W. H. Chappel:* J. Chem. Phys. *69*, 3669 (1965).
163. *Stroganov, E. V.,* u. *K. V. Ovtchinnikov:* Nachr. Leningrad Univ. (4) *22*, 152 (1957).
164. *Syrkin, Y. K.,* u. *V. I. Belova:* Izv. Sektora Platiny i Drug. Blagorodn. Metal. *25*, 153 (1950).
165. *Thiele, G.:* Dissertation, RWTH Aachen, 1964.
166. —, *K. Brodersen, E. Kruse,* u. *B. Holle:* Naturwissenschaften *23*, 615 (1967).
167. —, u. *B. Holle:* Vortrag, Chemiedozententagung Hamburg 1968.
168. —, *K. Brodersen, E. Kruse* u. *B. Holle:* Chem. Ber. (im Druck).
169. — — u. *B. Holle:* Unveröffentlichte Ergebnisse.
170. *Topsoe, H.:* Overs. Danske Silsk Fork *1868*, 125.
171. *Van Vleck, J. H.:* J. Chem. Phys. *7*, 61 (1939).
172. *Weinstock, B.,* and *J. G. Malm:* J. Am. Chem. Soc. *79*, 5832 (1957).
173. — — Proc. U. N. Intern. Conf. Peaceful Uses At. Energy Genf *28*, 125 (1958).
174. — — J. Am. Chem. Soc. *80*, 4466 (1958).
175. —, *H. H. Claassen,* and *J. G. Malm:* J. Chem. Phys. *32*, 181 (1960).
176. —, *J. G. Malm,* and *R. Weaver:* J. Am. Chem. Soc. *83*, 4310 (1961).
178. —, *E. F. Westrum,* and *G. L. Goodman:* Proc. Internat. Conf. Low. Temp. Phys., 8th, London 405 (1962).
179. —, *H. H. Claassen,* and *C. L. Chernik:* J. Chem. Phys. *38*, 1470 (1963).
180. — Chem. Ing. News *42*, 86 (1964).
181. —, and *G. L. Goodman:* Advan. Chem. Phys. *9*, 169 (1965).
182. *Wells, A. F.:* Proc. Roy. Soc. (London) *A 167*, 169 (1938).
183. *Wells, A. F.:* Z. Kristallogr. Mineralog. Petrogr. Abt. A, *100*, 189 (1938).
184. *Westland, G. J.,* and *P. L. Robinson:* J. Chem. Soc. *1956*, 4481.
185. *Wöhler, L.:* Z. Elektrochem. *15*, 770 (1909).
186. —, u. *S. Streicher:* Ber. Deut. Chem. Ges. *46*, 1592 (1913).
187. —, u. *P. Balz:* Z. Anorg. Allgem. Chem. *138*, 411 (1924).
188. —, u. *F. Mueller:* Z. Anorg. Allgem. Chem. *149*, 380 (1925).
189. —, *K. Ewald* u. *A. G. Krall:* Ber. Deut. Chem. Ges. *66*, 1641 (1933).
190. *Wooster, N.:* Z. Krist. *74*, 363 (1930).
191. *Zupan, J., E. Pirkmayer* u. *J. Slivnik:* Croat. Chem. Acta, *39*, 135 (1967).

Eingegangen am 4. April 1968

FORTSCHRITTE DER CHEMISCHEN FORSCHUNG

AUTOREN-REGISTER

Band 1-10

Springer-Verlag Berlin Heidelberg New York

Autoren-Register Band 1-10

 Library of Congress Catalog Card Number 51-5497. Satz und Druck: Meister Druck, Kassel.

Titel-Nr. 4899

FORTSCHRITTE DER CHEMISCHEN FORSCHUNG

10. BAND

1968

Springer-Verlag Berlin Heidelberg GmbH

Library of Congress Catalog Card Number 51-5497. Druck: Meister Druck, Kassel

Titel-Nr. 4896-4899

Inhalt des 10. Bandes

Mitarbeiter des 10. Bandes

Prof. Dr. *H. J. Becher*, Anorganisch-Chemisches Institut der Universität, 4400 Münster, Hindenburgplatz 55

Prof. Dr. *Margot Becke-Goehring*, Anorganisch-Chemisches Institut der Universität, 6900 Heidelberg 1, Tiergartenstraße

Prof. Dr. *K. Brodersen*, Institut für Anorganische Chemie der Universität Erlangen-Nürnberg, 8520 Erlangen, Fahrstraße 17

Dr. *H. Dreizler*, Physikalisches Institut der Universität, 7800 Freiburg, Hermann-Herder-Straße 3

Doz. Dr. *F. Freund*, Anorganisch-Chemisches Institut der Universität, 3400 Göttingen, Hospitalstraße 8–9

Dr. *A. Kettrup*, Institut für Spektrochemie, 4600 Dortmund, Bunsen-Kirchhoff-Straße 11

Dr. *F. Kurzer*, Royal Free Hospital School of Medicine, University of London, 8 Hunter Street, London W. C. 1, England

Dr. *E. D. Pitchfork*, Royal Free Hospital School of Medicine, University of London, 8 Hunter Street, London W. C. 1, England

Prof. Dr. *N. G. Schmahl*, Institut für Physikalische Chemie der Universität des Saarlandes, 6600 Saarbrücken 15, Hellwigstaße 19

Prof. Dr. *H. Specker*, Institut für Spektrochemie, 4600 Dortmund, Bunsen-Kirchhoff-Straße 11

Dr. *S. Steeb*, Max-Planck-Institut für Metallforschung, Institut für Sondermetalle, 7000 Stuttgart 1, Seestraße 92

Prof. Dr. *W. Strohmeier*, Institut für Physikalische Chemie der Universität, 8700 Würzburg, Markusstraße 9–11

Dr. *G. Thiele*, Institut für Anorganische Chemie der Universität Erlangen-Nürnberg, 8520 Erlangen, Fahrstraße 17

Dr. *R. Zahradnik*, Institut für Physikalische Chemie der Tschechoslowakischen Akademie der Wissenschaften, Máchova 7, Praha 2 – Vinohrady, CSSR